名著导读·同步阅读书系

昆虫记

[法] 亨利·法布尔／著

陈筱卿／译

上海人民美术出版社

图书在版编目(CIP)数据

昆虫记 / (法) 亨利·法布尔著；陈筱卿译著. --
上海：上海人民美术出版社，2020.8（2021.4重印）
（名著导读. 同步阅读书系）
ISBN 978-7-5586-1721-8

Ⅰ.①昆… Ⅱ.①亨… ②陈… Ⅲ.①昆虫学—青少
年读物 Ⅳ.①Q96-49

中国版本图书馆CIP数据核字(2020)第138298号

名著导读·同步阅读书系

昆虫记

著　　者：　[法]亨利·法布尔
译　　者：　陈筱卿
绘　　者：　汪杨珊　张　怡
责任编辑：　张琳海
策划编辑：　张　瑞
装帧设计：　张　青
美术编辑：　魏嘉奇
出版发行：　上海人民美术出版社
地　　址：　上海长乐路672弄33号
邮　　编：　200040
网　　址：　http://www.shrmbooks.com
印　　刷：　当纳利（广东）印务有限公司
开　　本：　787×1092　1/16　22.75印张
版　　次：　2020年8月第1版　2021年4月第2次印刷
书　　号：　ISBN 978-7-5586-1721-8
定　　价：　45.00元

策　　划：　海豚传媒股份有限公司
网　　址：　www.dolphinmedia.cn　　邮　箱：　dolphinmedia@vip.163.com
阅读咨询热线：　027-87391723　　销售热线：　027-87396822
海豚传媒常年法律顾问：湖北珞珈律师事务所　　王清　027-68754966-227

跟随法布尔走进昆虫的精彩世界

褚蓓娟

浙江工业大学人文学院外国文学教授

亨利·法布尔（1823—1915）是法国著名的博物学家。他多才多艺，不仅精通动物学，毕生研究昆虫，也精通植物学，在真菌研究方面有自己独到的见解，在植物颜料的研究方面也很有创见；他还编写过物理和数学教材；写过大量诗歌。他既是昆虫学家、植物学家，也是当之无愧的文学家。法布尔最为世人称道的是他十卷本的《昆虫记》。法国作家雨果给他高度赞誉，称他为"昆虫界的荷马"。

1823年12月22日，法布尔出生于法国南部普罗旺斯的一个古老村落——圣莱昂。从三岁到六岁，妈妈为了照顾更小的弟弟，法布尔一直被寄养在玛拉邦村的爷爷家，在这个农村大家庭，法布尔不仅有很多小伙伴可以一起玩耍，还有经常接触大自然。每天晚上，他在树叶里各种鸣虫的叫声中入眠，大自然的浸润使得六岁的法布尔对身边的昆虫和植物产生了极大的兴趣。

法布尔一生几乎用自学的方式取得了物理学、数学学士学位，科学博士学位。从1879年开始，他以每三年出版一卷的速度，共出版了十卷本的《昆虫记》。

《昆虫记》的成就在于，法布尔穷其一生，为我们提供了无法效仿的特殊的视角。具体说来，有以下几个方面：

一、另辟蹊径的研究方式

法布尔是杰出的，这个"杰出"应该与他的时代相关，他生活在作家和科学家林立的法国 19 世纪，巴尔扎克、雨果、福楼拜、莫泊桑、孔德……个个都是巨人。法布尔创作时期，正是法国实证主义思潮盛行之时，务实、科学、精细的研究方法得到当时社会的热捧。法布尔以亲自观察和调查作为第一手资料来研究昆虫和植物的方法，显然是当时科学务实的风气使然。

但法布尔是独特的，他的独特是能集科学家和文学家于一身，无论在科学领域还是在文学领域，法布尔都毫不逊色。或者说，在文学领域中，罕见法布尔这样的文学家；在科学领域中，也找不到法布尔这样带着审美和人性化的眼光做研究的科学家。他用富于想象和饱蘸情感的笔谱写了宇宙中卑微的生物——昆虫和植物的生命史诗。

二、平等、和谐的生态思想

《昆虫记》用充满爱心和童趣的方式描写昆虫世界，如："蝉与我比邻相守，到现在已有十五年了，每个夏天差不多有两个月之久，它们总不离我的视线，而歌声也不离我的耳畔。""无论何时，蝉都不会跑到蚂蚁门前嚷饿去……恰恰相反，是蚂蚁实在饿得不行，跑去乞求那个歌手的。"在法布尔看来，蝉就是自己的邻居和朋友，法布尔以一颗平等、友善、充满爱意的心去欣赏他的朋友。

原本是昆虫结构的自然状态，在法布尔的眼里，却认为那是因为蝉对音乐的热爱，牺牲了肢体原有的位置。法布尔对蝉的本能习性，甚至身体结构都能了如指掌，在讲述中娓娓道来，充满了人情味。

法布尔在观察、描写昆虫习性的时候，不仅以科学的标准追求细致准确的描述，而且他更愿意站在哲学的高度，自然生命的高度，为芸芸昆虫渺小而可贵的生命歌唱。他一生与昆虫相伴，以一种平和的心态和无法模仿的观察方式记录了昆虫的世界。

昆虫的世界，在法布尔之前，当然也有人写过，比如寓言家、比如童话家，但昆虫在他们笔下都成了想象之物，任人打扮的没有生命的玩偶。

而法布尔却把这些昆虫作为一个个生命个体，观察它们的生活方式，尊重它们的生活习性，欣赏它们的个性差异和特长，这种默默关注记录的态度和现代社会人们的生态意识以及提倡的生态文明有异曲同工之妙。

西方自文艺复兴始，就形成了"人是宇宙的精华，万物的灵长"的观念，对人的力量的赞美和讴歌，到19世纪达到顶峰，谁肯为卑微的昆虫代言？从这个角度说，法布尔的《昆虫记》传递了一种人的态度和精神：对宇宙生命的敬畏和关爱，对生命体的平等的生态观念，对主流观念的大胆质疑甚至反叛。

三、以虫性关照人性

《昆虫记》里有一则赤条蜂的故事。赤条蜂是一种雌性昆虫，它在产卵之前需要捕捉一条毛毛虫供其卵孵化。它捕捉毛毛虫的过程很特别："赤条蜂所猎取的食物是一种灰蛾的幼虫。灰蛾的幼虫一露出地面，赤条蜂就冲出去一把将它抓住了，然后伏在它的背上，像一个熟练的外科医生一样，不慌不忙地用刺把毛毛虫的每一节都刺一下，从前到后一节一节地往下刺，一点儿也不遗漏。它那熟练的动作，让人想起游刃有余的屠夫。"

法布尔很细心地捕捉并描绘了赤条蜂残忍的捕捉手段，他还用了人性化的视角描绘动物生存的本能："赤条蜂的技巧令科学家们都自愧不如。它很熟悉它的俘虏的神经系统，它知道往哪些神经中枢上扎刺，可以使它的俘虏神经麻木而不致于死亡。"通过法布尔的描述，赤条蜂精彩的表演使后世的文学家浮想联翩。早在1925年，鲁迅就在他谈中国国民性的杂文中引用并大发感慨过。

在写螳螂时，法布尔说："螳螂都是些没有心肝的东西，尽干一些残忍、恶毒达到极点的事情。比如，它以自己的丈夫作为美餐，而且，它居然还会抛弃它自己的子女，弃家出走且永不归还。"显然，雌性螳螂的本能习性不仅没有逃过法布尔的眼睛，而且我们还能感受到，法布尔显然从人的角度表现了对雌性螳螂吃了丈夫、不顾子女、离家出走的行为非常不满。

四、拟人化的叙述

法布尔的《昆虫记》是以一个和昆虫同等生命的视角进行的叙述，亲切、生动、充满童趣，完全不带任何人类居高在上的思维和价值观。

昆虫的鸣叫在法布尔那里都是音乐，昆虫的翅膀、肢体在法布尔那里都是乐器，昆虫的觅食在法布尔那里都是打猎。当发现螳螂幼虫惨遭蚂蚁杀戮，法布尔满怀忧伤地感慨螳螂的幼子："还没来得及体验一下生活，体会一下生命的宝贵，就已经结束了年幼的生命，真是可怜啊！"作者以平等的视角，从人性的观念出发，发出由衷的感叹。

法布尔以科学家特有的严谨态度，用相互联系、相互比较的方法，把他笔下的昆虫连缀在一起。"螳螂以蝗虫为食，蚂蚁又会吃掉螳螂，而蚂蚁又是鸡的食品。但是，等到了秋天的时候，鸡长大了，长肥了，我又会把鸡做成佳肴吃掉……"他笔下的昆虫不是单个的个体，而是一个相互依赖、相互联系的昆虫的世界。

法布尔得到全世界的认可，是因为他在《昆虫记》中发表了许多精辟的见解。他用非常平实的眼光细致观察并描写了与人类生活息息相关的各类昆虫的生活习性，如蝉、蜘蛛、螳螂、蚱蜢、蟋蟀、蝗虫、萤火虫、天牛、金龟子、蜜蜂等。他用一种亲切自然的口吻，娓娓道出这些微小生物的生活状态与生存本能和意志，并用大量亲身观察的事例纠正了人们某些先入为主的观念。

文学家认为《昆虫记》写得趣味横生，有美学家的审美意识；生态学者认为《昆虫记》体现了法布尔先知般的生态环保意识；科学家通过它认识到法布尔罕见的实验实践精神；昆虫学家佩服法布尔纠正了学界诸多的谬误；农业专家则从《昆虫记》中领悟到消灭害虫的秘笈秘方。

100多年过去了，《昆虫记》依然是不可企及的科普文学经典。

目录
CONTENTS

荒 石 园

　　被法布尔当作宝地的荒石园，这里长着植物，如矢车菊、犬齿草等。对于膜翅目昆虫们来说，这里就是天堂。它们每天忙忙碌碌，建设自己的家园。因为少了人的足迹，这些动物们踏踏实实地跑进园子里，占领着各处空间。

　　那儿是我情有独钟的地方，是一块不算太大的地方，是我的Roc erat in vofis①，周围有围墙围着，与公路上的熙来攘往、喧闹沸扬相隔绝，虽说是偏僻荒芜的不毛之地，无人问津，又遭日头的暴晒，却是刺茎菊科植物和膜翅目昆虫们所喜爱的地方。因无人问津，我便可以在那里不受过往行人的打扰，专心一意地对沙泥蜂和石泥蜂等进行艰难的探索。这种探索难度极大，只有通过实验才能完成。我无须在那里耗费时间，伤心劳神地跑来跑去，东寻西觅，无须慌急慌忙地赶来赶去，我只是安排好自己的周密计划，细心地设置下陷阱圈套，然后，每天不断地观察记录所获得的真实情况。是的，"钟

---

① Roc erat in vofis：拉丁文，意为"钟情宝地"。

情宝地”，那就是我的夙愿，我的梦想，那就是我一直苦苦追求但总难以实现的一个梦想。

一个每天都在为每日的生计操劳的人，想要在旷野之中为自己准备一个实验室，实属不易。我四十年如一日，凭借自己顽强的意志力，与贫困潦倒的生活苦斗着，终于，有一天，我的心愿得到了满足。这是我孜孜不倦、顽强奋斗的结果，其中的艰苦繁难我在此就不赘述了，反正，我的实验室算是有了。尽管它的条件并不十分理想，但是，有了它，我就必须拿出点时间来侍弄它。其实，我如同一个苦役犯，身上锁着沉重的锁链，闲暇时间并不太多。但是，愿望实现了，总是好事，只是稍嫌迟了一些，我可爱的小虫子们！我真害怕，到了采摘梨桃瓜果之时，我的牙却啃不动它们了。是的，确实是来得晚了点儿：当初那广阔的旷野，而今已变成了低矮的穹庐，令人窒息憋闷，而且还在日益地变低变矮变窄变小。对于往事，除了已失去的东西外，我并无丝毫的遗憾，没有任何的愧疚，甚至对我那消逝而去的光阴也是如此，而且，我对一切都已不再抱有希望了。世态炎凉我已遍尝，体味甚深，我已心力交瘁，心灰意冷，每每禁不住要问问自己，为了活命，吃尽苦头，是否值得？我此时此刻的心情就是这样。

我放眼四周，只见一片废墟，唯有一堵断墙残垣危立其间。这个断墙残垣因为是石灰沙泥浇灌凝固，所以仍然兀立在废墟的中央。它就是我对科学真理的执着追求与热爱的真实写照。啊，我心灵手巧的膜翅目昆虫们，啊，我的这份热爱能否让我有资格给你们的故事追加一些描述呀？我会不会心有余而力不足啊？我既然心存这份担忧，为何又把你们抛弃了这么长的时间呢？有一些朋友已经因此而责备我了。啊，请你们去告诉他们，告诉那些既是你们的也是我的朋友们，告诉他们我并不是因为懒惰和健忘，才抛弃了你们的。告诉他们我一直惦记着你们。告诉他们我始终深信节腹泥蜂的秘密洞穴中还有许多尚待我们去探索的有趣的秘密。告诉他们飞蝗泥蜂的猎食活动还会向我们提供许多有趣的故事。然而，我缺少时间，又是单枪匹马，孤立无援，无人理睬，何况，我在高谈阔论、纵横捭阖之前，必须先考虑生计的问题。我请你们就这么如实地告诉他们吧，他们是会原谅我的。

　　还有一些人在指责我，说我用词欠妥，不够严谨，说穿了，就是缺少书卷气，没有学究味儿。他们担心，一部作品让读者读起来容易，不费脑子，那么，该作品就没能表达出真理来。照他们的说法，只有写得晦涩难懂，让人摸不着头脑，那作品就是思想深刻的了。你们这些身上或长着螯针或披着鞘翅的朋友，你们全都过来吧，来替我辩白，替我做证。请你们站出来说一说，我与你们的关系是多么亲密，我是多么耐心细致地观察你们，多么认真严肃地记录下你们的活动。我相信，你们会异口同声地说："是的，他写的东西没有丝毫的言之无物的空洞乏味的套话，没有丝毫不懂装懂、不求甚解的胡诌瞎扯，有的却是准确无误地记录下来的观察到的真情实况，既未胡乱添加，也未挂一漏万。"今后，但凡有人问到你们，请你们就这么回答他们吧。

　　另外，我亲爱的昆虫朋友们，如果因为我对你们的描述没能让人生厌，因而说服不了那帮嗓门儿很大的人的话，那我就会挺身而出，郑重地告诉他们说："你们对昆虫是开膛破肚，而我却是让它们活蹦乱跳地生活着，对它们进行观察研究；你们把它们变成了又可怕又可怜的东西，而我则是让人们更加喜爱它们；你们是在酷刑室和碎尸间里干活，而我却是在蔚蓝色的天空下，边听着蝉儿欢快地

3

鸣唱边仔细地观察着；你们是使用试剂测试蜂房和原生质，而我则是在它们各种本能得以充分表现时探究它们的本能；你们探索的是死，而我探究的则是生。因此，我完全有资格进一步地表明我的思想：野猪把清泉的水给搅浑了，原本是青年人的一种非常好的专业——博物史，因越分越细，相互隔绝，互不关联，竟至成了一种令人心生厌恶、不愿涉猎的东西。诚然，我是在为学者们而写，是在为将来有一天或多或少地为解决"本能"这一难题做点贡献的哲学家们而写，但是，我也是在，而且尤其是在为年轻人而写，我真切地希望他们能热爱这门被你们弄得让人恶心的博物史专业。这就是我为什么在竭力地坚持真实第一，一丝不苟，绝不采用你们的那种科学性的文字的缘故。你们的那种科学性的文字，说实在的，好像是从休伦人①所使用的土语中借来的。这种情况，并不鲜见。

　　然而，此时此刻，我并不想做这些事。我想说的是我长期以来一直魂牵梦绕着的那块计划之中的土地，我一心想着把它变成一座活的昆虫实验室。这块地，我终于在一个荒僻的小村子里寻觅到了。这块地被当地人称为"阿尔玛"，意为"一块除了百里香恣意生长，几乎没有其他植物的荒芜之地"。这块地极其贫瘠，满地乱石，即使辛勤耕耘，也难见成效。春季来临，偶尔带来点雨水，乱石堆中也会长出一点草来，随即引来羊群的光顾。不过，我的阿尔玛，由于乱石之间仍夹杂着一点红土，所以还是长过一些作物的，据说，从前，那儿就长着一些葡萄。的确，为了种上几棵树，我就在地上挖来刨去，偶尔会挖到一些因时间太久而已部分炭化了的实属珍稀的乔本植物的根茎来。于是，我便用唯一可以刨得动这种荒地的农用三齿长柄

---

① 休伦人：十七世纪时的北美洲印第安人中的一支。

叉来又刨又挖的。然而，每每都会感到十分遗憾，据说最早种植的葡萄树没有了，而百里香、薰衣草也没有了。一簇簇的胭脂虫栎也见不着了。这种矮小的胭脂虫栎本可以长成一片矮树林的，它们确实长不高，只要稍微抬高点腿，就可以从它们上面迈过去。这些植物，尤其是百里香和薰衣草，能够为膜翅目昆虫提供它们所需要采集的东西，所以对我十分有用，我不得不把偶尔被我的农用三齿长柄叉刨出来的又给栽了进去。

在这儿大量存在着的，而又无须我去亲手侍弄的是那些开始时随着风吹的土粒而来的，而后又长年积存起来的植物。最主要的是犬齿草，那是十分讨厌的禾本植物，三年炮火连天、硝烟弥漫的战争都没能让它们灭绝，真是野火烧不尽，春风吹又生。数量上占第二位的是矢车菊，全都是一副桀骜不驯的样子，浑身长满了刺，或者长满着棘，其中又可分为两年生矢车菊、蒺藜矢车菊、丘陵矢车菊、苦涩矢车菊，而尤以两年生矢车菊数量最多。各种各样的矢车菊相互交织，彼此纠缠，乱糟糟地簇拥在一起，其中可见一种菊科植物，形同枝形大烛台似的支棱着，凶相毕露，被称之为西班牙刺柊，其枝杈末梢长着很大的橘红色花朵，似火焰一般，而其刺茎则是硬如铁钉。长得比西班牙刺柊要高的是伊利大刺蓟，它的茎孤零零地"独立寒秋"，笔直硬挺，高达一两米，梢头长着一个硕大的紫红色绒球，它身上所佩带的利器，与西班牙刺柊相比，毫不逊色。也别忘了，还有刺茎菊科类植物。首先必须提到的是恶蓟，浑身带刺，致使采集者无从下手；其次是披针蓟，阔叶，叶脉顶端是梭镖状硬尖；最后是越长颜色越黑的染黑蓟，这种植物缩成一个团，状如插满针刺的玫瑰花结。这些蓟类植物之间的空地上，爬着荆棘的新枝丫，结着淡蓝色的果实，枝条长长的，像是长着刺的绳条。如果想要在这杂乱丛生的荆棘中观察膜翅目昆虫采蜜，就得穿上半高筒长靴，否则腿肚子就会被拉得满是条条血丝，又痒又疼。当土壤尚留下春雨所能给予的水分，墒情尚可时，角锥般的刺柊和大翅蓟细长的新枝丫便会从由两年生矢车菊的黄色头状花序铺就的整块地毯上生长出来。这时候，在这种荒凉贫瘠的艰苦环境下，这种极具顽强生命力的荆棘必定会展现出它们的某些娇媚来的。四下里矗立着一座座狼牙棒似的金字塔，伊利里亚矢车菊投出它那横七竖八的标枪来。但是，等到干旱的夏日来临时，这儿呈现的是一片枯枝败叶，划根火柴，就会点着整块的土地。这就是我意欲从此永远与我的昆虫们亲密无间地生活的美丽迷人的伊甸园，或者，更确切地说，我一开始拥有这片园子时，它就是这么一座荒石园。我经过了四十年的艰苦努力，顽强奋斗，最终才获得了这块宝地。

我称它为美丽迷人的伊甸园，看来我这么说还是恰如其分的。这块没人看得上眼的荒地，可能没一个人会往上面撒一把萝卜籽的，但是，对于膜翅目昆虫来说，它可是个天堂。荒地上那茁壮成长的荆棘蓟类植物和矢车菊，把周围的膜翅目昆虫全都吸引了来。我以前在野外捕捉昆虫时，从未遇到过任何一个地方，像这个荒石园那样，聚集着如此之多的昆虫，可以说，所有的膜翅目昆虫全都聚集到这里来了。它们当中，有专以捕食活物为生的"捕猎者"，有以湿土"造房筑窝者"，有梳理绒絮的"整理工"，有在花叶和花蕾中修剪材料备用的"备料工"，有以碎纸片建造纸板屋的"建筑师"，有搅拌泥土的"泥瓦工"，有为木头钻眼的"木工"，有在地下挖掘坑道的"矿工"，有加工羊肠薄膜的"技工"……还有不少干什么什么的，我也记不清了。

这是个干什么的呀？它是一只黄斑蜂。它在两年生矢车菊那蛛

网般的茎上刮来刮去，刮出一个小绒球来，然后，它便得意扬扬地把这个小绒球衔在大颚间，弄到地下，制造一个棉絮袋子来装它的蛋和卵。那些你争我斗、互不相让的家伙是干什么的呀？那是一些切叶蜂，腹部下方有一个花粉刷，刷子颜色各异，有的呈黑色，有的呈白色，有的则是火红火红的颜色。它们还要飞离蓟类植物丛，跑到附近的灌木丛中，从灌木的叶子上剪下一些椭圆形的小叶片，把它们组装成容器，来装它们的收获物——花粉。你再看，那些一身黑绒衣服的，都是干什么的呀？它们是石泥蜂，专门加工水泥和卵石的。我们可以在荒石园中的石头上，很容易地看到它们所建造起来的房屋。还有那些突然飞起，左冲右突，大声嗡鸣的，是干什么的呀？它们是沙泥蜂，它们把自己的家安在破旧墙壁和附近向阳物体的斜面上。

　　现在，我们看到的是壁蜂。有的在蜗牛空壳的螺旋壁上建造自己的窝；有的在忙着啄一段荆条，吸去其汁液，以便为自己的幼虫做成一个圆柱形的房屋，而且，房屋中用隔板隔开，隔成一层一层的，俨然一幢楼房；有的还在设法将一个折断了的芦苇作为天然通道派上用场；还有的，干脆就乐享其成地免费使用高墙石缝空闲着的走廊。让我们再来看看：那是大头蜂和长须蜂，其雄蜂都长着高高翘起的长触角；那是毛斑蜂，它的后爪上长着一个粗大的毛钳，是它的采蜜器官；那些是种类繁多的土蜂；此外，还有一些隧蜂，腰腹纤细。我就先这么简要地提上一句，不一一赘述，否则我得把采花蜜的昆虫全都记录下来了。我曾经把我新发现的昆虫呈送给波尔多①的昆虫学家佩雷教授，他问我是否有什么特别的捕捉方法，怎么会捕捉到这么多既稀罕

---

① 波尔多：法国西南部的一个中心城市。

鲜见而又全新的昆虫品种？我并不是什么捕捉昆虫的专家学者，更不是一心一意地在寻找昆虫、捕捉昆虫、制作标本的专家学者，我只是对研究昆虫的生活习性颇感兴趣的昆虫学爱好者。我所有的昆虫全都是我在长着茂密的蓟类植物和矢车菊的草地上捉到并喂养着的。

　　真是机缘巧合，与这个采集花蜜的大家庭在一起的还有一群群的捕食采蜜者的猎食者。泥瓦匠们在我的荒石园中垒造园子围墙时，遗留下来不少的沙子和石头，这儿那儿地随意堆放着。由于工程进展缓慢，拖了又拖，一开始就运到荒石园来的这些建筑材料便这么遗弃着。渐渐地，石蜂们选中石头之间的空隙投宿过夜，一堆一堆地挤在一起。粗壮的斑纹蜂遇到袭击时，会向你迎面扑来，不管侵袭者是人还是狗；它们往往选择洞穴较深的地方过夜，以防金龟子的侵袭。白袍黑翅的鹢鸰鸟，宛如身着多明我会①服装的修士，栖息在最高的石头上，唱着它那并不动听的小曲短调。离它所栖息的石头不远，必定有它的窝巢，大概就在某个石头堆中，窝巢内藏着它的那些天蓝色的小蛋蛋。不一会儿，这位"多明我会修士"不见了踪影，消失在石头堆中了。我对这个鹢鸰鸟却是颇有点怀念，而对于那长耳斑纹蜂，我却并不因它的消失而感到遗憾。

　　沙堆却是另一类昆虫的幽居之所。泥蜂在那儿清扫门庭，用后腿把细沙往后蹬踢，形成一个抛物形；朗格多克飞蝗泥蜂用触角把无翅螽斯咬住，拖入洞中；大唇泥蜂正在把它的储备食物——叶蝉藏入窖中。让我心疼不已的是，泥瓦匠终于把那儿的猎手们全都给撵走了，不过，一旦有这么一天，我想让它们回来的话，我只需再堆起一些沙堆来，它们很快也就归来了。

---

① 多明我会：又称"布道兄弟会"，俗称"黑衣兄弟会"，是天主教四大托钵修会之一。

居无定所的各种沙泥蜂倒是没有消失。我在春季里可看见某些品种的沙泥蜂，在秋季里又可看见另一些品种的沙泥蜂，飞到荒石园的小径草地上，跳来飞去，寻找毛虫。各种蛛蜂也留在了园中，它们正拍打着翅膀，警惕地飞行着，朝着隐蔽的角落，去捕捉蜘蛛。个头儿大的蛛蜂则窥伺着狼蛛①，而狼蛛的洞穴在荒石园中则有的是。这种蜘蛛的洞穴呈竖井状，井口由禾本植物的茎秆中间夹着蛛丝做成的护栏保护着。往洞穴底部看去，大多数的狼蛛个头儿很大，眼睛闪烁发亮，让人看了直起鸡皮疙瘩。对于蛛蜂来说，捕捉这种猎物可是非同小可的事啊！好吧，让我们观观战吧。

在这盛夏午后的酷热之中，蚂蚁大队爬出了"兵营"，排成一个长蛇阵，到远处去捕捉奴隶。让我们不妨忙里偷闲，随着这蚂蚁大军前行，看看它们是如何围捕猎物的吧。那儿，在一堆已经变成了腐殖质的杂草周围，只见一群长约一点五法寸②的土蜂正没精打采、懒洋洋地飞动着，它们被金龟子、蚨犀金龟子和金匠花金龟子的幼虫吸引住了，那可是它们丰盛的美餐啊，所以便一头钻进那堆杂草中去了。

值得观察研究的对象简直是太多太多了，而且，光是这里，也只是提到了一部分而已！这座荒石园，人去楼空，房屋闲置遗弃，地也撂荒了。没有人住的这座荒石园，成了动物的天堂，没有人会伤害它们了，它们也就占据了这儿的角角落落。黄莺在丁香树丛中筑巢搭窝；翠鸟在柏树那繁茂的枝叶间落户安家；麻雀把碎皮头和稻草麦秆衔到屋瓦下；南方的金丝雀在它们那建在梧桐树梢的没有

---

① 狼蛛：又称纳尔仓那蛛，中型蜘蛛，体灰褐色，不结网，常游猎于田间、水边及山区。
② 法寸：法国长度单位，一法寸约为 27.07 毫米。

半个黄杏大的小安乐窝里鸣叫；红角鸮习惯了这儿的环境，晚间飞来唱它那单调歌曲，声似笛音；被人称之为雅典娜鸟的猫头鹰也飞临此地，发出它那刺耳的咕咕声响。这座废弃屋前有一个大池塘。向村子里输送泉水的渡槽，顺带着也把清清的流水送到这个大池塘中。动物发情的季节，两栖动物便从方圆一公里处往池塘边爬来。灯芯草蟾蜍——有的个头儿大如盘子——背上披着窄小细长的黄绶带，在池塘里幽会、沐浴；日暮黄昏时，"助产士"雄蟾蜍的后腿上挂着一串胡椒粒似的雌蟾蜍的卵——这位宽厚温情的父亲，带着它珍贵的卵袋从远方蹦跳而来，要把这卵袋没入池塘中，然后再躲到一块石板下面，发出铃铛般的声响；成群的雨蛙躲在树丛间，不想在此时此刻哇哇乱叫，而是以优美动人的姿势在跳水嬉戏。五月里，夜幕降临之后，这个大池塘就变成了一个大乐池，各种鸣声交织，震耳欲聋，以致你若是在吃饭，就甭想在饭桌上交谈，即使躺在床上，也难以成眠。为了让园内保持安静，必须采取严厉的措施。不然又怎么办？想睡而又被吵得无法入睡的人，当然心就会变硬的。

　　膜翅目昆虫简直无法无天，竟然把我的隐居之所也给侵占了。白边飞蝗泥蜂在我屋门槛前的瓦砾堆里做窝，为了踏进家门，我不得不特别小心，否则，一不留神，就会把它的窝给踩坏，正在忙活的"矿工们"将会遭灭顶之灾。我已经有整整二十五年没有看到过这种捕捉蝗虫的高手了。记得我第一次看见它时，是我走了好几里地去寻找的；其后，每次去寻访它时，都是顶着那八月火热的骄阳前去的，忍受着那艰难的长途跋涉。可是，今天，我却在自家门前见到了它们，它们竟然成了我的芳邻了。关闭的窗户框为长腹蜂提供了温度适宜的套房；它那泥筑的蜂巢，建在了规整石材砌成的内墙壁上；这些捕食蜘蛛的好猎手归来时，穿过窗框上本来就有的一个现成的小洞孔，钻入房内。百叶窗的线脚上，几只孤身的石蜂建起了它们的蜂房群落；略微开启着的防风窗板内侧，一只黑胡蜂为自己建造了一个小土圆顶，圆顶上面有一个大口短细颈脖。胡蜂和马蜂经常光顾我家，它们飞到饭桌上，尝尝桌上放着的葡萄是否熟透了。

　　这儿的昆虫确实是又多又全，而我所见到的只不过是一小部分，而且非常不全。如果我能与它们交谈的话，那么，我就会忘掉孤苦寂寥，变得情趣盎然。这些昆虫，有些是我的新朋，有的则是我的旧友，它们全都在我这里，挤在这方小天地之中，忙着捕食，采蜜，筑窝搭巢。另外，若是想要改变一下观察环境，这也不难，因为几百步开外便是一座山，山上满是野草莓丛、岩蔷薇丛、欧石楠树丛；山上有泥蜂们所偏爱的沙质土层，有各种膜翅目昆虫喜欢开发利用的泥灰质坡面。我正是因为早已认准了这块风水宝地，这笔宝贵财富，才逃避开城市，躲到这乡间里来的，来到塞里尼昂①这儿，给萝卜地锄草，给莴苣地浇水。

　　人们花费大量资金，在大西洋沿岸和地中海海边建起许许多多的实验室，以便解剖对我们来说并无多大意义的海洋中的小动物；人们耗费大量钱财，购置显微镜、精密的解剖器械、捕捞设备、船只，雇用捕捞人员，建造水族馆，为的是了解某些环节动物的卵黄是如何分裂的。我直到如今都没弄明白，这些人搞这些有什么用处？为什么他们偏偏就对陆地上的小昆虫瞧不上眼、不屑一顾？这些小昆虫可是与我们息息相关的，它们向普通生理学提供着难能可贵的资料。它们中有一些在疯狂地吞食我们的农作物，肆无忌惮地在破

---

① 塞里尼昂：法国埃罗省的一个小镇。

坏着公共利益。我们迫切地需要一座昆虫学实验室，一座不是研究三六酒①里的死昆虫，而是研究活蹦乱跳的活昆虫的实验室，一座以研究这个小小的昆虫世界的动物之本能、习性、生活方式、劳作、争斗和生息繁衍为目的的昆虫实验室，而我们的农业和哲学又必须对之予以高度的重视。彻底掌握对我的葡萄树进行吞食、蹂躏的那些昆虫，可能要比了解一种蔓足纲动物的某一根神经末梢结尾是个什么状态更加重要。通过实验来划分清楚智力与本能的界限，通过比较动物系列的各种事实，以揭示人的理性是不是一种可以改变的特性等这一切，应该比了解一个甲壳动物的触须有多少要重要得多。为了解决这些大的问题，必须动用大批的工作人员，可是，就目前来说，我只是孤军奋战。当下，人们的注意力放在了软体动物和植虫动物的身上了。人们花费大量的资金购置许许多多的拖网去探索海底世界，可是，对自己脚下的土地却漠然处之，不甚了解。我在等待着人们改变态度的同时，开辟了我的荒石园这座昆虫实验室，而这座实验室却用不着花纳税人的一分钱。

---

① 三六酒：旧时一种85度以上的烧酒，取三份烧酒，兑三份水，即成六份普通烧酒。

隧 蜂

隧蜂是蜜蜂的一种，它有一个显著的特征。如果你抓到一只隧蜂，请仔细观察它的尾部，其尾部有一道油光锃亮的沟槽，在它进入攻击状态时，螫针会沿着这道沟槽做上升、下降运动。你想看看隧蜂的巢吗？

你了解隧蜂吗？你大概不了解。这无伤大雅，即使不了解隧蜂，照样可以品尝人生的种种温馨甜蜜。然而，只要努力地去了解，这些不起眼的昆虫就会告诉我们许多奇闻趣事，而且，如果我们对这个纷繁的世界拓宽一点我们的知识面的话，同隧蜂打打交道并不是什么让人鄙夷不屑的事。既然我们现在有空闲的时间，那就了解了解它们吧。它们值得我们去了解。

怎么识别它们呢？它们是一些酿蜜工匠，体形一般较为纤细，比我们蜂箱中养的蜜蜂更加修长。它们成群地生活在一起，身材和体色又多种多样。有的比一般的胡蜂个头儿要大，有的与家养的蜜蜂大小相同，甚至还要小一些。这么多种多样，会让没经验的人束手无策，但是，有一个特征是永远不会改变的。任何隧蜂都清晰可辨地烙有本品种的印记。

你看看隧蜂肚腹背面腹尖上那最后一道腹环。如果你抓住的是一只隧蜂，那么其腹环则有一道光滑明亮的细沟。当隧蜂处于防卫状态时，细沟则忽上忽下地滑动。这条似出鞘兵器的滑动槽沟证明它就是隧蜂家族之一员，无须再去辨别它的体形、体色。在针管昆虫属中，其他任何蜂类都没有这种新颖独特的滑动槽沟。这是隧蜂的明显标记，是隧蜂家族的族徽。

四月份，工程谨慎小心地开始了，不是一些新土小包的话，外面是一点也看不出来的。外面工地上没有一点动静。工匠们极少跑到地面上来，因为它们在井下的活计十分繁忙。有时候，这儿那儿，有这么一个小土包的顶端晃动起来，随即便顺着圆锥体的坡面滑落下去，这是一个工匠造成的，它把清理的杂物抱出来，往土包上推，但它自己并没露出地面。眼下，隧蜂只忙乎这种事。

五月带着鲜花和阳光来到了。四月里的挖土方的工人现在变成了采花工。我无论何时都能够看见它们待在开了天窗的小土包顶上，个个都浑身沾满黄花粉。个头儿最大的是斑纹蜂，我经常看见它们在我家花园小径上筑巢建窝。我们仔细地观察一下斑纹蜂。每当储存食物的活计干起来的时候，总会不知从何处突然来了这么一位吃白食者。它将让我们目睹强抢豪夺是怎么回事。

五月里，上午十点钟左右，当昆虫们储备粮食的工作正干得欢时，我每天都要去察看一番我那人口稠密的昆虫小镇。我在太阳地里，坐在一把矮椅子上，弓着腰，双臂支膝，一动不动地观察着，直到吃午饭时为止。引起我注意的是一个吃白食者，是一种叫不上名字的小飞虫，但却是隧蜂的凶狠的暴君。

这歹徒有名字没有？我想应该是有的，但我却并不太想浪费时间去查询这种对读者来说并没多大意义的事情。花时间去弄清枯燥的昆虫分类词典上的解说，倒不如把清楚明白的叙述事实提供给读者为好。我只需简略描绘一下这个罪犯的体貌特征就可以了。它是一种身长五毫米的双翅目昆虫，眼睛暗红，面色白净，胸廓深灰，上有五行细小黑点，黑点上长着后倾的纤毛，腹部呈浅灰色，腹下苍白，爪子系黑色。

在我所观察的隧蜂中，它的数量很多。它常常蜷缩在一个地穴附近的阳光下静候着。一旦隧蜂收获归来，爪上沾满黄色花粉，它便冲上前去，尾随隧蜂，前后左右飞来转去，紧追不舍。最后，隧蜂突然钻入自家洞中，这双翅目食客也随即迅疾落在洞穴入口附近。它一动不动地，头冲着洞门，等待着隧蜂干完自己的活计。隧蜂终于又露面了，头和胸廓探出洞穴，在自家门前停留片刻。那吃白食者仍旧纹丝不动。

它们常常是面对面，间隔不到一指宽。双方都声色不动。隧蜂没有戒备伺机偷食的食客，至少，其外表之平静让人做如是想；而食客也丝毫没有担心自己的大胆行为会受到惩罚。面对一根指头就能把它压扁的巨人，这个侏儒却仍旧岿然不动。

我本想看到双方有哪一方表现出胆怯来，却未能如愿：没有任何迹象表明隧蜂已知自己家里有遭到打劫之虞，而食客也没有流露出任何因会遭到严厉惩处而有的担心。打劫者与受害者双方只是互相对视了片刻而已。

巨大的宽宏大量的隧蜂只要自己愿意，就可以用其利爪把这个毁其家园的小强盗给开膛破肚了，可以用其大颚压碎它，用其螯针扎透它，但隧蜂压根儿就没这么干，却任由那个小强盗血红着眼睛盯住自己的宅门，一动不动地待在旁边。隧蜂表现出这种愚蠢的宽厚到底是为什么呢？

隧蜂飞走了。小飞蝇立刻飞进洞去，像进自己家门似的大大方方。

现在，它可以随意地在储藏室里挑选了，因为所有的储藏室都是敞开着的；它还趁机建造了自己的产卵室。在隧蜂归来之前，没有谁会打扰它。让爪子沾满花粉，胃囊中饱含糖汁，是件颇费时间的活计，而私闯民宅者要干坏事也必须有充裕的时间。但罪犯的计时器非常精确，能准确地计算出隧蜂在外面的时间。当隧蜂从野外返回时，小飞蝇已经逃走了。它飞落在离洞穴不远的地方，待在一个有利位置，瞅准机会再次打劫。

万一小飞蝇正在打劫时，被隧蜂突然撞见，会怎么样呢？出不了大事的。我看见一些大胆的小飞蝇跟随隧蜂钻入洞内，并待上一段时间，而隧蜂则正在调制花粉和蜜糖。当隧蜂掺兑甜面团时，小飞蝇尚无法享用，于是它便飞出洞外，在门口等待着。小飞蝇回到太阳地里，并无惧色，步履平稳，这就明显地表明它在隧蜂工作的洞穴深处并未遇到什么麻烦事。

如果小飞蝇太性急，太讨厌，围着糕点转个不停，后颈上准会挨上一巴掌，这是糕点主人会有的举动，但也就仅此而已。盗贼与被偷盗者之间没有严重的打斗。这一点，从侏儒步履平稳、安然无恙地从忙着干活儿的巨人洞穴出来的样子就可以看得出来。

当隧蜂无论满载而归或一无所获地回到自己家中时，总要迟疑片刻，它迅速地贴着地面前后左右地飞上一阵。它的这种胡乱飞行让我首先想到的是，它在试图以这种凌乱的轨迹迷惑歹徒。它这么做确实是必要的，但它似乎并没有那么高的智商。

它所担心的并非敌人，而是寻找自家宅门时的困难，因为附近小土包一个又一个，相互重叠，昆虫小镇街小巷窄，再加上每天都有新的杂物清理出来，小镇面貌日日有变。它的犹豫不决明显可见，因为它经常摸错了门，闯到到别人家中。一看到门口的细微差异，它立刻知道自己走错门了。

于是，它重又努力地开始弯来绕去地探查，有时突然飞得稍远一点。最后终于摸到自家宅穴。它喜不自胜地钻了进去，但是，不管它钻得有多快，小飞蝇还是待在其宅门附近，脸冲着其门口，等待着隧蜂飞出来后好进去偷蜜。

当屋主又出了洞门时，小飞蝇则稍稍退后一点，正好留出让对方通过的地方，仅此而已。它干吗要多挪地方呀？两者相遇是如此相安无事，所以如果不知道一些其他情况的话，你是想不到这是窃贼与屋主间的狭路相逢。

小飞蝇对隧蜂的突然出现并没有惊慌失措，它只是稍加小心了点而已。同样，隧蜂也没在意这个打劫它的强盗，除非后者跟着它飞，纠缠它。这时，隧蜂一个急转弯就飞远了。

吃白食者此刻也处于两难境地。隧蜂回来时甜汁在其嗉囊中，花粉沾在其爪钳里，甜汁盗贼吃不着，花粉尚无定型，是粉末状的，也进不了口。再者，这一点点花粉也不够塞牙缝的。为了集腋成裘制成圆面包，隧蜂要多次外出去采集花粉。必需之材料采集齐备之后，隧蜂便用大颚尖掺和搅拌，再用爪子将和好的面团制成小丸。如果小飞蝇把卵产在做小丸的材料上，经这么一番揉捏，那肯定是完蛋了。

所以，小飞蝇的卵将是产在做好的面包上面的；因为面包的制作是在地下完成的，吃白食者就必须进入隧蜂的洞宅之中。小飞蝇贼胆包天，果真钻下去了，即使隧蜂身在洞中也全然不顾。失主要么是胆小怕事，要么是愚蠢的宽容，竟然任窃贼自行其是。

小飞蝇悉心窥探、私闯民宅的目的并不是想损人利己，不劳而获；它自己就可以在花朵上找到吃的，而且并不费事，比这么去偷去抢要省劲儿得多。我在想，它跑到隧蜂洞中也就是想简单地品尝一下食物，知道一下食物的质量如何，仅此而已。它的宏大的、唯一的要事就是建立自己的家庭。它窃取财富并非为了自己，而是为了自己的后代。

我们把花粉面包挖出来看看。我们将会发现这些花粉面包经常是被糟蹋成碎末状，白白地浪费了。散落在储藏室地板上的黄色粉末里，我们会看见有两三条尖嘴蛆虫蠕动着。那是双翅目昆虫的后代。有时与蛆虫在一起的还有真正的主人——隧蜂的幼虫，但却因吃不饱而孱弱不堪。蛆虫尽管不虐待隧蜂幼虫，但抢食了后者最好的食物。隧蜂幼虫可怜兮兮，食不果腹，身体每况愈下，很快便一命呜呼了。其尸体变成了微小颗粒，与剩下的食物混在一起，成了蛆虫的口中之物。

可隧蜂妈妈在孩子遭难之时在干什么呢？它随时都有空去看看自己的宝宝的；它只要探头进洞，便可清楚地知晓孩子们的惨状。圆面包糟蹋一地，蛆虫在钻来钻去，稍看一眼就全清楚是怎么回事了。那它非把窃贼子孙弄个肚破肠流不可！用大颚把它们咬碎，扔出洞外，简直是轻而易举的事。可是愚蠢的妈妈竟然没有想到这么做，反而任由鸠占鹊巢者逍遥法外。

随后，隧蜂妈妈干的事还要愚蠢。成蛹期来到之后，隧蜂妈妈竟然像封堵其他各室一样把被洗劫一空的储藏室用泥盖封堵严实。这最后的壁垒对于正在变形期的隧蜂幼虫来说是绝妙的防护措施，但是当小飞蝇来过之后，你这么一堵，那可是荒唐透顶了。隧蜂妈妈对这种荒唐之举却毫不犹豫，这纯粹是本能使然，它竟然还把这个空房给贴上封条。我之所以说是空房，是因为狡猾的蛆虫吃光了食物之后，立即抽身潜逃了，仿佛预见到日后的小飞蝇会遇到一道无法逾越的屏障似的。在隧蜂妈妈封门之前，它们就已经离开了储藏室。

吃白食者既卑鄙狡诈，又小心谨慎。所有的蛆虫都会放弃那些黏土小屋，因为这些小屋一旦堵上，那它们就会葬身其间。黏土小屋的内壁有波状防水涂层，以防返潮，隧蜂的幼虫表皮很敏感娇嫩，似乎对这种小屋备感舒适，是其理想的栖身之地，然而蛆虫却并不喜欢。它们担心一旦变成小飞蝇，却被困在其中，所以便匆匆离去，分散在升降井附近。

我挖到的小飞蝇确实都在小屋外面，从未在小屋里面见到过它们。我发现它们一个一个都挤在黏土里的一个窄小的窝儿内，那是它们还是蛆虫时移居到此后营建的。来年春天，出土期来临时，成虫只需从碎土中挤出去就能到达地面了，这一点儿也不困难。

吃白食者的这种迫不得已的搬迁还有另一个也是十分重要的原因。七月里，隧蜂要第二次生育。而双翅目的小飞蝇则只生育一次，其后代此时尚处于蛹的状态，只等来年变为成虫。采蜜的隧蜂妈妈又开始在家乡小镇忙着采蜜；它直接利用春天建筑的竖井和小屋，这可大大地节约了时间！精心构筑的竖井房舍全都完好如初，只需稍加修缮便可交付使用。

如果天生就喜欢干净的隧蜂在打扫屋子时发现一只蝇蛹，会怎么样呢？它会把这个碍事的玩意儿当作建筑废料给处理掉。它会把这玩意儿用大颚夹起，也许把它夹碎，搬到洞外，扔进废物堆中。蝇蛹被扔到洞外，任随风吹日晒，必死无疑。

我很钦佩蛆虫明智的预见，不求一时之欢快，而谋未来的安然无恙。有两个危险在威胁着它：一是被堵在死牢中，即使变成飞蝇也无法飞出去；二是在隧蜂修缮宅子后清扫垃圾时把它一块儿扔到洞外，任随风吹雨打，暴尸野外。为了逃避这双重的灾难，在屋门封堵之前，在七月里隧蜂清扫洞宅之前，它便先行逃离险境。

我们现在来看一看吃白食者后来的情况。在整个六月里，当隧蜂休闲的时候，我对我那昆虫众多的昆虫小镇进行了全面的搜索，总共有五十来个洞穴。地下发生的惨案没有一件逃过我的眼睛的。我们一共四个人，用手把洞里挖出的土过筛，让土从手指缝中慢慢地筛下去。一个人检查完了，另一个人再重新检查一遍，然后第三个人、第四个人再进行两次复检。检查的结果令人心酸。我们竟然没有发现一只隧蜂的虫蛹，一只也没有。这隧蜂密集于此的街区，居民全部丧生，被双翅目昆虫取而代之。后者呈蛹状，多得无以计数，我把它们收集起来，以便观察其进化过程。

　　昆虫的生活季节结束了，原先的蛆虫已经在蛹壳内缩小、变硬，而那些棕红色的圆筒却保持静止不动状态。它们是一些具有潜在生命力的种子。七月的似火骄阳无法把它们从沉睡中烤醒。在这个隧蜂第二代出生期的月份中，好像上帝颁发了一道休战圣谕：吃白食者停工休整，隧蜂和平地劳作。如果敌对行动接二连三，夏天同春天时一样大开杀戒，那么受害太深的隧蜂也许就要灭种了。第二代隧蜂有这么大一段休养生息期，生态的平衡也就得以保持了。

　　四月里，当斑纹隧蜂在围墙内的小径上飞来飞去，寻找一个理想地点挖洞建巢时，吃白食者也在忙着化蛹成虫。啊！迫害者与受迫害者的历法是多么精确，多么令人难以置信呀！隧蜂开始建巢之时，小飞蝇也已准备就绪：它那以饥饿之法消灭对方的故伎又重新开始了。

　　如果这只是一个孤立的情况，我们就不用去注意它了：多一只隧蜂少一只隧蜂对生态平衡并不重要。可是，不然！以各种各样的方式进行杀戮抢掠已经在芸芸众生中横行无度了。从最低等的生物到最高等的生物，凡是生产者都受到非生产者的盘剥。以其特殊地位本应超然于这些灾难之外的人类本身，却是这类弱肉强食残忍表现的最佳诠释者。人在心中想："做生意就是弄别人的钱。"正如小飞蝇心里所想："干活就是弄隧蜂的蜜。"为了更好地抢掠，人类创造了战争这种大规模屠杀和以绞刑这种小型屠杀为荣的艺术。

人们每个星期日在村中小教堂里唱诵的那个崇高的梦想："荣耀归于至高无上的上帝，和平归于凡世人间的善良百姓！"①我们将永远也看不到它实现。如果战争关系到的只是人类本身，那么未来也许还会为我们保存和平，因为那些慷慨大度的人在致力于和平。但是，这灾祸在动物界也极其肆虐，而动物是冥顽不化的，是永远不会讲道理的。既然这种灾祸是普遍现象，那也许就是无法治愈的绝症了。未来的生活令人不寒而栗，将会如同今日之生活一样，是一场永无休止的屠杀。

于是，人们便挖空心思，终于想象出来一个巨人，能把各个星球把玩于股掌之中。他是无坚不摧的力量的化身，他也是正义和权力的代表。他知晓我们在打仗，在杀戮，在放火，野蛮人在获得胜利；他知晓我们拥有炸药、炮弹、鱼雷艇、装甲车以及各种各样的高级杀人武器；他还知晓包括草民百姓在内的因贪婪而引起的可怕的竞争。那么，这位正义者，这位强有力的巨人，如果他用拇指按住地球的话，他会犹豫着不把地球按碎吗？

他不会犹豫的……但他会让事物顺其自然地发展下去的。他心中也许会想："古代的信仰是有道理的；地球是一个长了虫的核桃，被邪恶这只蛀虫在啃咬。这是一种野蛮的雏形，是朝着更加宽容的命运发展的一个艰难阶段。我们随其自然吧，因为秩序和正义总是排在最后的。"

---

① 此处原文为拉丁文。

隧蜂门卫

因为年龄较大，隧蜂外婆们已不能生儿育女，便担任家庭门卫一职，它们忠于职守，为家庭尽绵薄之力，直至死去。法布尔笔下的虫子，一只只栩栩如生。他用拟人的手法，赞扬隧蜂外婆为家庭着想的精神。

初春时节由孤独的隧蜂单独挖好的住所，到夏季来临时便成了全家人的共同财产。地下有将近一打的蜂房。可从这些蜂房里出来的全是雌蜂。这是我饲养的那三种隧蜂的共同规律。它们每年繁殖两代。春天出生的一代全是雌蜂；而夏季出生的一代则有雌有雄，而且雌雄数量几乎相等。

隧蜂家庭成员的减少，并非因事故所致，而是由饥不择食的小飞蝇造成的。隧蜂全家有一打姐妹（只是姐妹），个个勤劳，人人都能无须性伙伴而生儿育女。另外，隧蜂妈妈的住处绝不是一间破屋陋室：其住宅的主要部分是出入通道，清除一点瓦砾之后就可以进出。这就节省了对于隧蜂而言极其宝贵的时间。洞底的蜂房是一些黏土小屋，也几乎是完好无损，如要加以利用，只需用细毛刷轻轻清理一下即可。

那么，在有同等权利幸存的雌蜂中，谁将继承这所住宅呢？根据死亡的概率，继承者应有六七只或更多一点。隧蜂妈妈的住宅将属于谁呢？它们之间根本不为这事争吵。妈妈的宅子被认为是共有财产，这是无可争议的。隧蜂姐妹们从同一个通道平静地钻进钻出，去忙各自的活计，从不你争我夺。

在井的底部，每个隧蜂姐妹都有自己的一小块领地，那是一些新近挖好的一个个蜂房，因为旧的蜂房已被占用，现在数量不够用的了。在这些属于私产的凹室里，每个隧蜂妈妈都在一旁干活儿，看守着自己的财产，严守自己的隐私。其他的地方全都是可以自由往来的。

隧蜂忙着干活儿时进进出出的景象煞是好看。一只采花粉的雌蜂从田野归来，毛茸茸的爪子上沾满了花粉。如果洞门无蜂进出，它便立刻钻进地下去。在门口稍停片刻纯属浪费时间，而活儿不等人。有时候，有好几只间隔不久，相继而来。通道太狭窄，容不下两只同时进出，特别是要避免相互摩擦，蹭掉了各自爪子上的花粉。于是离洞口最近的就赶快钻入。其他的隧蜂则在门口按先后次序排好，不挤不拥，等着轮到自己进入。第一只一钻入地下，第二只便紧随其后，然后第三只、第四只，一只一只地快捷地跟着钻入地下。

有时候会遇到一只要进一只要出的情况。于是，要进去的便稍往后退，礼让要出的先出来。礼让是相互间的。我就看见过有一些隧蜂正要钻出地面，又返回去，让出通道给刚飞回来的隧蜂。通过大家的相互谦让，大家进进出出反而非常顺畅。

我们再仔细地观察，还有比这种进出的良好秩序更好的哩。当一只隧蜂在花间采集归来时，我看见一种关闭屋门的活门突然降了下去，让通道可以通行。当到来的隧蜂一钻进门里，活门又升回到原先的位置，几乎与地面持平，又关上了。有隧蜂出来，活门也同样操作。活门从后面推顶，往下降去，门就启开，隧蜂便可飞出。隧蜂一飞出来，门又重新关上。

这个在隧蜂每次飞进或飞出时在井坑圆柱体内像活塞似的或升或降，或开或闭的活门到底是什么东西？这是一只隧蜂，它已成了宅子的看门人。它用自己的大脑袋在前厅上面形成一道无法逾越的障碍。如果宅子里有谁要进来或出去，它就拉动绳子，也就是说，它就退至通道的一处较宽、可以容下两只隧蜂的地方。对方通过之后，它便立即回到洞口，用脑袋把口堵住。它一动不动，用目光搜索着，只有在抓捕那些不知趣的家伙时它才离开自己的岗位。

我们趁它飞出来抓捕的这一短暂时刻仔细观察一番。它看上去与其他现在正忙着采集花粉的隧蜂一模一样，不过，它已秃顶，衣服破旧，已无光泽。在其半脱毛的背部，漂亮的褐色与棕红相间的斑马纹腰带几乎已消失殆尽。它的这身因长期干活而破损的衣服明白无误地告诉了我们一些情况。

在洞口站岗放哨看门守屋的这只隧蜂比其他的隧蜂年岁大。它是这个住宅的建造者，是现在正在忙着采集花粉的隧蜂姐妹们的妈妈，是现在还是幼虫的隧蜂们的外婆。三年前，当它还是个花季少女时，它单枪匹马地拼命干活儿，累得精疲力竭。现在，它的卵巢已经萎缩，它该休息了。不，"休息"一词在此运用不当。它还在干活儿，它在为这个家尽自己绵薄之力。它已经不能再生儿育女，便当上了看门人。它为自己家人开门关门，把陌生人拒之门外。

谨慎多疑的山羊羔从门缝望出去，对狼说道："让我看看你的爪子，不然我就不开门。"[①]隧蜂外婆同样谨慎多疑，它也要对来者说道："让我瞧瞧你的隧蜂黄爪子，不然就不让你进来。"如果被认为并非自家人，

[①] 引自法国十七世纪寓言诗人拉·封丹的寓言《狼、山羊和山羊羔》。

谁也甭想进得洞来。

我们就来看看。一只蚂蚁路过洞穴附近。蚂蚁是个厚颜无耻的亡命徒，它很想知道洞底下为何有蜜的甜香味飘上来。隧蜂看门人脖子一扭，意思是说："滚开，不然要你的命！"通常，这种威吓的动作就足够了。蚂蚁见状赶紧走开。如果它赖着不走，隧蜂看门人便会飞出洞来，向那大胆狂徒扑过去，推搡它，驱赶它。把它赶跑之后，隧蜂看门人便立刻回到哨位，继续站岗放哨。

现在我们来谈谈切叶蜂。切叶蜂不谙挖洞技巧，便学着同胞的样儿，使用一些别的蜂留下的旧通道。当春天的小飞蝇把隧蜂的地下通道掏得空空荡荡的时候，这通道对于切叶蜂来说就很合适了。切叶蜂在寻找一处可以堆放其用刺槐叶制作的羊皮袋似的住所时，经常绕着我的隧蜂小镇飞来飞去，寻寻觅觅。它觉得有一个洞穴挺合适的；但是，在它落地之前，它的嗡嗡声已经被隧蜂看门人察觉了，只见后者突然飞出，在其门口做了几个手势。这就够了，切叶蜂立刻就明白了，赶紧离去。

有时候，切叶蜂还有时间迅疾落下，将头探入井口。隧蜂看门人立即出现，脑袋稍稍抬起，把洞口堵住。随即出现一种不太严重的对峙。外来者很快便明白这个洞穴已有主儿了，不可冒犯，也就不再坚持，到别处寻觅住所去了。

我曾亲眼看到一个老窃贼——寄生切叶蜂的媚态尖腹蜂，被猛烈地推搡了一阵。这个冒失鬼原以为自己钻入的是切叶蜂的住所。它弄错了；它遇上了隧蜂看门人，受到严厉惩戒。它赶忙溜之大吉。其他的那些或因忙中出错，或因野心勃勃而欲闯入隧蜂洞穴的昆虫也都是同样的下场。

在隧蜂外婆们之间，也是同样地互不相容。将近七月中旬，当隧蜂小镇热闹繁忙的时候，有两种隧蜂是很容易辨认的：年轻的隧蜂妈妈和隧蜂老媪。隧蜂妈妈数量更多，体轻身健，衣着鲜艳，不停地从田野到洞穴，从洞穴到田野地飞来飞去。而隧蜂老媪则面容枯槁，无精打采，懒散闲淡地从一个洞穴逛到另一个洞穴，让人看着好像是迷失了路径，摸不着自己的家门了。它们这么游来荡去的是怎么回事？我看见它们一个个都一副伤心痛苦状，由于春天的可恶的小飞蝇干的好事，它们已无家可归了。很多洞穴全部被扫荡一空。夏季来临，隧蜂妈妈孤身一人，只好离开自己那已成空房的家屋，去寻找一处有摇篮需看护，有岗要站的住宅。但是，这些幸福的家庭已经有了自己的守卫，即其创建者，它紧把着自己的权利，对于自己无业的邻居十分冷漠。一个哨兵足矣；两个哨兵的话，哨位太小，容纳不下。

有时候我还能看到两位隧蜂外婆在争吵。当寻找职业的游荡者突然来到大门前的时候，合法的那位看守者并不离开自己的哨位，不像见到自己的孩子从田野回来那样，退回到过道里去。它绝不让出通道，并用爪子和大颚进行威胁。对方也不示弱，仍旧想要闯入。双方便推搡起来。争斗以外来者的失败而告终，失败者只好去别处找碴儿寻衅了。

这些小场景让我们从斑马纹隧蜂的习性中隐约看到某些极有意思的细节。春季筑巢做窝的隧蜂妈妈一旦工程完工，就不再走出家门。它要么隐于狭小肮脏的洞穴深处，一心一意地干些琐碎的家务活儿，要么懒洋洋地等待着孩子们的出世。夏日炎炎，隧蜂小镇又一片繁忙热闹时，外面采集的活儿用不着它去干，只好在前厅入口处站岗放哨，只许自己外出劳作的孩子们进入，不许别有用心的歹徒有非分之想。没有隧蜂外婆的许可，谁也甭想入内。

没有任何迹象表明，这个警惕的门卫擅离过职守。我从未见过它离开家门，去花间大快朵颐，以恢复体力。它年事已高，而且其看家护院的活儿也不很累，也许就用不着吃什么东西。也许孩子们采集归来，时不时地从自己的胃囊中吐出一点儿来给它。不管吃与不吃，反正隧蜂外婆不再出门了。

但是，它却需要有天伦之乐。它们当中有不少已无家庭欢乐了。双翅目小飞蝇把它们的家洗劫一空。被洗劫者们只好撇弃那已空空荡荡的洞穴，衣衫褴褛忧心忡忡地在隧蜂小镇四处游荡。它们并不走远，更经常的是待在原地一动不动。它们因而变得脾气暴躁，粗暴地对待他人，竭力赶走别人。它们就这样一天一天地变少，变衰，最后消亡。它们的下场是什么？小灰蜥蜴一直在窥伺着它们，拿它们饱了口福。

那些安居于自己领地中、看守着自己的孩子们劳作的制蜜作坊的隧蜂，始终保持着高度的警惕，一丝不苟。我同它们接触越多，就愈发地钦佩它们。清晨凉爽时，采集花粉的隧蜂们因找不到被太阳晒熟的花粉而闭门不出的时候，我就看见隧蜂门卫待在通道上端入口的自己的岗位上。它们一动不动地待在那儿，脑袋堵住入口，与地面持平，以防外来者侵入。如果我离得太近地观察它们，它们就稍稍后退，在暗处等着我这个不速之客离去。

上午八点至十二点，采集高峰时，我又来观察。由于采集女工们进进出出，一片繁忙，我就看见那扇门一会儿开一会儿关的，忙个不停。这时是隧蜂门卫最紧张最累的时刻。

午后，天气太热，花粉采集工们不再去田间野地里了。它们钻进住宅底部，油漆新建的蜂房，制作供虫卵所需的圆面包。隧蜂外婆始终留在上面，用自己那光秃秃的脑袋堵住大门。即使天气再热，门卫也不能午睡，因为必须保证全家人的安全。

夜幕降临或者更晚一些，我又回来观察。我凭借提灯的光亮又看到隧蜂门卫仍旧如白天一样忠于职守。其他的隧蜂都休息了，而门卫却没有，它明显的是担心夜间会出现的危险，而这些危险只有它才了解。

那么它最后会不会回到下一层的安静处去呢? 有这种可能, 因为这么长时间的全神贯注地看家护院非常累人, 必须休息休息。

很明显, 如此这般地守卫着的洞穴就可以避免类似于五月那使家庭大量减员的灾祸的发生。让盗窃隧蜂面包的窃贼小飞蝇现在来试试看! 它的冥顽不化, 它的大胆妄为绝逃不过时刻高度警惕着的门卫的, 后者稍加威胁就能吓退来犯者, 要是来犯者执意不走, 那它非用大钳把来犯者夹碎不可。窃贼小飞蝇将不会来了, 个中原委我们很清楚, 因为到春回大地之前, 它们都待在地下, 处于蛹的状态。

但是, 就算小飞蝇没了, 可在蝇科这种低下层次中, 还有其他一些攫取他人财富者。这些家伙什么坏事都干得出来, 无所不用其极。可是, 七月里, 我在各个洞穴附近查看时就一个都没有撞见。这帮混账东西真是暗中偷盗的高手! 它们多么了解隧蜂门口有门卫在把守着啊! 对于它们来说, 今天是没有机会了, 所以一只蝇科昆虫都未出现, 春天的那种灾祸未再降临。

隧蜂外婆因年岁大而免除了做母亲的烦恼, 专司大门守卫、保护全家老小安全之职, 这告诉我们在本能起源中突然出现的一些事。隧蜂外婆向我们展示了一种突然而至的才能。而这种才能, 无论是在它自己过去的行为举止中还是在它女儿们的一举一动中都没有任何东西使我们能够猜测出来的。

从前, 当凶残的小飞蝇当着它的面闯入家中时, 或者更经常的是, 当小飞蝇待在入口处, 与它面面相对时, 愚蠢的隧蜂竟然一动不动, 甚至连吓唬一下这个红眼强盗都没有, 而它本可以轻易地就把这个小侏儒制服的。它这是被吓住了吗? 不会的, 因为它仍然像没事似的忙着自个儿的事; 不会的, 因为强者不会就这么被弱者吓倒的。这是因为它对大祸临头一无所知, 这是因为它愚不可及。

任何外来者，只要一出现，无论个儿大个儿小，无论属于哪一种属，一概拒之门外。如果肢体的威吓无济于事的话，隧蜂门卫就会跑出洞外，向赖着不走者扑过去。原先的胆小者现在无所畏惧了。

怎么会有这种一百八十度的大转弯呢？我希望这是因为隧蜂吸取了春天灾难的教训，从今往后便开始提防危险了；我也很想赞扬它是受到经验教训的启迪转而学会担当门卫的重任。但是，我这种想法是错误的。五月时节，它单枪匹马，的确无法长期把守大门：首要任务是干家务活。但是，自它的家族遭受迫害时起，它至少是应该了解这种寄生虫——小飞蝇，而且当后者每时每刻几乎都在自己的前脚爪下转悠时，甚至跑到自己的家中来时，它至少应该把窃贼赶走才对，但它并没有这么做。

所以，祖辈的深重苦难并没有给后代的平和性格留下任何本质的改变，而它亲历的苦难与它七月里突然的警觉也毫不相干。动物与我们人一样，有自己的欢乐，也有自己的不幸。它疯狂地享受着欢乐，却很少去操心不幸之事，这不管怎么说，是动物享受生活的最佳方法。为了减轻苦难和保护家族，动物有本能的启迪，用不着凭什么经验或教训，隧蜂因此而知道设立一个门卫之职。

粮食准备充足之后，隧蜂便不再外出去采集花粉，也不再满载花粉而归，可这时候，隧蜂外婆仍一如既往地保持着警惕，坚守自己门卫的岗位。最后的准备工作就在地下洞穴中进行，那关系到一窝小隧蜂；各个蜂巢关闭了起来。直到所有的一切全部结束之前，洞口大门将始终被严密地把守着。然后，隧蜂外婆和隧蜂妈妈将离开家屋。它们毕生忠于职守，将去往我不知道的什么地方默默地死去。

自九月起，第二代隧蜂便出现了，既有雌蜂，也有雄蜂。

圣甲虫

　　圣甲虫属于食粪虫中的一种，它们身材小巧玲珑，全身乌黑油亮，勺状的头形可以将粪便变成球形。它们被称为自然界的"清洁工"，只要有动物粪便的地方，就会有它们勤劳的身影。你是不是觉得它很有趣？

　　做窝筑巢、维护家庭，表现的是种种本能特性中最崇高的一种。鸟儿这灵巧的建筑师告诉了我们这一点，在本领方面更加多样化的昆虫也让我们见识了这一点。昆虫对我们说："母爱是本能的崇高灵感。"母爱旨在维护族类长期繁衍，这是具有远胜于保护个体的更加利害相关的大事，因此母爱在唤醒最迟钝的智力，使之高瞻远瞩。母爱远远高于神圣的源泉，不可思议的心智灵光便孕育其中，并会突然迸射而出，使我们顿悟一种避免失误的理性。母爱愈坚，本能愈优。

　　在这一方面最值得我们关注的是膜翅目昆虫，它们身上凝聚着最充分的母爱。它们所有的本能才干都倾注于为自己的子孙后代觅食谋屋。为了其复眼将永远再也看不到而其母爱之预见性深深知晓的家族繁衍，它们是种种天赋才能中的行家里手。有的是棉织品和许多絮状物品的编织能手；有的是制作细叶片篓筐的能工巧匠；有的是泥瓦匠，建造水泥房间、砖石屋顶；有的是陶瓷行家，用黏土制作高档的尖底瓮、坛罐和大肚瓶；有的擅长挖掘，在湿热的地下建造神秘的地宫。它们掌握着成百上千种技艺，与我们人类所掌握的相仿，甚至有些还不为我们所知，而它们却在用于住房的建设。随即便得考虑将来的食物：一堆堆的蜜、一块块的花粉糕、精心制作的野味罐头……这类工程专以家庭的未来为目的，其中闪烁着在母爱激励之下种种本能的最高表现。

昆虫学范围内的其他一些昆虫，母爱一般来说都很浮皮潦草，敷衍塞责。大多数的昆虫，只是把卵产在合适的地方就不管了，任由幼虫冒着危险和死亡去寻觅居所和食物。抚养如此马虎，才干有没有也就无所谓了。莱喀库斯①把各种艺术统统从其共和国驱逐出去，他指责这些艺术是使人们萎靡不振、意志消沉的玩意儿。就这样，在以斯巴达方式养育的昆虫中，这些本能的高级灵感也就被去除掉了。母亲从温柔甜蜜的育婴中摆脱出来，那么一切特性中最最优秀的智能特性也就逐渐减弱，直至泯灭，因为的确是对于动物也好，对于人类也好，家庭是尽善尽美的源泉。

如果说对子孙后代关怀备至、体贴入微的膜翅目昆虫令我们赞叹不已，那么不顾后代死活，任其听天由命的其他昆虫相比之下就显得很不像话了。而所谓的其他昆虫则几乎是昆虫之全部，起码就我所知，在各地的动物志中，只见过第二个例子，这种昆虫为自己的家人准备食物和住所，比如采蜜的昆虫和埋野味篓的昆虫。

而奇怪的是，这类在细腻的母爱方面可与以花为食的蜂类相媲

———————————

① 莱喀库斯：古代斯巴达共和国的著名立法者。

美的昆虫，竟然是以垃圾为对象，以净化被牲畜污染的草地为己任的食粪虫类。要想再找到不忘母亲职责又有丰富的母性本能的昆虫母亲，就必须离开芬芳四溢的花坛，转向大马路上骡马拉下的粪堆。大自然中类似的两个极端比比皆是。对于大自然来说，我们的丑和美，我们的龌龊与干净算什么？大自然以污秽创造出鲜花，用一点点粪肥就能给我们创造出优质的麦粒。

各种食粪虫尽管成天与粪便打交道，但却享有一种美誉。它们的身材一般都小巧玲珑，穿戴庄重而且光鲜，几乎无可挑剔，身子胖乎乎的，呈短壮体形，额头和胸廓上都佩戴着奇异饰物，因此在收藏家的标本盒里显得光彩照人。尤其是我国的那些品种，乌黑油亮，外加一些热带的品种，金光闪烁，黑紫油亮。

它们是畜群的挥之不去的客人，但它们身上可散发出一种苯甲酸的微微香气，可以净化一下羊圈里的空气。它们那田园诗般的习性令昆虫分类词典的编纂者们大为震惊，因此他们这些以前不怎么关心其痛痒的学者们，这一回却改变了看法，对它们进行简介时也用上了一些听起来好听顺耳的名字：梅丽贝、迪蒂尔、阿达、科利冬、阿莱克西丝、莫普絮斯等。这些名字都是古代田园诗人们常用且叫响了的名字。维吉尔式的田园诗中的词汇用来赞颂食粪虫了。

一堆牛粪堆儿上，瞧那个你争我夺的劲头儿呀！从全球各地蜂拥到加利福尼亚的淘金者们也没有它们的那股狂热劲儿。在太阳太毒之前，它们成百成百地奔来，大大小小，形状各异，体形有长有短，品种齐全，全都乱糟糟地爬来滚去，意欲在这个大蛋糕上为自己分上一份儿。有的在露天干活儿，在表层搜刮；有的钻进厚实的牛粪堆里，挖出地道，寻找优质矿脉；有的开凿底层，立即把财宝埋进地里；那些个头儿小又无力气的则待在一旁捡拾其身强力壮的合作者们掉下的渣渣屑屑什么的。有几个新来的想必是饿得不行，在原地就吃上了，但大多数则是想大捞一把，将之藏于安全之处，以备不时之需。当你想置身于百里香遍地的原野时，一点新鲜牛粪都见不到，突然来到这里，见到这么大堆大堆的宝物，那真是天赐之物呀，只有有福分的才这么幸运。因此，它们便把今天这宝贵财富小心谨慎地收藏起来。粪香四溢，方圆一公里都能闻到，食粪虫们闻讯纷纷赶来，抢夺、瓜分这些美味食品。有几个落在后面的又跑又飞地正忙着往前赶哩。

那个生怕到得太晚而向着粪堆一溜儿小跑的是哪一位？它那长长的爪子僵硬笨拙地倒腾着，仿佛其肚腹下面有一个机械在推动着似的；它的那对棕红色小触角大张开来，透着垂涎欲滴的焦急不安。它在拼命地赶，它赶到了，还撞倒了几位食客。它就是圣甲虫，一身墨黑，是食粪虫中个头儿最大又最有名气的一种。古埃及对它尊崇备至，把它视作长生不老的象征。它已入席，与其同桌的食友并肩战斗，其食友们正在用自己宽大的前爪心轻轻地拍打粪球，进行最后的加工，或者再往粪球上加上最后一层，然后抽身而去，回家安安心心地享用自己的劳动成果。我们来看一看那有名的粪球的一道道制作工序。

圣甲虫头部边缘是个帽子，宽大扁平，上有六个细尖齿，排成半圆。这就是它的挖掘和切割工具，是它的叉耙，可以用来撬起和抛撒无养分的植物纤维，把好东西耙在一起积聚起来。挑选食物就是这样进行的，因为对于这些精细的行家来说，什么好什么差它们是十分清楚的。如果圣甲虫是为自己寻找食物的，它们选个差不离儿就行了，但如果是为了自己的孩子考虑的，那它们则会严格挑选，一丝不苟。

为解决自己的食物问题，圣甲虫并不挑剔，粗略地选一选就行了。它用带齿的头盔拱一拱，挑一挑，去除不需要的，然后把其他的归拢一下就得了。两条前腿一起用力忙乎。其前腿是扁平的，弯成弓形，上有粗壮的纹脉，外侧配备着五个硬齿。假如需要用力，推开障碍物，在粪堆中的最厚实的部分清出一条道来，圣甲虫便用肘力，也就是说用其带齿的前腿左扫右拨，再用齿耙用力一耙，便清出一个半圆形的空地来。场地清好之后，前腿还有另一种工作要做：把顶耙耙到的东西归拢在一起，弄到自己的肚腹下面的后面四只爪子之间去。这后面四只爪子生来就是为了做旋工工作的。这些足爪，尤其是那最后的一对，又细又长，微微弯曲成弓形，顶端长有一个很锋利的尖爪。稍许看上一眼就会知道它们酷似圆规，在其弧形支脚之间，环成一种球形，可测量球面，加工球形。它们的功用确实是加工粪球的。

食物一把一把地被耙到肚腹下面的四条腿中间，后腿再稍一用力，就把粪球的雏形按腿部曲线给挤压成了。然后，这雏形粪球不时地被四条后腿形成的两副圆规摇动、挤压，逐渐变小变实，再由肚腹加工，粪球的形状臻于完善。如果粪球表面层太硬，有剥落的危险的话，如果某一部分纤维太多，无法旋的话，前腿就对不合适的地方进行再加工，它们用宽大的拍子轻轻拍打粪球，使得新添加的东西与原先的拍得很实的部分合二为一，并把那些不易粘贴的东西拍实在粪球上。

烈日当空，加工工作在紧张地进行，你可以看到旋工的活儿干得多么利索，让你肃然起敬。那活计如此这般地飞快地进行着：一开始是个小弹丸，现在变成了一粒核桃，不一会儿就有苹果一般大小了。我曾见过食量大的圣甲虫竟然旋出一个拳头大小的粪球。这肯定得花好几天的工夫。

　　储备的食物制作完毕，现在就得撤出混乱的战场，把食物运到合适的地方。这时候圣甲虫最令人惊奇的习性开始展现出来了。圣甲虫迫不及待地上路了；它用两条长后腿搂住粪球，而后腿尖端利爪则插入球体中去，当作旋转轴；它以中间的两条腿作为支撑，而以前腿带护臂甲的齿足作为杠杆，双足轮流着地按压、弓身、低头、翘臀，倒退着运送粪球。后腿是这部机器的主要部件，它们在不停地运作；它们一来一回，变换着足爪，以调整轴心，让负载物保持平衡，并在其一左一右地交替推动之下，把粪球往前滚动。这样一来，粪球表面各点都轮流地接触地面，使之不停地被碾压，形状更加完美，而球面硬度因均匀地受压也趋于一致。

　　使劲儿呀！行了，它滚动了，它一定会被运到家的，当然少不了遇上困难。这一个困难说来就来，但还不算严重：圣甲虫碰到了一个斜坡。沉重的粪球要顺着斜坡滚下去的，但是圣甲虫认准了自己的理儿，偏要横穿这条天然道，这可够大胆儿的，稍一失足，稍踩到一点碍事的沙子，就会失去平衡，就前功尽弃了。果不其然，它脚下一出溜儿，粪球便滚到沟里去了；圣甲虫被滑落的粪球一带，弄了个仰面朝天，手脚乱蹬乱踢的。它终于翻转身来，追赶粪球。它的机器更加卖力地工作起来——该当心点儿了，傻蛋儿；沿着沟底走，既省力又保险；沟底路好走，特别平坦；你不用太用力，粪球就能滚动向前的——可是圣甲虫就是不听，它偏要向着那个对它来说是不祥之地的斜坡。也许再登高处对它来说是合适的。对此我无话可说，因为就身居高处的优越性而言，圣甲虫的看法比我的看法更有远见——可你至少该走这条道呀，那是个缓坡，你很容易从那儿爬到顶上的——它根本就不听，如果有什么很陡的、无法攀登的斜坡，那个顽固的家伙就偏偏选中它。

于是，西绪弗斯①的工作开始了。它小心翼翼地，一步一步地，艰难万分地往上滚动那巨大的粪球。它一直是倒退着在推动。我在寻思，它是运用何种稳定神功把这么个庞然大物稳定在斜坡上的。啊！稍一协调不好，它便白忙活半天了：粪球滚落下去，把它也连带着摔下去了。然后，它又开始往上爬，不一会儿又摔了下去。它随即又往上爬，这一次走得挺好，艰难路段总算通过了，原来是一个禾本植物的根在作怪，让它摔下去好几次，这一次它谨慎地绕开了这个该死的根。再使一把力就到顶了，但要小心再小心啊。坡陡道艰，稍有不慎便前功尽弃。你瞧，脚踩在光滑的卵石上，一滑，粪球和圣甲虫一起连滚带翻地又滑掉下去了。可圣甲虫又开始往上爬，仍旧坚忍不拔，没有什么能使它气馁的。十次、二十次地试着这总也爬不上去的陡坡，最后，它或者是以顽强的意志战胜了千难万险，或者是经过更加缜密的思考，承认自己先前所做的努力是无谓的，它选择了平坦的路径，终于如愿以偿，完成了任务。

圣甲虫并非总是单独地运送那珍贵的粪球，它经常要找一位同伴相帮，或者说得更确切一些，是同伴主动跑来帮忙。一般情况下是这么干的：一个圣甲虫制成了粪球之后，便爬出纷乱熙攘的群体，倒退着推动自己的战利品离开工地，最晚赶来的那些圣甲虫有一个在它的身旁，刚开始在制作自己的粪球，便突然放下手中的活计，奔向滚动着的粪球，助那个幸运的拥有者一臂之力，后者似乎很乐意接受这种帮助。这之后，这两个同伴便联手干起活儿来。它俩争先恐后地努力把粪球往安全的地方运去。在工地上是否果真有过协

---

① 西绪弗斯：希腊神话中的人物。因种种罪孽，受到宙斯重罚，在地狱中把一块巨石往山上推。每当快推到山顶时，巨石又滚落下来，他只好无休止地推着。

议，双方默许平分这块蛋糕？在一个揉制粪球时，另一个是否在挖掘富矿脉以提取原料，添加到共同的财富上去呢？我从未看到这种合作，我一直看到的只是每只圣甲虫都独自地在开采地点忙乎着自己的活计。因此，后来者是没有任何既定权益的。

那么，是否是异性间的一种合作，是一对圣甲虫在忙着成家立业？有一段时间，我确实这么想过。两只圣甲虫，一前一后，激情满怀地在一起推动着那沉重的粪球，这让我想起了以前有人手摇风琴唱着的歌儿：为了布置家什，咱们怎么办呀？我们一起推酒桶，你在前来我在后。通过解剖，我脑中便丢掉了这种恩爱夫妻的场景。圣甲虫从外表上看去是分不出雌雄来的。因此我把两只一起运送粪球的圣甲虫拿来解剖，我发现它们往往是同一个性别的。

既无家庭共同体，也无劳动共同体。那么这种表面上的合伙儿存在的理由是什么呢？理由很简单，纯粹是想打劫。那个热心的同伴假借着帮一把手，其实是心怀叵测，一有机会便抢走粪球。把粪粒制成球既累人又要有耐心；如果能抢个现成，或者至少强行入席，那可就合算得多了。如果主人没有警惕，帮忙者就可抢了粪球逃之夭夭；如果主人的警惕性很高，那就以自己也出了一份力而二人同席。这一手怎么都可获益，因此抢掠就成了收效最好的一种手段。有的就阴险狡猾地这么去干了，正如我刚才所说的那样：它们兴冲冲地去帮一位同伴，其实后者根本用不着它们帮忙，而且它们装着好心好意，实际上心里暗藏杀机，还有一些圣甲虫，也许更加大胆，更加相信自己的实力，干脆直奔主题，强行抢走他人的粪球。

这种抢劫行径无处不在。一只圣甲虫独自推动着自己通过努力劳动所获得的合法收益安静地离去了。另外一只，也不知是从哪里冒出来的，飞来抢夺，身子重重地落下，把被烟熏了似的翅膀收在鞘翅下面，然后挥起带锯齿的臂甲的背面扇倒粪球的主人，后者正在忙着推动粪球，根本就无招架之力。当受袭者拼命挣扎，重新站稳脚跟时，攻击者已经立于粪球高处，那是击退对手的最有利的位置。它把臂甲收回胸前，准备迎敌，以防不测。失窃者围着粪球转来转去，寻找有利的出击点；盗窃者则立在城堡顶上不停地转动，始终面对着失窃者。如果失窃者立起身来攀登，盗窃者便朝前者的背部猛地一击。如果进攻者不改变策略来收回失物的话，那防守者因占据城堡高处，必将一次次地挫败对手的进攻。这时，进攻者企图把城堡及其守卫一并推翻。粪球底部受到摇晃，开始缓缓滚动起来，盗窃者也随着滚动，但它想尽办法始终立于粪球顶上。它做到了，但并非始终如此。它在不停地急速跟着转动，使自己保持平衡。万一脚下一滑，优势没了，那就只好与对手短兵相接，双方身体对身体，胸部对胸部，你顶我撞开来。它们的爪子绞在一起，节肢缠绕，角盔相撞，发出金属锉磨的尖厉之声。然后，把对手掀翻，挣脱开来的那一位便匆忙爬上粪球顶端，抢占有利地形。围困又开始了，忽而抢掠者被包围，忽而被抢者受包围，这全由肉搏时的胜败来决定。抢劫者无疑贼胆包天且敢于冒险，往往占据上风。因此，被抢劫者经过两次失败之后，便失去斗志，明智地回到粪堆去重新制作一个粪球。而那个抢劫得手者非常害怕已解除的险情会重新出现，便把抢掠来的粪球，赶忙往自己觉得保险的地方推去。有时候，我还看见有第二个抢劫者突然飞临，抢掠前一个窃贼的赃物。说心里话，我对它并不反感。

我徒劳无益地在寻思，那个把"财产即赃物"这个大胆的谬语狂言运用到圣甲虫的习俗中的普鲁东是何许人也？那个把"武力胜过权力"的野蛮法则在食粪虫中加以发扬光大的外交家是谁？由于手头缺少资料，我无法追本溯源地探清这些习以为常的抢劫行径，无法搞明白这种为了抢夺粪团而滥用武力的缘由，我所能肯定的只是抢劫骗取是圣甲虫的一种惯用伎俩。这些运送粪球的昆虫相互间你抢我夺，毫无顾忌，我还真没有见过其他昆虫这么厚颜无耻地干过。干脆，我把这种昆虫心理方面的问题留给未来的观察者们去探索吧，我还是回过头来谈谈那两个合伙运送粪球的家伙。

尽管用词不甚贴切，我还是称那两个合作者为合伙运送者。它们中一个是强行入伙，而另一个则也许是无可奈何地接受的，生怕会遇到更大的不测。它俩的相逢倒还算和气。合伙者到来之时，物主正一门心思在干自己的活儿；新来者似乎怀着最大的善意，立即投入工作。二人一推一拉，相互配合。物主占着主导位置，担当主角：它从粪球后面往前推，后腿朝上脑袋冲下。那个帮手则在前面，姿势与前者相反，脑袋朝上，带齿的双臂按在粪球上，长长的后腿撑着地。它俩一前一后把粪球夹在当中，粪球就这么滚动着。

它俩的配合并非总是很协调的，尤其是因为帮手背对路径，而物主的视线又被粪球遮挡住了。因此，事故频仍，摔个大马趴是常有的事，好在它们也泰然处之，摔倒了立即爬起来，仍旧是各就各位，各司其职。即使是在平地上，这种运输方式也是事倍功半的，因为二人的配合无法天衣无缝，其实只要粪球后面的一个圣甲虫干，也照样会干得很快，而且干得更利索。那个帮手虽然差点儿弄得无法运送，但在表现出自己的善良意愿之后，决定稍事休息，当然，它不会放弃它已视作是自己的财产的那个宝贝粪球。摸过的粪球就是自己的粪球。但它也不会掉以轻心贸然行事的，否则对方会把它给晾在那儿。

它把腿收回到肚腹下面，身子贴在（可以说是嵌在）粪球上，与之浑然一体。粪球和这个贴在其表面的帮手在合法主人的推动下一起往前滚动着。粪球在它的身下，随着粪球的滚动，它忽而在上，忽而在下，忽而在左，忽而在右，它毫不在乎。它就是要帮忙帮到底，而且是默默无闻的。这种帮手真少见，让别人用车推着自己，还要得一份儿酬劳！这时，前方遇到一个大斜坡，它只好帮一把手了。行到陡坡上时，它当上了排头兵，只见它用自己那带齿的双臂猛拽住笨重的大粪球，而其同伴——那个物主则在下方拼命抵住，一点点地往上顶着。我看见这两个合伙者，就这样一个在上方拽着，一个在下方顶扛着，配合十分默契地往坡上爬着，如果没有二人的通力合作，光靠一个人是怎么也无法把粪球推上去的。但是，并非所有的人在这一艰难时刻都会表现出同样热情的。有一些圣甲虫在攀爬斜坡这种必须通力合作才行的时刻，似乎根本没有看见有困难要克服似的。当倒霉的西绪弗斯在拼了小命试图越过障碍时，另一位则高高在上，稳坐钓鱼台，与粪球一起滚下，一起滚上。

我们假定那只圣甲虫很幸运，找到了一个忠实的合伙者，或者更好一些，假定它在途中没有碰上不请自来的同类。那么，一切就绪，可以进行下一步了。地窖已挖好，是一个在松土地上挖的洞，通常是在沙地上挖，洞不深，有拳头般大小，有一条细道与外界相通，细道大小正好够让粪球进入。粮食一入地窖，圣甲虫便躲在家里，用藏于角落里的杂物把地窖入口堵住。大门一关，外面根本看不出这里下面有个宴会厅。大功告成，它高兴万分，宴会厅里全都美妙绝伦！餐桌上摆满了奢华食物；天花板遮挡住当空烈日，只让一丝温馨湿润的热气透进来；心平气静，环境幽暗，外面的蟋蟀发出阵阵合唱声，这一切都有助于肠胃功能的发挥。我神思恍惚，突然觉得自己俯身于地窖门口，只觉得有海洋女神该拉忒亚的歌剧中的那段著名唱段隐约传来："啊！周围的一切都在忙忙碌碌时，无所事事是多么美妙。"

谁敢去打扰这样一个在宴席上怡然自得的家伙呀？但是，有想探个究竟的欲望的人是什么都干得出来的，而这种胆量，我就有过。我把我私闯民宅的情况记录在此。我看到光一个粪球几乎就把宴会厅塞满了，这奢华的食物下抵地板上顶天花板。一条狭小的通道把粪球与墙体隔开。食者就在通道上用餐，顶多是两位，经常是独自一人，肚子贴在餐桌上，背顶着墙壁。座位一旦选好，就不再挪动了，然后便放开嘴吃起来，没有一点小的争吵，那样会少吃上一口的；也不挑挑拣拣的，否则就会浪费食物。一切都得按先后次序，一丝不苟地穿肠过肚。看到它们如此虔诚尽心地围着粪球在吃，你会以为它们意识到自己在完成大地净化的工作，它们知道自己投身的是那种以粪肥培育鲜花的精细化学工程，鲜花让人赏心悦目，圣甲虫的鞘翅能点缀春意盎然的草坪。马、牛、羊尽管消化系统很完美，但它们的排泄物中仍留有未消化的残留东西，而圣甲虫则把它们留下的那些残留物质加以利用，为此，圣甲虫就必须具备一套完整的工具。果然，通过解剖我惊奇地发现它的肠道出奇的长，盘来绕去，使得进入的食物可以慢慢地被吸收，直至最后一个可以利用的颗粒被消化掉为止。因此，食草动物未能吸收的东西，食粪虫类昆虫的高效蒸馏器却可从中提取一些财富，而这些财富稍加处理，就变成了圣甲虫墨黑的铠甲和其他食粪虫类昆虫金黄色的和赤红色的胸甲。

不过，这种令人赞叹不已的垃圾处理工作得在最短的时间内完成，这是环境卫生所限定的。而圣甲虫就具有这种也许其他昆虫所没有的很强的消化能力。一旦食物进入地窖里，圣甲虫便日夜不停地吃着，直到把食物消灭干净为止。当你有了一定的实践经验，把圣甲虫关在笼子里养是很容易的。我就是采用了这种办法获得了这些资料，这对了解著名的圣甲虫的高效消化功能大有裨益。

　　整个粪球就这么一点一点地依次通过消化道，然后，圣甲虫隐士便爬出地面，寻找机遇，找到后，便再做粪球，一切就又重新开始了。

　　有一天，天气很热，闷热无风，这种氛围很适合我喂养的圣甲虫们大快朵颐。于是，我手里拿着表，守在一个露天进食者的面前仔细观察着，从早上八点一直盯到晚上八点。这只圣甲虫似乎遇上了一块颇对胃口的食物，整整十二个小时，它都没停止过咀嚼，始终待在餐桌前的同一个地点一动不动地吃个没完。晚上八点钟时，我最后看了它一次。只见它的胃口始终未减，那样子像刚开始吃时一样起劲儿。这宴席还持续了一段时间，直到整个食物全部消灭干净为止。第二天，那只圣甲虫确实没再在那儿了，头一天大嚼个没完的那块食物只剩下点渣渣末末了。

　　时针转了一圈还要多，这么长的一幕就是进餐，狼吞虎咽，精彩至极，那消化的一幕则更是妙不可言。圣甲虫前头不停地吃，后头则不断地排泄，那已不再含营养成分的排泄物连成一条黑色细线，如同鞋匠的细蜡绳。它是边吃边排泄，足见其消化之神速。刚一开始咀嚼，它那拔丝机便运转起来，直到最后几口吃完之后，这机器才停止运转。那根细蜡绳从头到尾没有出现断头，始终挂在排泄口上，下面的则已盘成一堆，只要没有干透，则可以轻易展开来成为一条细长绳。

　　排泄的过程如同秒表一般精确。每隔一分钟，更精确地说是四十五秒，一小节排泄物便出来了，细绳则增长三四毫米。等细绳长到一定程度，我便把它截断，放在刻度尺上量其长度。我测量的结果：十二小时后，细绳的长度为二点八八米。晚上八点，我是提着提灯最后一次去察看的，这之后，圣甲虫又继续吃宵夜，所以进餐与制绳工作又持续了一段时间，所以圣甲虫拉成的那根没有断头的细长绳总长约为三米。

知道了绳长及其直径，排泄物的体积很容易便能测算出来。而要测出圣甲虫的精确体积也不难，只要把它放入有水的量筒，查看一下水位线即可。所获得的数据并非没有意义：这些数据告诉我们，圣甲虫一次连续十二个小时的进食竟消化掉几乎与自己的体积相等的食物。多么好的胃呀，而且消化又是这么强，消化速度又这么快！一开始咀嚼，排泄物便立即被消化成细绳状，不停地被拉长，直到进餐结束。在这台也许从不失业的蒸馏器里（除非加工的原料出现短缺），原料一进入，立即由胃囊进行加工，吸收殆尽，然后排出。这使我不由得想到，这么一座如此高效地清除垃圾的实验室在环境卫生方面是可以起点作用的。

圣甲虫的梨形粪球

烈日下，圣甲虫专心致志，动作十分敏捷，潜心制作洋溢着无限母爱的梨形粪球。粪球不仅是圣甲虫的食物，也是它们的育儿室。你想知道这位一流的揉制工造粪球与推粪球的有趣过程吗？

一个年轻的牧羊人负责替我抽空观察圣甲虫的活动情况。六月下旬的一个星期日，他兴冲冲地跑来告诉我说，他觉得此刻是研究圣甲虫的好机会，说他突然看见圣甲虫从地下爬出来，他便在它爬出来的地方翻找，在不是很深的地方就发现了一个奇怪的东西，便给我带了来。

那玩意儿确实挺奇怪的，彻底地推翻了我原先以为了解了的那点情况。从形状上看，它就像个小小的梨子，大概熟过了头，色泽不新鲜了，变成了紫褐色。这个稀奇古怪的玩意儿，这个似乎在车工车间出来的漂亮玩具，会是什么呢？是人工塑造而成的？是一个仿梨子制品供孩子玩的？我确实是这么以为的。孩子们围了过来，目不转睛地盯着这个漂亮玩意儿，都想拿走放进自己的玩具盒里。这玩意儿形状比玛瑙弹子更漂亮，比象牙球和杨木陀螺更让人喜爱。

实际上，这玩意儿的材质并不显得上乘，但摸上去很硬实，且带有十分艺术性的曲线。这没有关系，反正在深入了解它之前，我是不会把这个从地下找到的小梨给孩子们当玩具的。

它真的是圣甲虫的杰作吗？它里面会有一个卵、一条幼虫？牧羊青年肯定地对我说有。他说他在挖的时候不小心把一只同样的小梨给弄碎了，里面就有一只白色的卵，像一个麦粒那么大。我不太相信他说的，因为他给我拿来的小梨与我所期待的粪球相去甚远。

剖开这个令人生疑的玩意儿，看看它里面有什么东西，这也许是冒失的：即使如牧羊青年认定的那样里面果真有虫卵，我这么把它剖开也许会影响里面胚胎的存活。再说，我在想，梨形与所有已知的情况是矛盾的，很可能是偶然造成的。谁知道日后会不会再遇上偶然的情况给我提供同样的东西呢？最好保持它的原样，静观情况的发展，特别是应去现场看个究竟。

第二天天一亮，牧羊青年已在那儿放羊了。我爬上山坡见到了他。山坡上的树木最近被砍光了，夏季的毒日头晒得人后脖子疼，好在还得两三个小时之后太阳才晒得到我们。清晨，凉风习习，羊群在牧羊犬的看管下静静地在吃草，因此我和牧羊青年便一起搜寻起来。

我们很快就找到了一个圣甲虫的洞穴，上面新堆成一个鼹鼠丘，一眼就可认出来。我的同伴用力地挖起来。我把我的小铲子给了他，我那把小铲子又轻巧又结实，我每次外出都没忘记带上它，因为我见土就想挖一挖，怎么也改不了。我躺在地上，目不转睛，好仔细查看被挖开的洞穴内部的安排布置。牧羊青年用小铲子挖着，用没拿铲子的手把浮土弄掉。

我们成功了：一个洞穴被打开了，只见那湿热的半张开的地洞里一只完美的梨形粪球待在那儿。是呀，说真格的，第一次看到圣甲虫妈妈的杰作时印象之深刻，永远也无法抹去。即使我是挖掘古埃及的圣骨的考古学家，当我挖到某个法老的地下墓穴中的雕琢成绿宝石的圣虫，我也不会比这次更加激动的。啊！突然金光四射发现真理的快乐呀，什么快乐可与你相媲美！牧羊青年也高兴万分，他见我笑自己也笑，他看见我幸福欢快自己也喜形于色。

　　偶然的事不会重现，一件事不会一模一样地再现，一句古老的格言就是这么告诉我们的。我这已是第二次看到这种奇特的梨形粪球了。这种形状是正常的，不是例外？圣甲虫在地上滚动的那个类似这种球体的球体是否并不存在？我们继续挖下去，再看看究竟是怎么回事。我们又找到了第二个洞穴。同第一个一样，里面也有一只梨形粪球。这两个玩意儿一模一样，简直像是一个模子里倒出来的。有一个细节颇有价值：在第二个洞里，在梨形粪球旁边，圣甲虫妈妈怜爱地紧搂着梨形粪球，想必是一心一意地在对它进行最后的加工，然后自己就永远地离开这个洞穴。一切疑惑都驱散了：我认识这个雕塑工，我了解它的杰作。

　　在上午剩下的时间里，我便只是对已知的这些情况进行充分的求证：在毒日头把我晒得受不了只好离开挖掘现场之前，我已拥有一打形状相同、大小几乎一样的梨形粪球。有许多次我都发现有圣甲虫妈妈在洞穴深处的车间里。

　　最后，先提一下后来我所了解到的情况。在六月末到九月份的整个大热天里，我几乎每天都到圣甲虫经常出没的地方去探查，我用小铲子挖开一个个洞穴，获得了一些超乎我所能期盼得到的资料。我从笼子里的饲养中又获得了另一些资料，这些资料真的也很宝贵，但却无法与在田野里的自由空间中所获得的资料相比拟。不管怎么说，我挖掘过少说也不下一百来个洞穴，而且次次都能见到那种梨形粪球，但却从来没有，一次都没有见到过圆圆的粪球，一次也没见到过书本上告诉我们的那种浑圆形状的粪球。

这个错误我以前也犯过，因为我非常相信大师们的金口玉言。以前，我在安格尔高原的研究没有任何结果，我在实验室进行饲养也可悲地以失败而告终，但我又一心想给青年读者们一个圣甲虫如何筑巢做窝的看法，所以就接受了传统的浑圆的粪球的荒谬说法，而且还通过类比推理，用别的食粪虫的一点情况试着勾勒圣甲虫卵的外形，导致了不可饶恕的错误的出现。

现在，我们来详述一下这个真实的故事，并用我亲眼所见且一见再见的事实作为依据。圣甲虫的地下窝巢在地面上一看便知，因为洞外有一堆浮土，似一个鼹鼠丘，是圣甲虫妈妈把洞中挖出的土推到洞外堆积而成的，以便留出一个洞来。这个鼹鼠丘下开着一个大约一分米的不太深的洞，有一条或直或曲的水平通道从洞底通到可能有拳头般大小的宽敞大厅。这就是地下室，虫卵被食物包裹着，在离地面几寸的地下，由酷热的太阳烘烤慢慢孵化；这也是圣甲虫妈妈的宽敞的车间，它可以在里面灵活自如地把未来的宝宝的面包揉制、加工成为梨形。

这个粪球面包躺倒时长轴线是水平方向的。其形状以及大小让人想到圣诞节时期的小梨子，色泽鲜艳，香气扑鼻，提前成熟，让孩子们爱不释手。梨形粪球的大小基本都差不太多。最大个儿的长四十五毫米，宽三十五毫米；最小个儿的长三十五毫米，宽二十八毫米。

梨形粪球的表面虽不像大理石那么光滑，却非常规则匀称，沾着很小的红土颗粒的外壳是经过仔细打磨的。它原是十分松软的，宛如可塑性黏土，因为是刚做好的，但很快便因风干的缘故外层结起一层硬皮，用手指捏都捏不碎，比木头都硬。这层硬皮是一个保护层，使得隐于其中者避免与外界接触，可以极其安静地享受自己的食物。但是，如果连中间也都风干了，那就非常危险了。我们以后将有机会来谈被迫面对太硬面包的幼虫的可怜处境。

圣甲虫面包铺加工的是什么样的面团呢？马、牛、骡是它的供货者吗？绝对不是。不过，我以前一直以为是的，而且每个看见它在一大堆普通牛粪中拼命收集、为己所用的人，都会这么以为的。它通常就在那儿揉制粪球，然后弄到沙土地下的某个隐蔽所去享受一番。

如果那种沾满草梗的粗糙面包只是为了自己吃的话，那没有什么问题，但如果是给它们的小宝宝们准备的，那就不行了。它必须去进行精加工，使之营养丰富且易于消化。它需要的是绵羊留下的美味，而不是干瘪的牛拉下的一地黑橄榄。绵羊留下的美味是在其不太干的肠子中逐渐形成、加工制作的单层硬饼干。这才是圣甲虫所要的材料、专门用于加工的面团。那不是马的那种无脂肪的粗纤维材料，而是腻滑而有黏性的均匀的物质，饱含着富于营养的汁液。这种材料因其黏性和腻滑而极为适于加工成为梨形艺术品，而且它又柔软可口，很符合新生儿的嫩弱的胃。在这么一个小小的梨形体中，幼虫将可以获得充足的营养。

这就是梨形食品为何如此之小的原因所在。它那么小，以致我在看到圣甲虫妈妈正在制作梨形粪球之前，一直怀疑这新玩意儿究竟是什么尤物。我一直都没能从这么小的梨形粪球中看出那是圣甲虫幼虫的食粮，因为圣甲虫既贪馋且个头儿也挺大。

在这个形状独特新颖的大面包团里，虫卵在什么地方呀？大家自然而然地就会认为它在那圆圆的梨肚子的中心。这中心点是最安全的地方，不受外面的一切干扰，而且是恒温的。再者，新生幼虫无论从哪儿下口都能遇到厚厚的食物层，不会咬上几口就没有了。因为在它的周围全都是一样的，它也就用不着去挑选了；它随便把自己那嫩牙咬到哪儿，都会无忧无虑、津津有味地继续吃下去。

这种看法似乎非常有道理，以致我也跟着上当了。在我用小刀的刀锋一层一层地往梨肚子中心剥去，深信在中心点会找到虫卵时，结果却大出我的意料，那儿根本就没有虫卵。梨肚子中心非但不是空的，而且是实实的。那儿也是一堆质地均匀的食物。

我的推断看上去似乎很合理，换了任何一位观察者也会与我持同样看法的，但是圣甲虫有自己的主张。我们有我们的逻辑，而且还颇引以为豪；但圣甲虫也有自己的逻辑，而且在这一点上还远胜于我们。圣甲虫颇有远见，能预见会发生什么事情，所以便把卵下到别处去了。

到底下到哪儿去了呢？下到梨形粪球最细薄的部分，在最顶端的梨颈那儿。把梨颈纵向剖开，但须加倍小心，别弄坏了里面的东西。那儿挖有一洞，四壁光洁锃亮。这就是胚胎所在的圣龛，这就是孵化室。相对于圣甲虫妈妈的个头儿来说，虫卵算是挺大的了，它呈长椭圆形，白乎乎的，长约十毫米，宽有五毫米多。它同四壁之间有一层薄薄的间隔，与四壁都不紧贴，只是梨颈顶端的壁后，虫卵的头顶粘在上面而已。梨形粪球通常是水平躺放着的，除了头顶粘着的那一点外，幼虫实际上是悬浮在空中，睡在这张最有弹性最热乎的空气床上。

现在，我们已清楚明白了。让我们来看看圣甲虫这么干的原因何在。让我们了解一下为什么是个梨形，这在昆虫的制作工艺中可是一种很奇特的形状。让我们来看看虫卵放在那么个奇怪的地方究竟有什么好处。我知道，探究事情的原委和来龙去脉是非常繁难艰辛的。你可能会像是踏入流沙里去似的，因为那是个神秘的领域，变化多端，一不小心就会陷下去无法自拔的。难道因为危险就放弃这种探索吗？为什么要放弃呀？

我们的科学与我们手段之贫乏相比更显其伟大辉煌，但是面对无穷的未知时又显得如此可悲。它对于绝对的真理都知道些什么？它一无所知。世界只有在我们认识了它之后才使我们感兴趣。认识不了，一切都变得枯燥乏味，混沌虚无。一大堆事实并非科学，那只不过是一篇索然寡味的目录而已。必须解读这篇目录，用心灵之火去使之化解开来；必须发挥思想和理想之光的作用；必须诠释。

让我们去攀登这个高峰，以解释圣甲虫的所作所为吧。也许我们可以把我们的逻辑运用到圣甲虫身上去。不管怎么说，看到理性对我们的支配与本能对动物的支配如此绝妙的一致，是非常有趣的。

圣甲虫处于幼虫状态时有一个巨大的危险在威胁着它，那就是食物变干燥。幼虫生活其间的地下洞穴的天花板是一层约一分米厚的土层。这极薄的一层土又如何能挡得住能把土烤焦的大热天的酷热呢？那酷热都能把砖坯烧硬了。所以幼虫的居室温度高极了，当我把手伸进去时，都感到有股子热气在往外冒。

食物至少得存放三四个星期，所以很有可能在卵孵化之前变干，甚至变得无法为幼虫食用。当幼虫那嫩牙咬不着原本是松软的面包而咬着硬得如石头般的硬皮时，可怜的幼虫将会饿死，而且确实有因饥饿而死亡的。我就发现过有不少八月烈日的牺牲者，它们早已把松软的食物吃了一个大洞，后来因啃不动剩下的太硬的食物而死于吃出的那个大洞中。粪球剩下的是一个厚厚的壳，像一只没有口的球形锅子，可怜的幼虫在锅里被烤干瘪了。

在那个干硬得像石头似的厚壳中，幼虫即使变成了成虫也一样会饿死的，因为它冲不破围城，逃不出来。关于幼虫的彻底解放我稍后还要论述，在此就不再就这一点多加赘述了。我们就只关心一下幼虫的悲惨处境吧。

我们说了，食物变干燥对于幼虫来说是致命的。我们见到的在厚壳中干死的幼虫就证明了这一点，下面要做的实验会更加明确地证实这一点。在七月份那筑巢做窝的季节里，我在一些硬纸盒或杉木盒里放了一打当天早上从产地挖到的梨形粪球。这些被密封起来的盒子被放在我实验室的暗处，那儿的气温与外面的气温一样。结果，没有一只盒子见到成果：要么是卵干瘪了，要么是幼虫孵化出来后很快就死去了。相反，在一些白铁盒或玻璃笼中，情况十分不错，幼虫全部存活。

这种差别原因何在？其实很简单，在七月份的高温天气里，硬纸板或杉木板隔热效果差，水分很快就蒸发掉，所以梨形粪球变干，幼虫便饿死了。而白铁盒或玻璃笼则相反，隔热效果好，水分不易蒸发，食物能保持松软，所以幼虫如同在出生地的洞穴中一样很好地成长。

圣甲虫有两种方法避免食物干燥。首先，它用它那宽臂的铠甲使劲地压紧压实梨形粪球的外层，弄成一层比中心更均匀更密实的保护性外皮。如果我把一个用这种方法制作的食品罐头捏碎，那层外皮通常会一下子脱落，露出中心的内核来。这让我联想到一只核桃的核儿和仁儿来。圣甲虫妈妈在按压时只涉及几毫米的表层，所以便出现了一个外壳。它并没往深处按压，这样中间的那个大内核也就分出来了。夏季最炎热的时候，为了让食物保鲜，家庭主妇会把面包放在密封的坛子里；而圣甲虫妈妈的做法有异曲同工之妙，它通过按压，制成外壳，以保护里面的孩子们的食粮。

圣甲虫的所作所为远胜于此：它变成了一位几何学家，能够解决最小值的难题。在其他所有的条件完全相同的情况下，蒸发量的多少显然与蒸发面的大小成正比。因此，为了减少水分的丧失，就必须让食物的面积尽量小；但又必须让这个最小的面积包含最大数量的营养物质，以便让幼虫吃饱吃好。那么，什么样的形状才能达到面积最小而体积又能达到要求呢？按几何学的回答，那就是球形。

圣甲虫因此便把幼虫的食粮加工成为球形，而梨颈暂时地忽略到一边；这种球形并非强加给圣甲虫一个必需的外形而盲目的机械条件下造成的结果，也不是在地上滚动而突然获得的成果。我们已经看见了，为了更方便更快捷地把收集到的食物弄到别处去食用，圣甲虫把食物加工成球形，但又没有挪动它的位置。总之，我们已经承认这个球形在滚动之前就做成了。

同样，我们马上也可以确定，为幼虫准备的梨形则是在洞底深处制作而成的。它没有滚动过，它甚至都没有挪过窝儿。圣甲虫完全按照所需要的外形对它进行了加工，犹如泥塑艺人用拇指捏泥人一样。

圣甲虫利用自己配备的工具也能制作出曲形不如梨形柔和的其他一些形状出来。譬如，它就能制作较粗糙的圆柱体，那是粪金龟通常制作的香肠面包；它也能草率从事，让没有固定形状的粪块是什么样就什么样。如果草率从事，活儿就干得更快，它也就有更多的闲暇尽享阳光下的欢乐了。但是不然，圣甲虫专门选择制作梨形粪球，而这种形状要做得精确是十分不容易的。它制作这种繁难的梨形粪球，就像是它深知蒸发的规律以及几何学的规律似的。

现在剩下的是搞清楚梨颈的事了。它的功能、作用究竟是什么？答案显然是有很大的作用。孵化室就在梨颈部位，卵就在其中。而所有的胚胎，无论是植物的还是动物的，都需要空气这个生命的原动力。为了让激发生机的空气这种助燃剂渗透进去，鸟的蛋壳上满是气孔。圣甲虫的梨形粪球就类似于鸡蛋。

为了避免过快地干燥，梨形粪球的外壳被压实成一层很硬的外皮；它的营养核，也就是蛋黄、卵黄，是藏于外皮内的松软的球；它的透气室就是顶端的那个小屋，亦即梨颈上的那个小窝窝，里面的空气把胚胎团团围住。为了呼气吸气，有哪儿能比孵化室更好的？那儿位于尖角上，沐浴在空气中，气体可以透过薄薄的壁自由地渗进渗出。

空气和高温是最重要的条件，所以食粪虫中没有谁敢等闲视之。我们以后会有机会看到，食粪虫的食物块形状各异；除了梨形外，根据制作者的种属不同，还有圆柱形、鸟蛋形、球形、尖顶形等；但是，虽说是形状各不相同，首要的一点却是永远不变的：卵待在紧靠表面的一间孵化室里，这是呼吸新鲜空气和吸热的最佳方法。在这种精巧艺术方面，圣甲虫制作的梨形粪球独占鳌头。

我前面刚提到过，圣甲虫这位一流的揉制工在揉制粪球时所表现出的逻辑性可与我们人类的相媲美。就我们现在所知，我所做的实验就证明了这一点。但还有更好的证明。下面我们用科学对这个问题加以阐释吧。胚胎是被包围在一大块食物中的，而因为干燥，这大块食物会很快变得无法食用。如何加工这种食物块才好呢？为了容易地呼吸到新鲜空气和吸收热量，把卵产在哪儿好呢？

所提问题中的第一个问题已经回答过了。我们从所获知识中得知，蒸发量是与蒸发表面的面积大小成正比的，所以食物应做成球状，因为球状体包含的物质最多而表面面积又最小。至于虫卵，既然需要一个保护套加以保护，免得有任何伤害性的接触，就必须把它放置在一个薄的圆柱形套子里，再让套子立在球体上方。

这样，必需的条件就得以满足了。制作成球状的食物可以保持新鲜了，由一个圆柱形薄套保护着的卵可以通畅地呼吸新鲜空气和吸收热量。这必需的条件虽然满足了，但那形状却太难看。讲实用就顾不上美了。

一个艺术家把我们推理得来的粗糙作品进行了加工。它把圆柱形修改成半椭圆形，显得优美雅致得多；它又在这个球体上加工出一个精巧的曲面，与球体仍连接在一起，这就变成了一个梨形，变成了一个带颈的葫芦。这样一来，这就是一件艺术品了，非常漂亮。

圣甲虫所做的正是美学要求我们做的。它是不是也有一种审美观？它知道自己制作的梨形很美吗？它肯定是看不出梨形之美的，它是在地下漆黑一片中制作的。但是它摸得出来。尽管它的触觉不值得一提，而且身披粗糙的角质外壳，但不管怎么说，它对自己精心揉制出来的外形轮廓是不会没有感觉的！

圣甲虫的造型术

圣甲虫常将粪便滚动到可靠的地方藏起来，然后关起门来潜心制作，将粪球做成形状完美的梨形。它藏在自己的洞穴中，精心加工被它运入洞中的粪料。它是怎样一步一步地完成梨形粪球的加工制作的呢？

圣甲虫是如何制作那有着慈母爱的梨形粪球的？首先可以肯定的是，这绝不是在地上通过滚动制作而成的，因为它的形状从各个方面看都是无法向前滚动的。就算那梨形葫芦的肚子可以滚动的话，但是那个椭圆形凸出来的梨颈里面可是个孵化室呀！这个精巧的杰作也不可能是猛烈撞击的结果。它如同首饰匠的首饰一样，是不可能让铁匠放在铁砧上锤打出来的。我同意其他的一些已经提及的十分明显的原因，但愿梨形粪球的形状将永远把我们从那认为卵是放在一个摇来晃去的粪球里的陈旧看法中摆脱出来。

为了自己的杰作，圣甲虫这个雕塑家与真正的雕塑家们一样，关起门来潜心制作。它藏在自己的洞穴中，一心一意地加工被它运入洞中的粪料。在对待粪料的方法上有两种情况。一种是在粪堆里按照我们已知的那种办法选取优质食料，就地揉制成小球，搓成圆形后再滚动它。如果只是为解决自己的口粮问题，它肯定就这么做了。如果它认为粪球体积过大，又不适宜就地挖洞，它便滚动着这个大家伙上路；它毫无目的地走着，直到找到一个合适的地点为止。路途中，粪球不会越滚越圆，但表面那一层会稍稍变硬，沾上一些泥土和细沙粒。这层沾上土和沙的表层是其跋涉之远近的真实记录。这一点很重要，我们一会儿会用得上的。

还有一种情况是，在它从中选取粪料的粪堆附近就很适合挖洞。那地方没什么石头，很容易挖洞。这样就无须长途跋涉，也就用不着滚动粪球了。羊的松软蛋糕被收集起来，原样储存，放进车间，需要时再切成小块加工。

这种情况通常并不多见，因为地面粗糙，石头太多。轻易就可以挖洞的地点零零星星，圣甲虫不得不身负重荷四处寻觅。不过，我的笼子里铺的一层土是过过筛子的，挖洞就极其容易，每一处都可以挖洞造巢，因此，圣甲虫妈妈为产卵而劳作时，只要把附近的粪块弄到地下去就行了，用不着先把粪块弄成个什么固定的形状。

这种无须事先揉成粪球再运输储存的方法无论是在野地里还是在我的笼子中，其最后的结果都非常令人惊讶。头一天，我看见一块没有形状的粪料消失在地下，第二天或第三天，我查看了它的车间，发现艺术家正面对自己的杰作哩。当初的不成形的粪块，被一块块抱进洞中的碎块，已经变成了形状完美、无可挑剔的梨形粪球了。

这件艺术品身上有着其艺术家的印记，立于洞底地上的那一部分沾着少许的泥土，其余部分都很光滑明亮。在圣甲虫制作梨形粪球时，由于粪球自身的重量，加上圣甲虫的轻轻拍打，仍很松软的梨形粪球接触地面的那一面就沾上了点泥土，而其他的大部分面积则保持了圣甲虫精心加工所给予它的精细完美。

　　这些根据仔细观察到的细节所得出的结论是显而易见的：梨形粪球不是旋转制作而成的；它不是圣甲虫在宽敞车间的地上经过滚动获得的，如果是那样的话，它就应该全身到处都沾上了泥土才对。另外，它那凸起的颈部也排除了这种制作方法的可能性。它甚至都没有从一头翻转到另一头；它的朝上一面一点儿泥土都没有沾，这就是有力的证据。圣甲虫没有移动也没有翻转，就在它所在的地方原地对梨形粪球进行了加工制作；它用它那宽臂轻轻地拍打梨形粪球，正如我们在露天地里看见它制作时的那样。

　　现在我们回过头来说说田野里的通常情况。这时候，粪球是从远处运来拖进洞穴里去的，整个表面全都沾满了泥土。圣甲虫将如何处理这只粪球？粪球上已经显现出未来梨形粪球的肚子来了。我如果只想求得答案而不考虑曾经使用过的方法的话，这答案是很容易得到的：只要在洞中连同其小粪球一起抓住圣甲虫妈妈，把它和小粪球全都弄到我的实验室里，进行仔细观察，研究进展情况就可以了，而这种事我干过许多次。

　　我用一只短颈大口瓶装满筛过的湿润的土，并把土夯实到需要的程度。然后，我把圣甲虫妈妈及其紧搂住的宝贝粪球放在我制造的土层表面。我把大口瓶放在半明半暗的地方之后，等待着。我的耐心并未受到太久的考验。圣甲虫因卵巢的活计所迫，便重新开始了被我打断了的工作。

　　在某些情况中，我看见圣甲虫一直待在地面上，把粪球打碎敲破，弄得粪渣满地皆是。这根本不是因为圣甲虫被捉住，成了俘虏的绝望之举，恍惚之中把宝贝粪球给毁坏掉。它那是明智的合乎卫生的举动。对在一些疯狂的争抢者中间匆忙弄到的粪球进行仔细的检查往往是必要的，因为在强盗们中间，就在收获地点进行翻检并不总是很合适的。粪球有可能裹进一些小蜣螂、蜉金龟什么的，因为忙着拼抢而顾不上仔细挑拣。

这些无意间闯入其间的入侵者非常自在地待在粪球里，将来会与合法的消费者争食未来的梨形粪球的。必须把这帮馋虫从粪球中清除出去。因此，圣甲虫妈妈便把粪球打碎，变成碎屑，仔细搜查。然后，再重新把粪渣聚拢，粪球又做好了，这时表面已无泥土了。于是圣甲虫把它拖入地下，把它加工制作成为除支撑的那一面而外无泥土的梨形粪球。

但更常见的是，粪球被圣甲虫妈妈原样埋入地下，如同我从洞中把它挖出来时那样，外层很粗糙，这是因为圣甲虫妈妈把它从收集点一路滚动，直至理想的加工点所造成的。在这种情况下，我在大口瓶底看见的是已成为梨形的粪球，外壳很粗糙，表面嵌满了沿途沾上的泥土和沙子，足见梨形粪球并不要求从里到外进行全面的加工改造，而是通过简单的按压，拉出梨颈就成了。

在绝大多数情况之下，一切都是这样正常发展的。我在田野里挖出来的梨形粪球几乎全都有一层硬痂，虽然程度不同，但都不是很光滑。如果没有发现这硬痂是因长途运输所造成的，那便会以为这沾满土和沙的外壳是圣甲虫在地下制作时滚动粪球所致。我所看到的那几个罕见的光滑粪球，特别是我的笼子里挖出的那几个极其干净光洁的粪球，彻底地纠正了这一错误。这几个梨形粪球告诉我们，用就近收集的并且未成形便储存起来的粪料加工成梨形粪球必须进行彻底的塑造，而且根本就不是用滚动加工的方法；这几个梨形粪球还告诉我们，那些表层粗糙的梨形粪球并不是在车间里滚动时沾上泥土造成的，而纯粹是表明它们在地面进行了长途跋涉所致。

亲眼观看梨形粪球的加工制作并非易事：那个在黑暗中干活儿

的艺术家稍被光线照到，就坚决罢工停手。它需要漆黑一片才能进行雕塑，我则必须有光亮才能看到它。这两个条件不可能同时得到满足。不过，我们不妨试一试，断断续续地抓住那不能完全展露的真情实况。我采用了下面这个办法。

我还是用了先前的那个短颈大口瓶。我在瓶底铺了一层几指厚的土。为了弄一个我所必需的四壁透明的车间，我在土层上支起一个三脚架，有一分米高，我在其上放置一个与大口瓶瓶口直径相同的枞木盖板。这样装置好的玻璃壁板房就是圣甲虫干活儿的宽敞的地下室。枞木板边缘被切开一个小口，刚够圣甲虫及其粪球通过的。最后，在枞木盖板上堆上一层尽可能厚的土。

在堆土时，盖板上的土有一部分会滑落，从所开缺口处漏到房间里去，形成一个宽宽的斜坡。这是我计划好的。当圣甲虫发现连接口之后便借助这一斜坡，下到我为之准备好的透明屋中去。当然，这个透明屋必须全黑之后它才会去的。因此，我便用硬纸板做了一个上面封住口的套，把短颈大口瓶给罩上。这样一来，那间房间就全黑了，符合了圣甲虫的要求。我只要猛地拿起套来，我所要的光亮也就有了。

万事俱备，我便开始寻找带着自己的粪球宝宝刚退隐进天然洞穴中的圣甲虫妈妈。正如我所希望的，一个上午就全安排妥当了。我把那位圣甲虫妈妈及其粪球宝宝放在上层土的表面上，并在大口瓶上罩上了纸套，然后便耐心地等待着。只要卵没安置好，圣甲虫妈妈便会执着地完成自己的工作，它将会为自己挖一个新的洞穴，并随时一点一点地把粪球往洞坑中拖；它将会穿过上面的那层不太厚的土；它将碰到枞木板盖的阻碍，这是与它多次在露天地里挖洞时遇到的阻挡去路的碎石一样的障碍；它将会探寻受阻的原因，并发现那个缺口，于是它便从这个小门下到下面的小屋，小屋对它来说很宽敞，可以自由爬动，如同我刚才让它搬家前它所住的地下室一样。我就是这么推断的。但这一切都将需要时间去验证，而我觉得最好是一直等到第二天，以满足自己那急不可耐的好奇心。

到时候了，去看看去。头一天我把实验室的门敞开着，因为门锁的一点点响动就会惊动我的那个疑心很重的劳作者，它会马上停下手中的活儿。为了减少动静，我进实验室前换上了一双软底拖鞋。我猛地一下掀去纸套。太好了！我的推断一点没错儿。

圣甲虫正待在玻璃车间里，我看见它正在忙活着，宽爪正放在梨形粪球的雏形上。但是，这突然地一亮，把它惊住了，它一动不动的，仿佛僵住了似的。这种情况延续了几秒钟的工夫。然后，它转过身去，笨拙地往回爬上斜坡，想进到地道的黑暗的高处。我看了一眼它干的活儿，记下了其作品的形状、姿态、方位，然后又把纸套给套上，让里面全黑下来。如果想再做这种实验，就不能让这种突然袭击持续得太久。

我突然而短暂的窥探向我们透露了这项神秘工程的初步信息。一开始完全呈圆球形的粪球现在出现一个大鼓包，像个不太深的火山口。这件活计让我想起某些史前时期的瓦罐——只是这件活计的比例要小得多——圆肚，边口厚实，颈部有一圈小槽勒着，这个梨形粪球的雏形道出了圣甲虫的制作工艺，这工艺与不懂得陶车技术的第四纪人类的工艺完全一样。

这可塑的粪球一侧被勾勒出一圈，挖出了一圈沟槽，那就是梨形粪球的颈部。这只粪球雏形还被拉伸出来一个又圆又钝的凸起，这凸起部分的中心部位被挤压过，粪料被挤压到周边去了，因而形成一个边缘不规则的火山口。这样，初步的活计就算结束了。

　　傍晚时分，我又悄无声息地突然再次探访。早上被惊扰的圣甲虫妈妈已经恢复常态，回到了自己的车间。现在又突然一片光明，它又一次受到惊吓，慌忙逃窜，奔到上面去躲藏起来。被我用亮光三番两次地折腾的可怜的圣甲虫妈妈逃到上面躲了起来，但却是满怀遗憾、极不甘心的样子。

　　它的活计有所进展。火山口变深了；厚实的边口消失了，变得细薄，收拢起来，伸长为梨颈。但是，粪球并没被挪动过。它的姿态、方位完全是我先前记下的那样。接地的那一面仍旧在下面，仍在同一个点上；朝上的一面仍旧朝上；已成为梨颈的火山口依然在我的右边。由此可见，我原先的推断是完全正确的：粪球没有被滚动；仅仅是被挤压，然后揉制加工。

　　第二天，我进行了第三次探访。昨天还是半开着的袋状梨颈现已闭合了。卵产下了，工程也完工了，只需再进行一番全面磨光、修饰即可。我惊扰它时，圣甲虫妈妈想必正在做这种磨光、修饰工作，因为它是极其注意粪球的几何形完美的。

　　工程中最繁难的部分我给错过了。我大致看清楚了卵的孵化室是怎么建成的：围绕着初始阶段的火山口的凸出物经爪子的按压后变小变薄了，然后伸长成在开口处逐渐缩小的口袋。到这时为止的活计还是可以给出满意的解答的。但是，当我想到圣甲虫的那些僵硬的工具，那让人联想到木偶动作的宽大锯齿状铠甲的生硬笨拙的动作的时候，卵将在其中孵化的那间小屋怎么建得那么漂亮完美，我就解释不清楚了。

　　用这种挖矿石倒挺合适的粗糙工具，圣甲虫是怎么建成那育婴室、那内部极其光洁的产卵房的？那锯齿极大、如同采石用的锯子的爪子，在从那口袋的狭窄口子伸进去时，是不是变得与刷子一般柔软了？为什么不可能呢？我们早就介绍过这种情况了，而圣甲虫的情况则又是在证明这一点：工具在能工巧匠的手里什么都能干。圣甲虫用自己所配备的随便什么工具都能发挥其专家的才能。它如同富兰克林所说的那种模范工人，能把刨子当锯子，能把锯子当刨子，怎么使唤都行。圣甲虫就用它刨土的那把大锯齿耙作抹刀和刷子用，把幼虫将要诞生的小屋抹得溜光。

最后，还有一个有关这个孵化室的细节。在梨颈的顶端，有一处总是显得与众不同：有几根纤维竖立在那儿，可梨颈的其他地方全都细心地加以抹光溜儿了的。那儿是塞子，圣甲虫妈妈一产完卵便用这个塞子把那狭小的开口塞上；而这个塞子结构松散，说明没有被拍打按压，而其他地方全都被仔细拍压过了，一点突出的纤维都没有。

为什么在其他地方圣甲虫都用爪子拍压实了而唯独顶端这儿偏偏来个例外呢？因为圣甲虫卵用其后端靠在这个塞子上，如果它受到挤压，被往后推去，这个塞子就会把此压力传导给胚胎，使胚胎有死去的危险。圣甲虫妈妈了解这一危险，便用一个没有拍压过的塞子封住口子，这样孵化室内的空气更加流通，而虫卵也避免受到挤拍所引起的震荡的危害。

西班牙蜣螂

西班牙蜣螂身子矮胖，行动迟缓，但它却是勤劳的"清道夫"和称职的"面包师"。蜣螂妈妈会为子女修建一个巨大的地洞，守护在它们的身边。这是一个非常宽大的洞穴，你想知道它距离地面有多深吗？

为了虫卵，昆虫由本能所做的正是人通过经验和研究之所得的理性会让昆虫去做的，这一点可不是哲学微不足道的道理所产生的结果。因此，受到科学之严谨的启迪，我凡事都要谨慎对待。我这并不是要给科学一副令人憎恶的面孔，因为我相信人们不使用一些粗俗的词汇也可以讲出一些绝妙的事情来。清晰明白是要笔杆子的人的高尚手段。我要尽可能地做到这一点。因此，使我停笔思考的那种谨慎是属于另一个范畴的。

我在问自己，我这是不是受到一种幻想的欺骗。我心中在想："圣甲虫和其他一些甲虫是粪球制作工匠。那是它们的行当，不知它们是从哪儿学的这门手艺，也许是机体结构导致的，特别是因为它们有长长的爪子，而且有的爪子还稍微弯曲。如果它们在为卵而忙碌的话，那它们在地下继续发挥自己那制作粪球的特长又有什么可大惊小怪的呢？”

如果先不谈那些很难讲细致讲清楚的梨颈和蛋形粪球突出的一端的话，剩下的就是最大的食物团，也就是昆虫在洞外制作的食物球团；还剩下的是圣甲虫在太阳地里把玩的而并不作他用的小粪球。

那么，这种在夏季酷热中被认为是最有效地防止干燥的球形物是做什么用的呢？就物理学而言，粪球及其相似形状粪蛋的这种特性是毋庸置疑的，但是，这两种形状同已克服的困难只有一种偶然的联系。机体结构导致其在田野里制作粪球的这种昆虫在地下仍在制作粪球。如果说幼虫直到最后都有软嫩的食物放在嘴边而悠然自得的话，那我们也别因此就对其母之本能大加赞扬。

为了最终说服自己，我得找一只仪表堂堂的食粪虫，它在日常生活中根本就不懂得粪球制作工艺，但产卵时刻到来时，它又会一反常态，把收集到的材料制作成粪球。我家附近有这样的食粪虫吗？有。它甚至是除圣甲虫之外最美最大的一种，那就是西班牙蜣螂，它前胸截成一个陡坡，头上也长着一个怪角，极其引人注目。

西班牙蜣螂身子矮胖，缩成一团，又圆又厚，行动迟缓，肯定对圣甲虫的体操技能一窍不通。它的爪子极短，稍有一点动静，爪子就缩回肚腹下面，与粪球制作工们的长腿简直无法相比。只要看看它那五短身材、笨拙的样子，就很容易猜想得到它是根本不喜欢推着一个大粪球去长途跋涉的。

西班牙蜣螂确实是喜静不喜动。一旦找够了食物，夜间或者日暮黄昏时分，它就在粪堆下挖洞。挖的是个粗糙的洞，能放得下一只大苹果。然后，它三下两下地一扒拉，粪料便成了屋顶，或者至少挡在其门口；体积颇大的食物没有一个准形状就落入洞中，这也正是它贪馋好吃的明证。只要宝贝食物没有吃完，西班牙蜣螂就不再回到地面，一门心思地大快朵颐。直到饭尽粮绝，这种隐居生活才会结束。于是，晚间，它就又开始寻觅、收获、挖洞，另建一个临时居所。

有了这种无须事先准备就可吞食垃圾的本领，很明显眼下西班牙蜣螂根本就不去了解揉捏粪球的工艺。再者，它爪子短小、笨拙，似乎根本干不了这种工艺活儿。

五月里，最迟六月份，产卵期到了。西班牙蜣螂已习惯了用最肮脏的粪料填饱自己的肚子，这下要考虑自己的子女了，这就让它犯难了。如同圣甲虫一样，这时候它也必须弄到绵羊的软软的排泄物做成一个软面包。而且还得同圣甲虫一样，这个软面包必须营养丰富，就地整个儿地埋入地下，地面上不留任何残渣碎末，因为必须勤俭节约，一点也不能浪费。

只见它没有远行，没有运送，没有任何的准备工作，那个软面包就被划拉到洞里去，就在它自己栖身之地。为了自己的孩子们，它在重复做着原先为自己所做的事情。至于地洞，足有一个鼹鼠洞大，是个宽大的洞穴，离地有二十厘米左右深。我发现它比西班牙蜣螂大快朵颐时住的那种临时住宅要宽敞得多，精致得多。

不过，我们还是让西班牙蜣螂自由地干活儿吧。偶然发现的情况所提供的资料可能是不全面的，是片段的，内在关系也不明显。笼中的喂养就非常利于观察，而且蜣螂也十分配合。我们还是先看看它是怎么储存食物的吧。

在黄昏那朦胧的光线下，我看见它出现在洞门口。它是从地下深处爬上来收集食物的。它没花什么工夫就找到了：洞口附近就有很多的食物，是我放的，而且我还精心地常常更换。它天生胆小，一有动静就随时准备缩回去，所以它步子很缓慢，不灵活。它用头盆划拉，翻找，用前爪拖拽，很小地一抱食物就给弄出来了，却被拖散开来，掉成碎末。蜣螂把食物倒退着拖着，消失在地下。不到两分钟的工夫，它又爬到地面上来了。它仍旧小心翼翼地，用展开的触角瓣探查周围，然后才跨出门槛。

粪堆与它之间相隔两三寸。闯到粪堆那儿，对它来说可是一件了不得的大事。它宁愿食物正好位于其洞宅门旁，构成其住宅的屋顶。这样它就用不着出门，免得提心吊胆的。可我却另有打算。为了观察方便起见，我把食物放在门口，但离洞口并不远。慢慢地，胆小的蜣螂心里踏实了，来到露天地里，到了我的面前，但我还是尽可能地不让它发现。它又没完没了地在一趟一趟地搬运食物了，但它搬运的总是一些不成形的碎块、碎屑，就像是用小镊子夹住的那样。

我对它储存食物的方法已经颇有了解，所以任由它自己继续这么干了大半夜。天亮时，地面上什么都没有了，蜣螂也就没再出来。只一夜工夫，足够的宝藏便堆积起来了。我们先等上一段时间，让它有余暇把自己的收获随其心愿地整理存放好。在这个周末之前，我在笼子里翻挖，把我曾看见它存放一部分粮食的那个洞挖开来。

如同在野外的洞中一样，那是个屋顶不平的宽敞大厅，屋顶低矮，但地面几乎是平坦的。在大厅一角，有一个圆洞张开着，像是一个瓶口。那是太平门，通向一条地道，往上直达地面。在这个新土上挖成的住宅四壁都被精心压紧、压实，我挖掘时虽有震动，但没有坍塌。看得出来，蜣螂为了未来，施展了全身本领，费尽了全部挖掘工的力气，建造了坚固耐用的住宅。如果说那个只是为了在其中填饱肚子的陋室是匆匆挖成的，既无样式又不坚固的话，那么现在的这座房屋则是面积又大建筑又精美的地宫。

我怀疑雌雄蜣螂同心协力地完成了这项大的工程，至少，我经常看到一对螳螂待在用于产卵的地洞里。这宽敞而豪华的屋子想必曾经是婚礼的彩厅；婚礼就是在这个大拱顶下举行的，而新郎想必帮着盖了这座大厅，以此来表达自己那不一般的爱情。我还猜想新郎也帮着新娘收集和存放粮食。在我看来，新郎是那么强壮，也一抱一抱地把粮食运往地宫。两人齐心协力，这份儿细致的活计就干得快了。但是，一旦屋内存粮已满，新郎就悄悄地退去，返回地面，去别处安家立命，让螳螂妈妈独自去完成母亲的职责。雄螳螂在这个家里的作用也就完成了。

在这个我们看见有那么多的小粒粮食运进来的地宫中能发现什么呢？一大堆乱七八糟的散乱颗粒吗？绝对不是的。我在里面发现的始终都是一个整块的大圆面包，占满了整个屋子，只在四周留下一条狭小的过道，只能容得下螳螂妈妈来回走动。

这块巨大的蛋糕没有固定的形状。我见到过蛋形的，形状和大小如火鸡蛋；我也见到过扁平椭圆形的，状如一个普通的洋葱头；我还见到过几乎浑圆形的，如同荷兰奶酪一般；我也曾见到过朝上的一面圆圆的、微微鼓起，就像是普罗旺斯的乡村面包，或者更像是复活节时食用的蒙古包状的烤饼。不管是什么形状的，它的表面都很光滑，曲线也很均匀。

这下子我明白了：螳螂妈妈把先后搬运进洞的无数散碎食物聚集起来，揉成一整块；然后，它把这一整块食物搅拌、混合、压实成为颗粒均匀的食物。我多次看到这位女面包师站在那个大面包上；与之相比，圣甲虫做的那个小粪球简直是小巫见大巫了。在这个有时有一厘米宽的粪球凸面上，西班牙螳螂走动着，踱着步；它轻轻地拍打这个大面包，让它变得瓷实、均匀。我只能偷偷地瞥上一眼这个滑稽场景，因为一看见有人，女面包师便顺着弯曲的斜坡滑下来，藏于面包下面。

为了深入观察，研究细枝末节，就必须耍点花招。这并不困难。也许是因为我长期与圣甲虫打交道使我在研究方法上变得更加机灵了，也许是西班牙蜣螂心并不太细，更能忍受狭窄囚室的烦闷，所以我得以毫无阻碍、随心所欲地观察筑巢的各个阶段的情况。我使用了两种方法，每个方法都告诉了我某些特殊的东西。

在笼子里有了几个雌蜣螂做成的大面包之后，我便把蜣螂妈妈与这几个大面包一起搬出来，放到我的实验室里去。容器分两种，按我的愿望让它们或明或暗。如果我希望容器里面光亮，我就用大口玻璃瓶，直径差不多与蜣螂洞一般大小，也就是十二厘米左右。每只瓶子底部铺了一层薄薄的新沙子，薄得蜣螂无法钻进去，却足以让它不致在玻璃地上滑来滑去，而且还让它以为是与我刚让它搬离的地方一样的沙地。我把蜣螂妈妈及其大面包就放在这层沙子上。

无须指出，即使在光线极其微弱的状况下，蜣螂也会因惊吓而不会做什么的。它需要完全无光亮，于是我便用一个硬纸板盒把大口瓶给罩起来了。我只要小心翼翼地稍稍掀起一点这个硬纸板盒，就可以在我认为合适的时间随时借着室内的弱光，偷窥女囚正在干什么，甚至能观察上好一段时间。大家都看到了，这个方法比我当时想观察圣甲虫制作梨形粪球时所使用的方法简便得多。西班牙蜣螂性格更温驯一些，适合使用这种方法，换了圣甲虫可能就行不通了。因此，我在实验室的大桌子上放了一打这样的可明可暗的容器。谁要是见到这一溜瓶子，可能会误以为灰纸盒套下面盖着的是异邦的食品调料哩。

如果要全不透光的，我就用花盆，里面堆上新沙子。花盆下面弄成一个窝，用硬纸板搭个屋顶，挡住上面的沙子，蜣螂妈妈和它的大面包就放在窝里。或者干脆我就把它和它的大面包放在沙子上面。它会自己挖洞做窝，把面包藏进去，如同平常一样。无论采用哪种方法，都得用一块玻璃片盖住，免得让俘虏逃逸。我期待着这些不同的不透亮的容器能为我澄清一个棘手的问题，这个问题我以后会阐明的。

这些用不透亮的纸盒罩住的大口瓶能告诉我们一些什么呢？能告诉我们许多东西，非常有趣的东西。它们让我们知道，这个大面包尽管形状多变，但它始终是规则的，它的曲线并非是因为滚动导致的。我们在检查天然洞穴时已经很清楚，这么大的一个圆球几乎占满了整个屋子，所以是无法滚动的。再者，蜣螂也没有这么大的力气去推动这么大的一个粪球。

不时地查看大口瓶都会得到同一个结论。我看见蜣螂妈妈立于面包上，这儿摸摸那儿敲敲，轻轻地拍打，抹平突出的地方，把粪球修整得臻于完美；我还从未见到过它试图把那个大家伙翻转过来。这就十分清楚了，圆面包并非滚动而成的。

蜣螂妈妈的勤奋与耐心细致让我想到我以前从未想到的一个问题：制作的时间之长。为什么要对这块大东西翻来覆去地修修补补？为什么在吃它之前要等待那么长的时间？确实，要经过一个星期甚至更多的时间之后，蜣螂把面包打磨，使它变得光鲜之后才决定享用它。

当面包师把面团和好搅匀之后，就把它拢成一堆，放到和面槽的一个角落里。在体积大的块团内，面包发酵的温度调节得更好。蜣螂深谙面包制作的这一诀窍。它把收集到的食物堆在一起，精心揉制，做成粗坯，然后再让它有时间去进行内部发酵，让粪团味道变美，并让它有一定的硬度，以利于日后的加工。只要这道化学程序没有完成，女面包师及其小伙计就会等待。对蜣螂来说，这个等待时间很长，至少得一个星期。

发酵成功了。小伙计把大面团分成小面团。女面包师也在这么干。它用头盔上的大刀和前爪上的锯齿切开一个圆槽口，并切下一小块体积规则的面团来。这切割动作干净利落，一刀成形，无须再修修补补，完全符合要求。

现在就要加工这个小面团了。于是，蜣螂便用它那似乎并不适于这种工作的短小的爪子尽量地抱住小面团，使用其唯一可以使用的挤压方法把小面团加以挤压。它非常认真执着地在尚未定型的粪球上移动着，上上下下，左转右绕，有板有眼地这儿多压几下那儿少压几下，然后又始终耐心细致地加以修饰。如此这般地干了二十四小时之后，凹凸不平的粪团就变成了有如梨子般大小的完美的球形面包了。在它那拥挤狭小的车间的一角，矮胖的艺术家几乎待在原地不能动弹地完成了自己的杰作，而且一次也没挪动过那个面团。经过耐心细致的长时间工作之后，它终于制作成了那个十分浑圆的球形，而这是它那笨拙的工具以及狭小的空间让人觉得根本不可能完成的事。

它还得花较长的时间去仔细完善、抹光那个球形，用爪子温情地翻来覆去地抹，直到把一点点突兀都给抹掉为止。看上去它那细心的涂抹永无止境似的。但是，将近第二天的傍晚时分，它认为这个圆球已经合适了。蜣螂妈妈爬上其建筑物的圆顶，一直在压挤，在上面压出一个不怎么深的火山口来，它把卵产在这个小盆里了。

然后，它用极其粗糙的工具，以极大的谨慎与惊人的细致，把火山口边缘聚拢，做成一个拱顶，盖在卵的上方。蜣螂妈妈慢慢地转动，把粪料一点点地耙拢，推向高处，把顶封上。这是各个工序中最棘手的活儿。稍稍压重一些，扒拉得不到位，都可能危及薄薄的天花板下的虫卵。封顶的工作不时地要停一停。螳螂妈妈低着头，一动不动，似乎在屏息聆听，看看洞内有何异常。

看来安然无恙，于是，耐心的女工又开始干起来：从两侧一点点往屋顶耙粪料，屋顶逐渐变尖、变长。一个顶端很小的蛋形就这样代替了球形。在多少有点凹凸的蛋形下面的就是虫卵的孵化室。这项细致的活计还得花上二十四小时。加工粪球，在粪球上挖出个小盆，在盆内产卵，把圆盆封顶盖住虫卵，这些工序加在一起需要四十八小时，有时还要更长一些。

螳螂妈妈又回到了那个切去一块的大面包旁。它又切下了一小块，用同样的操作法把它变成一个蛋形粪球，在又一个小盆中产下卵。余下的粪球面包还可以做第三个，甚至还常常可以做第四个蛋形粪球。螳螂妈妈在洞穴只堆积了唯一的一个粪料堆，据我所见，顶多也就够做四个蛋形粪球的。

卵产下后，螳螂妈妈便待在自己那小窝里，里面差不多满满当当地挤放着三四只摇篮，一个一个紧挨在一起，尖的一头冲上。它现在要干什么呢？想必是要出去转转，这么久没有进食，得恢复一下体力了吧？谁要是这么想那就大错特错了。它仍旧待在窝里，自从它下到洞中，它什么都没有吃过，绝对没有去碰那个大面包；大面包已经分成几等份，将是它的子女们的食粮。在疼爱子女方面，西班牙螳螂克制自己的精神确实非常感人，宁可自己挨饿也绝不让子女缺少吃喝。

它这么忍受饥饿还有第二个原因：守护在摇篮边上。自六月底开始，地洞就难以弄成了，因为雷雨大风以及行人的踩踏，洞都消失了。我所看到的几个洞穴里，螳螂妈妈总是在一堆粪球边上打盹儿，每个粪球里都有一条已发育完全的胖嘟嘟的幼虫在大吃大喝着。

　　我用那些装满新沙子的花盆做的不透亮的容器里的情况证实了我从田野上所看到的情况。蜣螂妈妈们于五月上旬连同食物被埋进沙里，它们就再没有在玻璃罩下的地面上露过面。产完卵后，它们便在洞中隐居了；它们同它们的那些粪球一起度过闷热的伏天，毫无疑问，它们是在守护着那些摇篮。我把大口玻璃瓶盖子揭开看到的就是这种情况。

　　直到九月份头几场秋雨过后，它们才爬到外面来。而这时候，新的一代已经完全成形了。蜣螂妈妈在地下很高兴地看到子女们长大了，这在昆虫界是极其少有的天伦之乐。它听见自己的孩子们刮擦着茧子要破茧而出；它看见它如此精心加工的保险箱被打破；如果地面的湿气没能让囚室变得软一些的话，它也许会走上前去帮自己那些精疲力竭还出不来的孩子。妈妈及其孩子们一起离开地洞，一起上来迎接秋高气爽，这时节，太阳暖洋洋的，路上绵羊的天赐美食比比皆是。

米诺多蒂菲

在父亲们对自己的孩子普遍漠不关心的昆虫界，米诺多蒂菲是个例外，它对自己的孩子们倾注了全部的心血。米诺多蒂菲夫妇是如何建造自己的家并且用一生给孩子一个安全、舒适的环境的？

为了给本章要介绍的这个昆虫命名，专业分类学家采用了两个吓人的名字：一个是米诺多，就是弥诺斯的那头在克里特岛地下迷宫中以人肉为食的公牛的名字；另一个是蒂菲，即巨人族中的一位，系大地之子，试图登天的那位的名字。凭借弥诺斯之女阿里阿德涅给的一团线，阿德尼安·忒修斯捉住了米诺多，将它杀死，安然无恙地走出地下迷宫，从而使得自己祖国的百姓永远摆脱了被这半人半兽的怪物吞食的厄运。蒂菲则在自己垒起的

用寓言的方式来引入，能更好地激发读者的阅读兴趣，也说明了昆虫的特点。

高山之巅遭到雷劈，跌进埃特拉火山口里。

他依然在火山口中。他的气息化作了火山的烟雾。他如果一咳嗽，便会引起火山喷发出岩浆来；他如果想换个肩膀扛着，让另一个肩膀歇上一歇，便会让西西里岛不得安宁：他会引发西西里岛的地震。

在昆虫的故事里找到一种对这类古老神话的回忆倒并不让人觉得扫兴。这些神话人物的名字听起来既响亮又悦耳，它们并不会引起与实况真情相悖的矛盾，而那些按照构词法硬造出来的名称反而总会名实不副的。如果用一些朦胧近似的名字把神话与历史联系起来，这种名字才是最符合人意的。米诺多蒂菲就是这种情况。

因此，人们称一种体形较大、与地下打洞的昆虫血缘极其相近的黑色鞘翅目昆虫为米诺多蒂菲。它是一种平和无害的昆虫，但它的角可比弥诺斯的公牛要厉害。在我们的那些披着甲胄的昆虫中，谁都没有它的武器那么咄咄逼人。雄性米诺多蒂菲胸前有三根一束的平行前伸的锋利长矛。假如它体大如公牛的话，即使忒修斯本人在野外遇上了它，也不敢迎战它那支可怕的三叉戟的。

寓言中的蒂菲野心勃勃，想通过把连根拔起的群山垒成一根立柱，去洗劫诸神的仙境。

运用对比的手法，通过寓言中的

博物学家们的蒂菲则不会登天，只会下地，能把地钻得很深很深。蒂菲用肩膀一打，把一个省弄得震颤起来；我们的昆虫蒂菲则用脊背去拱，把泥土拱松动，让小土堆震颤不已，如同被埋在火山中的蒂菲一动，埃特拉火山就轰隆作响似的。

我们将要描述的就是这种昆虫。

但是，讲这个故事有什么用处呢？这么深入细致地去研究又有什么意义呢？这我知道，这种研究不会让一粒胡椒身价百倍，不会让一堆烂白菜成为无价之宝，也不会造成装备一支舰队、让决心拼个你死我活的人们相互对峙的那样的一些严重后果。我们的这种昆虫并不期盼这么多的荣耀。它只是通过自己那些千变万化的表现来展示自己的生活，它能够帮助我们多少弄懂一点所有的书中的最晦涩的那本书——我们人类自身的书。

它很容易弄到，饲养也不费钱，观察起来也挺有意思，所以它比其他的那些高级动物更能满足我们的好奇心。再说，与我们成为近邻的那些高级动物研究起来很单调乏味，而它则不然，它的本能、习性和身体构造都颇具特点，是我们闻所未闻的，所以它能向我们揭示一个新的世界，仿佛我们是在与另一个星球的生物举行研讨会。这就是我高度评价这种昆虫并坚

蒂菲和昆虫蒂菲的鲜明对比，突出昆虫蒂菲的特点。

持不懈地与之建立联系的原因所在。

米诺多蒂菲喜爱露天沙土地，因为羊群去牧场必经那里，一路上总要不停地拉下羊粪蛋的。那是它日常的美食。如果没有羊粪蛋，它也能退而求其次，找点很容易收集的兔子的细小粪便来凑合。一般来说，兔子总是躲到百里香丛中去拉屎撒尿，因为它十分胆小，怕暴露目标，受到袭击。

大约在三月份的头几天，就可以碰见米诺多蒂菲夫妇齐心协力，潜心修窝筑巢。此前一直分居于各自的浅洞穴中的雌雄米诺多蒂菲，现在开始要共同生活较长的一段时间。

夫妻双方在那么多的同类中间还能相互认出对方来吗？它俩之间存在着海誓山盟吗？如果说婚姻破裂的机会十分罕见的话，那么对于雌性来说甚至这种破裂的机会根本就不存在，因为做母亲的很久没离开过其住处了，相反，对做父亲的来说，婚姻破裂的机会却很多，因为其职责所在，必须经常外出。如同我们马上就会看到的那样，雄性一辈子都得为储备粮食奔忙，是天生的垃圾搬运工。白天它独自一人按时把妻子洞中挖出来的土运走；夜晚它又独自在自家宅子周围搜寻，寻找为自己的孩子们做大面包的小粪球。

有时候，各家住宅比邻而建。收集粮食的

在法布尔的细致观察中，他发现雄性米诺多蒂菲非常有家庭责任感，对自己的妻子忠贞不渝，勤奋地照顾家庭和孩子。这种品质，值得人类学习。

丈夫归来时会不会摸错了门，闯进他人家中去
呢？在它外出寻食时，会不会在路上碰见一位
待字闺中的散步女子，于是便忘了妻子的恩爱，
准备离婚呢？这个问题值得研究。我已尽力在
用下面这个方法解决这一问题了。

　　有两对夫妇正在挖土建巢时被我挖了出
来。我用针尖在它们鞘翅下部边缘做了无法抹
去的记号，所以我能把它们区分开来。我随手
把这四位分别放在一块有两拃深的沙土场地
上。这样的土质一夜工夫就能挖出一口井来。
在它们急需粮食的情况下，我就给它们弄一把
羊粪放进去。我用一只瓦钵翻扣在场地上，既
可防止它们逃逸又可遮阳，让它们安安静静地
去沉思默想。

　　第二天，非常满意的答案出来了。场地上
只有两个洞穴，两对夫妇如原先一样重新相聚
在一起，都各自找到了自己的结发妻子。次日，
我又做了第二次实验，然后又做了第三次实验，
结果都一样：用针尖做了记号的一对在一个洞
中，没做记号的另一对则在通道尽头的另一个
洞穴里。

　　我又重复做了五次实验，它们每天都得重
新开始组建家庭。现在，事情变糟了。有时，
接受实验的四只中每只各居一屋，有时在同一
个洞穴中住着两只雄性，或者两只雌性，有时

一个雌性接待另一雌性或雄性，但组合方式与一开始完全不同。我过分地重复实验了，这以后就乱了套了。我每天这么折腾都把这些挖掘工弄烦了。一个摇摇欲坠的宅子老是在重建，终于把合法夫妻给拆散了。既然房屋每天倒塌，正常的夫妻生活也就过不下去了。

不过这并无多大关系，反正一开始的那三次实验已足以证明，尽管那两对夫妇一次一次地受到惊吓，但似乎并没有破坏它们夫妇关系那微妙的纽带，夫妇关系仍有着一定的稳定性。夫妇双方在我精心制造的一系列混乱之中仍旧能够认出对方来。它们相互间信守着山盟海誓，这在朝三暮四的昆虫界确实是一种难能可贵的高尚品质。

我们人类是根据话语、音色、音调相互识别的，而它们则是哑巴，没有任何方法呼唤，剩下的只能是嗅觉了。米诺多蒂菲寻找自己的妻子的情况让我想起了我家的爱犬汤姆。汤姆在发情期间，鼻子朝上，嗅闻由风送来的空气，然后跳过围墙，急忙奔向远方传来的具有魔力的召唤。我由此还想起了大孔雀蝶，它们从好几公里以外飞来，向刚出茧的正值婚嫁的雌蝶表示敬意。

但是，这种对比尚有许多不尽如人意之处。狗和大孔雀蝶在受到妙龄雌蝶召唤时尚不认识这位美人儿，而对长途跋涉前去朝圣一窍不通的米诺多蒂菲则完全相反，它稍微转上一圈便径直奔向它经常接触的女人了；它通过对方身体中散发出的与别人不同的气味，通过某种除了它这个情郎而别人闻不出来的某些独特气味把它的女人辨别出来了。

这些带有气味的散发物是由什么成分构成的呢？米诺多蒂菲尚未告诉我。这很遗憾，它本会告诉一些有关其嗅觉之神功的有趣的故事的。

那么，这对夫妻在家中是怎么分工的呢？要想知道这一点那可不是容易的事，不是用小刀尖挑出来看看就行了的事。谁要是想参观在洞中挖掘的这种昆虫的话，就得动用镐头，那可是很累的活儿。这种昆虫的宅子可不像圣甲虫、螳螂和其他一些昆虫的屋子，用小铲子轻轻一铲，毫不费力地就挖开了；米诺多蒂菲住在一口深井中，只有用一把结实的铁铲，连续挖上好几个小时才能挖到底。只要太阳稍微毒一点，干完这个活儿你一定会累趴下的。

唉！我年岁大了，可怜的关节都生锈了！明知地下有个有趣的问题想探究一番，可就是力不从心，挖不动了！但是，我热情未减，仍旧如当年挖掘条蜂喜爱的海绵性山坡时一样的热情似火。我对研究工作的喜爱并未减退，不过力气上差些。幸好我有一个帮手。他就是我的儿子保尔，他身轻体健，臂膀有力，帮了我的大忙。我动脑，他动手。

家中的其他人，包括孩子们的妈妈，都非常积极，平常总帮我们一把。坑越挖越深，必须隔着老远仔细观察铲子挖上来的那些东西，查找点滴资料，这时候人多眼睛就亮。一个人没看见的，另一个人就会瞅见。双目失明的于贝尔依靠一个目光敏锐的忠实仆人对蜜蜂进行研究。我比这位伟大的瑞士博物学家条件可强得多了。我的眼睛虽然已经老花，但视力还是挺好的，何况我的家人的眼睛都很好，他们都在帮助我。如果说我还在继续进行研究的话，他们是功不可没的，我非常感激他们。

一大清早，我们就到了现场。我们找到了一个洞穴，还有一个挺大的土堆，土堆呈圆柱形，是一下子推上来的一整块土。挪开土块，便现出一口很深很深的井。我用途中捡拾的一根很长很直溜儿的灯芯草秆儿试探着往井下伸去，越伸越深。最后，在一米五左右的深处，那根灯芯草秆儿就不再往下去了。我们探到了，我们探到米诺多蒂菲的卧房了。

我们用小铲子小心翼翼地剥落卧房外面的土，于是便看到了屋里的主人，先挖出来的是雄性米诺多蒂菲，再稍许往下挖一点就挖到了雌性米诺多蒂菲了。夫妻俩被取出来之后，露出一个颜色很深的圆点：那是粮食柱的末端。现在我们小心又小心，轻轻地挖。我们沿着洞底边缘把中间的那块土与其周围的土切割开来，然后用小铲子兜底儿把那块土整个儿地铲起来，既要小心谨慎又得干净利落。铲起来了！我们弄到了米诺多蒂菲夫妇及其卧房了。我们挖了一个上午，累得精疲力竭，总算弄到了这笔财富。保尔背上直冒热气，可见他花了多大的力气。

一米五这个深度不是也不可能是一成不变的，许多因素都会使深度改变，比如昆虫钻过的地方的湿度和土质如何啦，根据是否接近产卵期，昆虫干活的热情程度和时间是否充裕啦。我看见过有一些洞穴还要稍许深一些，我也见到过另有一些洞穴还没达到一米深。不管是什么情况，为了生儿育女，米诺多蒂菲都必须有一个很深很深的住所，而据我所知，没有任何一种昆虫挖掘工挖过这么深的。我们马上就会寻思是什么样的迫切需要在逼使羊粪蛋的收集者居住在那么深的地方的。

在离开现场之前，我们先记下一个事实，确证这一事实以后会很有价值的。雌性米诺多蒂菲是住在洞穴底部的，而其丈夫则待在其上方不远处，它俩都被吓得一动也不敢动，现在尚无法确知它俩在干什么。

这一细节在我翻挖的各个洞穴中都一再地被发现，似乎说明这对伙伴各自有一个固定的位置。

更擅长养儿育女的米诺多蒂菲妈妈住在下层。它独自在挖掘，因为它精通垂直挖掘的技术，这种挖法事半功倍，可以挖得很深。它是个能工巧匠，始终不停地对着坑道工作面挖掘着。它的丈夫只是一名小工，待在它的身后，用它的角背篓随时清理浮土。这之后，能工巧匠变成了女面包师，把为孩子们准备的糕点揉制成圆柱形；而米诺多蒂菲爸爸则为它打下手，为妈妈从外面运进来面食原料。如同在所有的和睦家庭中一样，女主内男主外。这可能就是在管形宅子中它俩所居的住处始终不变的缘故。将来我们会知晓这种猜测是否与事实相符。

现在，让我们在家里从容地、舒服地观察我们好不容易挖掘出来的洞穴中间的那整块土。这块土中有一个呈香肠状的食品罐头，长短粗细几乎像拇指一般。里面装着的食品颜色很深，压得很瓷实，分好多层，可以辨别出其中有已压碎了的羊粪蛋。有时候，面包揉得很细，从头到尾全都十分均匀；更多的时候这圆柱形面团像一种牛皮糖，里面有一些疙疙瘩瘩的东西。根据女面包师的忙闲情况，它所揉制的面

这里的描写富有情趣，米诺多蒂菲一家的分工多有序啊，那么和睦温馨。

包看上去千差万别，有时间就做得讲究，没时间则敷衍了事。

　　食品罐头紧紧地嵌在洞穴的那个死胡同里，那儿的墙壁比井里其他地方的更光滑、更平整。用小刀尖轻易地就可把它与周围土层剥离开来，就像剥树皮似的。我就这样弄到了不沾一点泥土的这个食品罐头。

　　这项工作已做完，我们现在来了解一下卵的情况，因为这只罐头肯定是为幼虫准备的。由于我从前了解到粪金龟是把自己的卵就产在"香肠"底部食物中间的一个特别的窝儿里的，所以我期待着在"香肠"底部的一个密室里找到粪金龟的近亲米诺多蒂菲的卵。我判断错了。我要找的卵并不在我所猜想的地方，也不在"香肠"的上部，反正食品罐头里哪儿都没有。

　　我又在食品罐头外面寻找，终于找到了。卵就在罐头食品柱的下面的沙土里，完全没有妈妈们精心安排的保护。那儿没有一间新生儿细嫩肌肤所要求的墙壁光滑的小房间，而只有一个并非精心建造而是妈妈胡乱扒拉起来的粗糙的废墟堆。幼虫将在这个离食物有一段距离的硬床上孵化。为了吃到食物，幼虫必须扒拉沙土，穿过这个有几毫米厚的沙土天花板。

　　我既已挖出了那连带着食品罐头的整块土，又有我自制的器具，我就可以观察这段"香肠"

是如何制成的了。

米诺多蒂菲爸爸爬出洞外，选好一个粪球，其长度大于井口直径。它把粪球往井口挪去，要么倒退着用前爪拖拽，要么用头盔轻轻顶着一下一下地往前推。推到井口边时，它是不是猛一使劲儿，一下子把粪球推进洞里去呢？绝对不是，它有自己的计划，不让粪球重重地摔落下去。

它爬进井口，前足搂紧粪球，小心地把一头塞进井内。到了离井底一定距离的地方，它只需把粪球稍微倾斜一点，粪球就可以两头顶着井壁，因为其轴心很宽。这样就构成了一块临时的楼板，可以承重两三个粪球。这就是米诺多蒂菲爸爸的加工车间，它可以在此干活儿而又不影响在下面工作着的自己的妻子。这是一座磨坊，制作面包的粗面粉就要在这儿进行加工。

这个磨坊工爸爸装备精良。你瞧它的那支三叉戟：十分坚挺的前胸上戳着一束三根的锋利长矛，两边的两根长，而中间的那根短，三根的矛头全都直指前方。这件兵器有何用途呢？我起先以为那只不过是雄性的一件饰物，如同粪金龟族中其他许多族类都佩戴着的一样，只是形状各异而已。可米诺多蒂菲的这个可不是饰物，而是它的一件劳动工具。

那三根矛尖并不平齐，形成了一个凹弧，里面可以装载一个粪球。在那块没铺得太好、摇来晃去的楼板上，米诺多蒂菲爸爸得用四只后爪支撑着井壁才能保持平衡。那它将如何把那个滑动的粪球固定住，并把它压碎呢？我们来看看它是怎么干的吧。

它稍稍弯下身子，把三叉戟插入粪球，这样一来粪球便卡在新月形的工具中固定不动了。米诺多蒂菲爸爸的前爪是空着的，因此它便可以用其前臂上的锯齿状臂铠去锯粪球，把它切成一小块一小块的，从楼板缝隙处掉下去，落在米诺多蒂菲妈妈的身旁。

从磨坊工那儿掉下去的是粗粉，没有过过筛子，里面还掺杂着没太磨细的碎块。尽管这面粉磨得不细，但仍给正在精心制作面包的女面包师帮了大忙，使它得以简化工序，一下子就可以把好粉次粉分离开来。当楼上的粪球，包括楼板全被磨碎之后，有角的磨坊工匠便回到了地面，寻找新的粪料，然后再从容不迫地重新开始研磨。

作坊中的女面包师也没有闲着。它把自己身旁纷纷散落的面粉捡拾起来，进一步碾细，进行精加工，再进行分类，软一些的用作面包心，硬一些的用作面包皮。它转过来绕过去的，用自己那扁平的胳膊轻轻地拍打着原料；然后，它把原料一层层地摊开，再用脚踩瓷实，宛如葡萄酒酿制工在榨葡萄汁一般。踩瓷实之后的大面饼便于储存。经过将近十天的共同努力，夫妇二人终于制作成功了长圆柱形的大面包。丈夫供应面粉，妻子揉制加工。

现在应该概括一下米诺多蒂菲的种种品德了。当严冬过去之后，雄性米诺多蒂菲便开始寻觅配偶，找到之后便与之安居地下，从此，它便对自己的妻子忠贞不渝，尽管它要经常外出，而且也会碰上可能让它移情别恋的女性，但它始终不忘发妻。它以一种没有什么可以使之减退的热情帮助自己的那位在孩子们独立之前绝不出门的挖掘女工。整整一个多月，它用它那叉口背篓把挖出的土运往洞外，始终任劳任怨，永不被那艰难的攀登所吓倒。它把轻松的耙土工作留给妻子做，自己则干着最重最累的活儿，把土从一条狭窄、高深、垂直的坑道往上推出洞外。

随后，这位运土小工又变成了粮食寻觅者，到处去收集粮食，为孩子们准备吃的东西。为了减轻妻子剥皮、分拣、装料的工作，它又当上了磨面工。在离洞底一定的距离处，它在研碎被太阳晒干晒硬了的粮食，加工成粗粉、细粉；面粉不停地纷纷散落在女面包师的面包房内。最后，它精疲力竭地离开了家，在洞外露

米诺多蒂菲爸爸一生辛劳，尽责尽职，令人动容。

天地里凄然地死去。它英勇不屈地尽了自己作为父亲的职责，它为了自己的家人过得幸福而做出了无私的奉献。

而米诺多蒂菲妈妈也一心扑在这个家上，从未出过大门。古人把这种贞洁女子称之为domi mansit①。它把一个个面团揉成圆柱形，把一只只卵分别产于一个个面团里，从此便守护着自己这些宝贝，直到孩子们长大，能独立离去为止。当金风送爽时节到来时，模范妈妈终于又回到地面上来，孩子们簇拥着它。孩子们自由自在地四散而去，到羊群常去吃草的地方去捡拾粪球，大快朵颐。这时候，一心为了孩子们的慈母已无事可做，溘然长逝。

是的，在父亲们对自己的孩子那普遍的漠不关心中间，米诺多蒂菲是个例外，它对自己的孩子们倾注了全部的心血。它总是想到自己的家人，从未想到自己。它原可尽享美好的时光，原可与同伴们一起欢宴，原可与女邻居们调情嬉耍，但它却并未这样，而是埋头于地下的劳作，拼死拼活地为自己的家人留下一份产业。当它足僵爪硬，奄奄一息时，它可以无愧地自己告慰自己："我尽了做父亲的职责，我为家人尽力了。"

---

① domi mansit：此为普罗旺斯方言俗语，意为"模范妈妈"。

南美潘帕斯草原的食粪虫

潘帕斯大草原的食粪虫——法那斯米隆制作葫芦形粪球的技艺超群，与圣甲虫的梨形粪球比，其精美程度和功能效果有过之而无不及。法布尔将法那斯米隆比作糕点师傅，它们是如何进行烹饪的？

跑遍全球，穿越五洲四海，从南极到北极，观察生命在各种气候条件下的无穷无尽的变化情况，对于善于考察研究的人来说这肯定是最美好的运气。鲁滨孙的漂流让我欢喜兴奋，我年轻的时候就怀着他那种美妙的幻想。然而，紧随着周游世界那美丽梦幻而来的却是郁闷和蛰居的现实。印度的热带丛林、巴西的原始森林、南美大兀鹰喜爱的安的列斯山脉的高峰峻岭，全都缩作一个作为探察场的荒石园了。

但上苍保佑，让我并不为此而抱怨不已。思想上的收获并非一定要长途跋涉。让·雅克[①]在他那金丝雀生活的海绿树丛中采集植物，

---

① 让·雅克：即卢梭，法国十八世纪著名作家，著有《忏悔录》《新爱洛伊丝》等。

贝尔纳丹·德·圣皮埃尔①偶然地在其窗边长出来的一株草莓上发现了一个世界,萨维埃·德·梅斯特尔②把一张扶手椅当作马车在自己的房间里做了一次最著名的旅行。

这种旅行方式是我力所能及的,只是没有马车,因为在荆棘丛中驾车太难了。我在荒石园周围上百次地一段一段地绕行;我在一家又一家人家驻足,耐心地询问,隔这么一长段时间,我就能获得零零星星的答案。

我对最小的昆虫小村镇都非常熟悉,我在这个小村镇里了解了螳螂栖息的各种细枝,我熟悉了苍白的意大利蟋蟀在宁静的夏夜轻轻鸣唱的所有荆棘丛,我认识了黄蜂这个棉花小袋编织工耙平的棉絮的所有小草,我踏遍了切叶蜂这个树叶的剪裁工出没的所有丁香矮树丛。

如果说荒石园的角角落落的踏勘还不够的话,我就跑得远一些,能获得更多的贡品。我绕过旁边的藩篱,在大约一百米的地方,同埃及圣甲虫、天牛、粪金龟、蜣螂、蟊斯、蟋蟀、绿蚱蜢等有了接触,总之我与一大群昆虫部落进行了接触,要想了解它们的进化史,那得耗尽一个人整整的一生。当然,我同自己的近邻接触就足够了,非常够了,用不着长途跋涉跑到很远很远的地方去。

再说,跑遍世界,把注意力分散在那么多的研究对象上,这不是在观察研究。四处旅行的昆虫学家可以把自己所得之许许多多的标本钉在标本盒里,这是专业词汇分类学家和昆虫采集者的乐趣,但是收集详尽的资料则是另一码事。他们是科学上流浪的犹太人,没有时间驻足停留。当他们为了研究这样那样的事实时,就可能要长时间地停

---

① 贝尔纳丹·德·圣皮埃尔(1737—1814):法国作家。

② 萨维埃·德·梅斯特尔(1763—1852):法国作家,著有《在我屋内旅行》等。

在一地，然而，下一站又在催促着他们上路。我们就不要让他们在这种状况下勉为其难了。就让他们在软木板上钉吧，就让他们用塔菲亚酒①的短颈大口瓶去浸泡吧，就让他们把耐心观察、需时费力的活儿留给深居简出的人吧。

这就是除了专业分类词汇学家列出的枯燥乏味的昆虫体貌特征而外，昆虫的历史极其贫乏的原因之所在。异国的昆虫数量繁多，无以数计，它们的习性我们几乎始终一无所知。但是我们可以把我们眼前所见到的情景与别处发生的情况加以比较，看一看同一种昆虫在不同的气候条件下，其基本本能是如何变化的，这是非常有好处的。

这时候，无法远行的遗憾重又涌上心头，使我比以往任何时候都更加地感到无奈，除非我在《一千零一夜》的那张魔毯上找到一个座位，飞到我所想去的地方。啊！神奇的飞毯啊，你要比萨维埃·德·梅斯特尔的马车合适得多。但愿我能在你上面有一个角落可坐，怀揣着一张往返机票！

我果然找到了这个角落。这个意想不到的好运是基督教会学校的修士、布宜诺斯艾利斯市萨尔中学的朱迪利安教友带给我的。他虚怀若谷，很不喜欢那些受其恩泽者对他表示理应的感激。我在此只想说，按照我的要求，他的双眼代替了我的眼睛。他寻找、发现、观察，然后把他的笔记以及发现的材料寄来给我。我用通信的方式同他一起寻找、发现、观察。

我成功了，多亏了这么卓绝的合作者，我在那张魔毯上找到了座位。我现在到了阿根廷共和国的潘帕斯大草原，渴望着把塞里昂的食粪虫的本领与其另一个半球上竞争者的本领做一番比较。

---

① 塔菲亚酒：西印度群岛的一种甘蔗酒。

开端极好！萍水相逢竟然让我首先得到了法那斯米隆那漂亮的昆虫，它全身黑中透蓝。

雄性法那斯米隆前胸有个凹下的半月形，肩部有锋利的翼端，额上竖着一个可与西班牙蜣螂媲美的扁角，角的末端呈三叉形。雌性则以普通的褶皱代替了这漂亮的装饰。雄性与雌性的头罩前部都有一个双头尖，肯定是一个挖掘工具，也是用于切割的解剖刀。这种昆虫短粗、壮实、呈四角形，让人联想到蒙彼利埃周围非常罕见的一种昆虫——奥氏宽胸蜣螂。

如果形状相似则本领也必然相似的话，那我们就该毫不迟疑地把如同奥氏宽胸蜣螂制作的同样又粗又短的香肠面包归之于法那斯米隆。唉！每当牵涉本能的问题时，昆虫的体形结构就会造成误导。这种脊背正方、爪子短小的食粪虫在制作葫芦时技艺超群。连圣甲虫都制作不了这么像模像样，尤其是个头儿又这么大的葫芦。

这种粗壮短小的昆虫制作的产品之精美让人拍案叫绝。这种葫芦制作得如此符合几何学标准，简直无可挑剔：葫芦颈并不细长，然而却把优雅与力量结合在一起。它似乎是以印第安人的某种葫芦作为模型制作的，特别是因为它的细颈半开，鼓凸部分刻有漂亮的格子纹饰，那是这种昆虫的跗骨的印迹。它好像是用藤柳条嵌护着的一只铁壶，大小可以达到甚至超过一只鸡蛋。

这真是一件极其奇特而稀有的珍品，尤其是这竟然是出自一个外形笨拙、粗短的工人之手。不，这再一次说明工具不能造就艺术家，人和虫都是这么个理儿。引导制作工匠完成杰作的有比工具更重要的东西：我说的是"头脑"——昆虫的才智。

法那斯米隆对困难嗤之以鼻。不仅如此，它还对我们的分类学不屑一顾。人们一说食粪虫，就将它解释为牛粪的狂热追慕者。可法那斯米隆之重视牛粪既非为自己食用，也不是为了自己的孩子们享用。我们常常会看见它待在家禽、狗、猫的尸骨架下，因为它需要尸体的脓血。我所绘出的那只葫芦就是立在一只猫头鹰的尸体下面的。

这种把埋葬虫的胃口与圣甲虫的才能相结合的虫，谁愿意怎么看就怎么看吧。我么，我不想去解释这种现象，因为昆虫的一些癖好让我困惑不解，它们的这些癖好似乎是谁也无法仅仅根据其外貌就能判断得出来的。

我知道在我家附近就有一种食粪虫，它也是尸体残余的唯一的享用者。它就是粪金龟，是经常光顾死鼹鼠和死兔子的常客。但是，这种侏儒殡葬工并不因此就鄙视粪便，它像其他的金龟子一样照旧大吃不误。也许它有着双重饮食标准：奶油球形蛋糕是供给成虫的，而略微发臭的有浓重口味的腐肉食料则是喂给幼虫的。

类似情况在别的昆虫的口味方面也同样存在。捕食性膜翅目昆虫汲取花冠底部的蜜，但它喂自己的孩子时却用的是野味的肉。同一个胃，先吃野味肉，后汲取糖汁。这种消化用的胃囊在发育过程中必须发生变化吗？！不管怎么说，这种胃同我们人的胃一样，年轻时喜食的东西到了晚年就对此鄙夷厌恶了。

让我们更加深入地观察研究一下法那斯米隆的杰作。我弄到的那些葫芦全都干透了，硬得几乎跟石头一样，颜色也变成浅咖啡色了。我用放大镜仔细观察，里外都没有发现一丁点儿木质碎屑，这种木质碎屑是牧草的一个证明。这么说，这怪异的食粪虫没有利用牛屎饼，也没有利用任何类似的粪料。它是用其他材料制作自己的产品的。是什么材料呢？一开始挺难弄清楚。

我把葫芦放在耳边摇动，有轻微的响声，就像是一个干果壳里面有一个果仁在自由滚动时发出的声响一样。葫芦里是不是有一只因干燥而抽缩了的幼虫呀？我起先一直是这么认为的，但我弄错。那里面有比这更好的东西，可让我长见识了。

我小心翼翼地用刀尖挑破葫芦。在一个同质的均匀内壁——我的三个标本中最大的一个的内壁竟厚达两厘米——中，嵌着一个圆圆的核，满满当当地充填在内壁孔洞里，却与内壁毫不粘贴，所以可以自由地晃动，因此我摇动时就听见了响声。

就颜色与外形而言，内核与外壳并无差异。但是，把内核砸碎，仔细检查碎屑，我就从中发现一些碎骨、绒毛絮、皮肤片、细肉块，它们全都淹没在类似巧克力的土质糊状物中。

我把这种糊状物在放大镜下面进行了筛选，去除了尸体的残碎物之后，放在红红的木炭上烤，它立即变得黑黑的了，表层覆盖着一层鼓胀的光亮物，并散发出一股呛人的烟，很容易闻出那是烧焦的动物骨肉的气味。这个核全部浸透了腐尸的脓血。

我对外壳进行同样处理后，它也同样变黑了，但黑的程度没有核那么深。它几乎不怎么冒烟。它的外层也没有覆盖一层乌黑发亮的鼓胀物。它一点也没含有与内核所含有的那些腐尸的碎片相同的东西。内核与外壳经烧烤之后，其残余物都变成一种细细的红黏土。

通过这粗略的观察分析，我们得知法那斯米隆是如何进行烹饪的。供给幼虫的食品是一种酥馅饼：肉馅是用它头罩上的两把解剖刀和前爪的齿状大刀把尸体上能剔出来的所有东西全都剔出来做成的，有下脚毛、绒毛、捣碎的骨头、细条的肉和皮等。一开始，这种烤野味的作料拌稠的馅呈浸透腐尸肉汁的细黏土冻状，现在变得硬如砖头。最后，酥馅饼的糊状外表变成了黏土硬壳。

这位糕点师傅对其糕点进行了包装，用圆花饰、流苏、甜瓜筋囊加以美化。法那斯米隆对这种厨艺美学并非外行。它把酥馅饼的外壳做成葫芦状，并饰以指纹状的饰纹。

这种无法食用的外壳在肉汁中浸泡的时间太短，可想而知，并不受法那斯米隆的青睐。等幼虫的胃变得皮实了，可以消受粗糙的食物时，它会刮点内壁上的东西充饥，这一点倒是有可能的。但是，从整体来看，直到幼虫长大能出走之前，这个葫芦一直完好无损。它不仅开始时是保护馅饼新鲜的保护神，而且始终都是隐居其间的幼虫的保险箱。

在糊状物的上面，紧挨着葫芦的颈部，被修整成一个黏土内壁的小圆屋，这是整个内壁的延伸部分。一块用同样材料制成的挺厚的地板把它与粮食隔开。这就是孵化室，卵就产在那儿，我在那儿发现了卵，可惜已经干了。幼虫在这个孵化室里孵化出来，事先得打开一扇隔在孵化室和粮食之间的活动门，才能爬到那个可食的粪球处。

幼虫诞生在一个高出那块食物并与之并不相通的小保险匣里。新生幼虫自己必须及时地钻开那食品罐头盒盖。后来，当幼虫待在那罐头食品上面时，我的确发现地板上钻了一个刚好能让它钻过去的孔。

这块美味的牛肉片，裹着厚厚的一层陶质覆盖层，才使这份食物根据缓慢孵化的需要，长时间地保持新鲜。怎么达到这一目的的？我仍搞不清楚。卵在其同样是黏土质的小屋里安全无虞地待着，完好无损；到这时为止，一切都尽善尽美。法那斯米隆深谙构筑防御工事的奥秘，深知食物过早地发干的危险。现在剩下的是胚胎呼吸的需求问题了。

为了解决这个呼吸问题，法那斯米隆也是匠心独运，智慧超群的。葫芦颈部沿着轴线打通了一条顶多只能插入一根细麦管的通道。这个闸口在内部开在孵化室顶部最高处，在外部则开在葫芦柄的末端，呈喇叭形半张开着。这就是通风管道，它极其狭窄而且又有灰尘阻而不塞，因此便防止了外来的入侵者。我敢说这是简单但绝妙的杰作。我说得有错吗？如果说这样的一个建筑是偶然的结果的话，那么必须承认盲目的偶然却具有一种非凡的远见卓识。

这种迟钝的昆虫是如何才完成这项极其繁难、极其复杂的工程的呢？我在以一个旁观者的目光观察这南美潘帕斯草原的昆虫时，只有上述这个工程结构在指引着我。从这个工程结构上可以不出大错地推断出这个建筑工所使用的方法。因此，我就这样对它工作的进行情况进行了设想。

它先是遇上了一具小昆虫尸体，尸体的渗液使下面的黏土变软。于是，它根据软黏土的大小或多或少地收集起来。收集的多少并没有明确的规定。如果这种软黏土非常之多，收集者就大加消费，粮仓也就更加牢固。这样一来，制成的葫芦就特别大，大得超过鸡蛋的体积，还有一个两厘米厚的外壳。但是，这么一大堆的材料远远超出模型工的能力，所以加工得很不好，外观上看上去，一眼就看出是一项十分艰苦笨拙的劳动所创造出来的成果。如果软黏土很稀少，它便严格节省着使用，这样它动作也就自然得多，弄出来的葫芦反而匀称齐整。

那黏土可能先是通过前爪的按压和头罩的劳作变成球形，然后挖出一个很宽很厚的盆形。蜣螂和圣甲虫就是如此做的，它们在圆粪球的顶部挖出一个小盆，在对蛋形或梨形做最后打磨之前，把卵产在小盆里。

在这第一项劳作中，法那斯米隆只是一个陶瓷工。不管尸体渗液浸润黏土有多么不充分，只要具有可塑性，任何黏土对它来说就都是可以加工运作的。

现在，它变成了肉类加工者了。它用它那带锯齿的大刀从腐尸上切、锯下一些细碎小块来；它又撕又拽，把它认为最适合幼虫口味的部分弄下来。然后，它把这些碎片统统聚集起来，再把它们同脓血最多的黏土搅和在一块。这一切搅拌得非常均匀，就地制成了一只圆粪球，无须滚动，如同其他食粪虫制作自己的小粪球一样。补充说一句，这只粪球是按照幼虫的需要量制作的，它的体积几乎始终不变，无论最后那个葫芦有多大。

现在酥馅饼做好了。它被放进张开大口的黏土盆里存好。它没挤没压，以后可以自由转动，不会与其外壳有一点粘连。这时候，陶瓷制作的活儿又开始了。

昆虫用力挤压黏土盆厚厚的边缘，为肉食制好模套，最后使肉食的顶端被一层薄薄的内壁包裹住，而其他部分则由一层厚厚的内壁包住。顶端的内壁上，留有一个环形软垫；这里内壁的厚度与日后在顶端钻洞进粮仓的幼虫的弱小程度成正比。随后，这个环形软垫也进行压模，变成一个半圆形的窟窿，卵就产在其中。

通过挤压黏土盆的边缘，使之慢慢封口，变成孵化室，制作葫芦的工序就宣告结束了。这道工序尤其需要高超的技艺。在做葫芦柄的同时，必须一边紧压粪料，一边沿着轴线留出通道作为通风口。

我觉得建造这个通风闸口极其困难，因为计算稍微有点偏差，这个狭窄的口子就会立刻被堵住。我们最优秀的陶瓷工中最最心灵手巧的工匠如果缺少一根针的帮助也是干不成这件活儿的，它把针先垫在里边，完工之后，就把这根针抽出来。这种昆虫是一种用关节连接着的机械木偶，在它自己都没有想到的情况之下，就挖出了一条穿过大葫芦柄的通道。如果它想到了，也许就挖不成了。

葫芦制作完后，就得对它粉饰加工了。这是一件费时费工的粉饰活儿，要使曲线完美流畅，并在软黏土上留下印记，如同史前的陶瓷工用拇指尖印在其大肚双耳坛上的印记一样。

这件活计完工了，它将爬到另一具尸体下面重新开工，因为一个洞穴只有一个葫芦，多了不行，如同圣甲虫制作它的梨形小粪球一样。

粪金龟和公共卫生

世界上有成千上万的残骸、尸体、腐烂的物质、粪便出现在各个角落，保护环境的卫士——粪金龟便开始行动了。粪金龟们超强的掩埋能力对于野外的环境卫生意义十分重大，作为掩埋工，它们都有哪些本领呢?

食粪虫以成虫的形态完成一年的轮回，在来年春季的欢乐节日里由自己的子女们围在膝前，而且家里添丁进口，成员翻了一两番，这在昆虫的世界里肯定是无出其右的。蜜蜂这种本能方面的贵族，一旦蜜罐装满也就随即死去；另一位贵族——蝴蝶，虽非本能方面的贵族，却是服饰华美的贵族，当它把自己那成团的卵固定在得天独厚之地时也随即离开人间；浑身披着铠甲的步甲虫在把自己的子孙后代撒放在乱石下之后，随即也就命归黄泉了。

其他昆虫也是如此，除了那些群居的昆虫。群居昆虫的母亲能够独自或在仆从陪伴下幸存下来。规律是带普遍性的：昆虫天生是无父无母的孤儿。可我们要讲的这种情况却是一种意想不到的反常现象：卑贱的滚粪球工却逃过了那种扼杀高贵者的残酷规律。食粪虫尽享天年，成了长寿元老，而且鉴于其所做的贡献，它也确实当之无愧。

有一种公共卫生要求在最短的时间里把任何腐烂的东西全部清除干净。巴黎至今尚未解决它那可怕的垃圾问题，这迟早是这座巨大城市的生存或死亡的问题。大家在寻思，这城市之光会不会有这么一天被土壤中饱含的腐烂物质散发出的臭气给熏得熄灭了。聚集着数百万人口的大都市虽拥有无尽的财力与智力但也无法解决的问题，一个小小的村庄却无须花钱无须操心费力就给解决了。

大自然对乡村的清洁卫生倾注关怀，但对城市的舒适却漠然置之，虽说还谈不上是充满敌意。大自然为乡间田野创造了两类清洁工，没有什么能使之厌烦倦怠、疲劳懒散的。第一类是苍蝇、葬尸虫、皮蠹、食尸虫类、阎虫科，它们专司尸体解剖。它们把尸体分割切碎，在自己的胃里把碎尸烂肉消化之后再还以生命。

一只鼹鼠被耕作的农具划破肚皮，它的业已发紫的脏腑把田间小径弄污；一条栖息在草地上的游蛇被行人踩死，这个蠢货还以为自己是除了祸害，干了好事；一只尚未长毛的雏鸟从窝里摔下，落在托着其窝的大树下面，可怜巴巴地摔成了肉酱……成千上万的这种残尸碎肉无处不在，如果不及时地加以清理，其臭气将成为很大的公害。但我们也不必害怕，这种尸体一旦在某处出现，小收尸工们便立即赶到。它们随即对尸体进行处理，掏空内脏，吃得只剩下骨头，或者至少要把尸体弄得如同一具干尸。用不了二十四小时，死去的鼹鼠、游蛇、雏鸟等便没了踪影，环境卫生保持住了。

第二类清洁工也同样是热情饱满的。城市里为了清洁卫生而在厕所里用氨水消毒，其味极其难闻，农村里的厕所就用不着洒氨水。农民在需要独自一人待着时，一堵矮墙、一道藩篱、一丛荆棘即可避人耳目。无须赘言，你一定会知道此人在那里干什么。当你被一簇簇长生草、厚厚的苔藓以及其他一些美丽的东西装点的陈砖旧瓦所吸引，走近一堵好似为葡萄培土的矮墙边时，哇呀！在这如此美丽的隐蔽处跟前，那是一大摊什么玩意儿呀！你赶紧逃之夭夭，苔藓、长生草、青苔等都不再吸引你了。你第二天再去原地看一看，那摊东西不见了，那块地方变得干净了：食粪虫来过这里。

防止屡屡出现的有碍观瞻的东西被人看到，对于这些勇士们来说，只是它们职责中最微不足道的；它们肩负的是一项更崇高的使命。科学向我们证实，人类最可怕的种种灾祸都能在微生物中找到根源；微生物与霉菌相近，属于植物界的极边缘的生物。在流行病暴发期间，这些可怕的病原菌在动物的排泄物中迅速大量地繁殖。它们污染着空气和水这两种生命的第一要素；它们散布在我们的衣物、食物上，把疾病传播开来。凡是被这些病原菌污染了的东西统统都要用火烧掉，用消毒剂消灭掉，用土深埋掉。

为保险起见，绝不要让垃圾积存在地面上。垃圾是否无害？垃圾是否危险？虽然说不准，但最好还是把垃圾消除掉。早在微生物让我们明白这种警惕是多么必要之前，古代的贤哲似乎就已经明白了这一点。东方民族比我们更容易受到传染病的危害，他们早已在这一方面掌握了一些明确的规律。摩西①虽然是古埃及这方面科学的传播者，他在自己的人民在阿拉伯沙漠中流浪的时候，已经在法典中制定了处理的方法。他说道："你为了解决自己的内急，你就走出营地，带上一根尖头棍子，在沙地上挖个坑，然后再用挖出的沙土把你的污秽物掩埋起来。"②

① 摩西：据《圣经·出埃及记》记载，摩西为公元前十三世纪古代以色列人的领袖，率领在埃及的希伯来人返回故土。
② 参阅《摩西五经·经五》第一百二十三章第十二和第十三节。——原作者注

这种处理方法简单之中透着重大意义。可以相信，如果在大规模朝觐克尔白天房①期间，伊斯兰教采取这种措施以及其他一些类似措施的话，麦加就不会每年都成为霍乱的发源地，欧洲也就不用在红海两岸设防以防堵瘟疫的蔓延。

普罗旺斯农民也像自己祖先中的一支阿拉伯人一样不注意卫生，根本不考虑这方面的险情。幸好，摩西训诫的忠实执行者——食粪虫在为此而辛勤劳作。消灭、掩埋带菌物质全都是它。以色列人一有内急要解决便腰里别着一根尖头棍跑出营地，而食粪虫也随即赶到，还带着比以色列人的尖头棍更高级的挖掘工具。解手的人一走，它便立即挖出一个井坑，把污秽物深埋掉，不再产生危害。

这帮掩埋工所做的服务工作对于野外的环境卫生意义十分重大；而我们，这种净化工作的主要受益者，反而对这些小勇士有点鄙夷不屑，还用粗言恶语对待它们。做好事，不为人理解，反遭恶名，被石头砸死，被人用脚踩死。看来这已成了一定之规了。蟾蜍、刺猬、猫头鹰、蝙蝠，以及其他一些为我们服务的动物，就是明证，它们不企求我们什么，只是希望我们多少有点宽容心。

那些垃圾污物肆无忌惮地暴露在太阳地里，而保护我们免受其害的，在我们这一带，最英勇卓绝的卫士就是粪金龟。这并不是因为它们比其他的埋粪工更加勤快，而是因为它们有一副好的身子骨，能干苦活儿累活儿。再者，当需要稍稍恢复一下体力时，它们则喜欢对我们最恶心的污秽物下手。

我们附近有四种粪金龟在从事这项工作。有两种（突变粪金龟和野生粪金龟）比较罕见，我们也就不专门去观察、研究它们了；

---

① 克尔白天房：麦加城内大群陵庙中心的建筑。

相反，另外两种（粪生粪金龟和伪善粪金龟）却十分常见。后两种粪金龟背部墨黑，胸前都穿着华美的衣服。看到专事掏粪的工人竟穿得如此漂亮，我不禁惊讶无语。粪生粪金龟面部下方像紫水晶般闪亮，而伪善粪金龟的面部下方则闪烁着黄铜的光芒。我笼子里喂养着的就是这两种粪金龟。

我们先来看看它们作为掩埋工都有哪些能耐。笼中一共有十二只，两种粪金龟混在一起。笼子里原先大量放置食物，这一次事先把所剩的吃食全部清除掉了。我想估算一下一只粪金龟一次能掩埋多少东西。日落时分，我把刚在我家门前拉了一摊的骡子的粪便放进笼子里去给那十二个囚徒。那摊粪便不算少，足可装上一篮子。

第二天早晨，那摊骡粪全都埋于地下了。地上几乎一点也没有了，顶多有点碎渣渣什么的。我因此可以大致估算出：按每只粪金龟都干了同样的工作量，那它们每人掩埋了大约有一立方分米的粪便。如果我们想到它们那瘦小的身材，又要挖洞又要运物，那真叫人感叹：这可真像泰坦①干的活儿呀。而且，这还仅仅用了一个夜晚而已。

它们存粮这么丰富，是不是就守着财富待在地下不出来了？绝不是这样的！现在正是大好时光。黄昏来临，宁静温馨。现在正是精神振奋、心情舒畅的时刻，正是去远处大路上寻物觅宝之时，因为路上正有牛羊群放牧归去。我的住客们离开了地窖，返身回到地上。我听见它们簌簌地在爬栅栏，冒失地撞到壁板上，黄昏时的这番热闹气氛我是预料到的。我白天已经收集了与头一天一样丰盛的食物，正好拿来喂给它们。到了夜里，这些食物又都不见了踪影。第二天，

① 泰坦：希腊神话中的巨神族，乌拉纽斯和地神格伊阿所生的子女，共十二人，六男六女。

地面上又干干净净的了。只要夜色美好，只要我总有足够的东西满足这帮贪得无厌的敛财奴，那么这种情况就永远会继续下去的。

尽管其食物异常丰富，粪金龟在日落时分还是会离开已储存的食物，在太阳的余晖中嬉戏，并去寻找新的开发工地。对于它来说，好像已得到的并不算什么，只有将要得到的才有价值。那么，每晚黄昏那美好时刻它所更新的粮食仓库，它到底用来干什么呢? 很明显，粪金龟一夜之间是无法消费完这么丰盛的食物的。它储存的食物多得已不知如何处理；它只知积攒，却不完全利用；而且，它还总也不满足于自己那满仓粮，每晚还在拼死拼活地忙着往仓库里运送。

它随处建造粮仓，每天随便遇上哪座仓库便在那里弄些吃上一顿，吃不了的就几乎全部剩在那儿。从我笼子里喂养的粪金龟来看，它们那种掩埋工的本能要比作为消费者的食欲来得迫切。笼子里的地面在增高，我则不得不随时把它弄平。如果我把土堆挖开，就会发现坑井中堆满了粪便，厚厚的，原封未动。原先的泥土已经变成了粪和土的结块，难以分开，如果我要继续观察而不致搞错，就得大加清理才行。

要想把结块中的粪便分离出来，总免不了有误差，不是分出来的多了，就是分出来的少了，与精确的量难以一致，但从我的观察中，有一点是明白无误的：粪金龟是热情似火的掩埋工，它们往地下运送的食物远远超过它们日常之所需。这样的一种掩埋工作是由一大群出力多少不一的合作者的劳动大军完成的，所以很显然，土壤的净化在很大的程度上得以实现，而且有这么一支辅助性的劳动大军在做出贡献，公共卫生的保持也才能有望，这是值得庆幸的。

此外，植物以及因植物的连锁反应而连带的一大批生物也得益于这种掩埋工作。粪金龟埋到地下并于第二天抛弃的那些东西并未

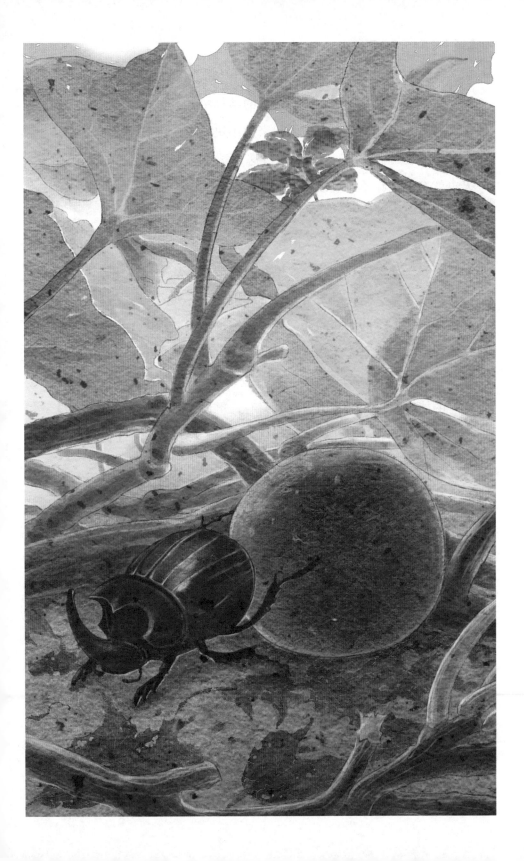

丢失，远未丧失其利用价值。世界的结算中什么也不会丢失的，清单的总数是永恒的。粪金龟埋起来的小块软粪便将会使周围的一簇禾本植物枝繁叶茂。一只绵羊路过这儿，把这丛青草吃掉。羊长肥，人也就有了美味羊腿可以享受了。粪金龟的辛勤劳动给我们带来了一块美味肉块。

九十月份，当头几场秋雨浸透土壤，圣甲虫得以打破出生的牢笼时，粪生粪金龟和伪善粪金龟开始建造自家住宅，这住宅建造得很简陋，有辱这些享有挖土工美称的勇士们。如果单纯是挖掘一个避难所以防冬季的严寒的话，粪金龟倒也不负其挖土工之美名：在井的深度、工程之完美和速度方面，没有谁可与之相提并论的。在沙土地和不难挖掘的土地上，我曾发现一些坑洞，洞深竟达一米。还有的能挖得更深，我因为没有耐心，再说工具也不凑手，也就没有去挖挖看究竟深有几许。这就是粪金龟，熟练的挖井工，无人可及的打洞者。如果天寒地冻，它会下到不用担心霜冻的地层。

但是，建造子孙住宅就是另一码事了。美好季节转瞬即逝；如果要给每只卵配备一个这样的地堡，那时间是来不及的。要挖掘一个深洞，粪金龟就必须把冬天来临之前的空闲时间全部用上，别无他法。要使避难所更加安全，它就得把心思全用在造房建屋上，暂时不能去干别的事情。可在产卵期间，这么辛勤的劳作是不可能的。时间过得很快。它得在四五个星期内给很多的子女住的吃的，这就无法长时间地去挖深井了。

粪金龟为其幼虫挖的地洞并不比西班牙蜣螂和圣甲虫挖的深多少，尽管季节有所不同。就我在野地里发现的所有地洞来看，也就是三分米左右，尽管那儿土很好挖，挖多深都没问题。

这种简陋的住处状如一段香肠或猪血腊肠，长度不超过两分米。

这段香肠几乎都是不规则的，有时弯曲，有时又多少有些凹凸不平。这种不完美的情况是由石头地的高低起伏所导致的，粪金龟是直线和垂直的挖掘工，无法总是按照自己的艺术标准去挖掘。于是，与地道紧贴在一起的粮食也就很忠实地再现了其模具的不规则性。香肠底部是圆的，如同地洞底部一样。这圆圆的底部就是孵化室，这圆形的孵化室可以放下一只小榛子。因胚胎的需要，室的侧壁挺薄，空气能很容易地透进。在孵化室内，我看到有一种带点绿的黏液在闪亮，那是疏松多孔的粪核的半流质状物质，是粪金龟妈妈吐出来喂给新生幼儿的头一口食物。

卵就睡在这个圆圆的小窝里，与四周无任何接触。卵是白色的，呈加长的椭圆形，与成虫的体积相比较，卵的体积够大的了。粪生粪金龟的卵长有七八毫米，宽有四毫米多，比粪金龟卵的体积要稍小一点。

昆虫的装死

许多昆虫在受到威胁时会拿出自己的看家本领——装死，这几乎成了它们的一种本能。然而，精通昆虫"文化"的法布尔对昆虫界公认的"装死"一说表示怀疑，他通过深入的观察和实验，终于揭开了昆虫装死的秘密……

我研究昆虫装死的情况时，第一个被我选中的是那个凶狠的剖腹杀手——大头黑步甲。让这种大头黑步甲动弹不了非常容易：我用手捏住它一会儿，再把它在手指间翻动几次就可以了。还有更加有效的办法：我捏住它，然后把手一松，让它跌落在桌子上，在不太高的高度下，让它摔这么几次，让它感到碰撞的震动，如果必要的话，就多让它摔几次，然后，让它背朝下，仰躺在桌子上。

大头黑步甲经这么一折腾，便一动不动，如死一般。它的爪子蜷缩在肚腹上，两条触须软塌塌地交叉在一起，两个钳子都张开着。在它的旁边放上一只表，这样，实验的起始与结束时间就可以准确地记录下来。这之后，只有等待，而且还得静下心来，耐心地等待着，因为它静止不动的时间是非常长的，让人等得心烦，没有耐心是成功不了的。

大头黑步甲的静止状态保持得很长，有时竟然长达五十分钟，一般情况之下，也得有二十分钟左右。如果不让它受到外界的影响，比如，这种实验正好是在盛夏酷暑时进行，我就把它用玻璃罩扣住，避开了大热天里的常客——苍蝇的骚扰。那么，它的静卧状态就是真正的完全的静止状态：无论是跗骨也好，触须也好，还是触角也好，全都毫不颤动，看上去，它就像是僵死在桌子上了似的。

最后，这只看似死了的大头黑步甲复活了。前爪跗节开始在微微颤动，随即，所有的跗骨全都颤动起来，触须、触角也跟着在慢慢地摇来摆去。这就证明它确实是复活了。腿脚随后也跟着乱划乱踢起来。它的身体在腰带紧束住的地方稍稍弓起；接着重心落在头和背上；然后，它猛一用力，身子便翻转过来了。此刻，它便迈开小碎步，跑动起来，仿佛知道此处危险重重，必须逃离险区。假如我又把它抓住，它便又立刻装起死来。

我趁此机会又做了一次实验。刚刚复苏的大头黑步甲又一次静止不动了，依旧是背朝下地仰躺着。这一次，它装死的时间要比第一次来得长。当它再次苏醒时，我又进行了第三次同样的实验。随后，我又对它进行了第四次、第五次实验，一点喘息的机会都不留给它。它静卧的时间在逐渐地延长。我所记录下来的静卧时间，分别为十七分钟、二十分钟、二十五分钟、三十三分钟、五十分钟。

我做了许多次类似的实验，虽然结果不完全相同，但基本上有着一个共同点：昆虫连续假死时，每一次的持续时间都不相同，长短不一。这个结果使我们得知，通常情况之下，如果实验连续多次进行的话，大头黑步甲会让自己假死的时间一次比一次长。这是不是说明它一次比一次更适应这种假死状态呢？这是不是说明它变得越来越狡猾，企图让敌人最后终于丧失了耐心？对此我一时尚无法做出定论，因为我对它的探究还很不够。要想探出它真的是在耍手腕，真的是在作假蒙人，蒙混过关，就必须采取一种非常聪明的试探方法，揭穿这个骗子的骗人招数。

接受实验的大头黑步甲躺在桌子上。它能感觉得出自己身子下面压着的是一块坚硬的物体，想要向下挖掘，根本就不可能。挖掘一个地下隐蔽室，对于大头黑步甲来说简直是小菜一碟，因为它掌握着快捷强劲的挖掘工具。然而，自己身下却是一块硬东西，毫无挖掘的可能，所以它无可奈何，只能忍气吞声静静地躺在那儿，一动不动，必要的话，它甚至可以坚持一小时。如果躺在沙土地上的话，它立即就能感觉得到下面是松松散散的沙粒。在这种情况之下，它还会傻乎乎静静地躺着，不想法尽快逃之夭夭？难道它连扭动腰身都不想？没有一点往沙土地里钻的意思？

我真的希望它会有所转变，产生逃跑的念头。但是，最后，我知道自己的想法错了。无论我把它放在木头上、玻璃上、沙土上，还是松软的泥土地上，它都不改变自己的战略战术。在一片对它来说挖掘起来极其容易的地面上，它照样是静卧着不动弹，同在坚硬物体上躺着时一模一样。

大头黑步甲对不同材质物体表面采取了同样态度，并不厚此薄彼，坚持一视同仁，这一点对我们的疑惑不解稍微地敞开了一点门缝。接下来所发生的事情令这扇门大大地敞开来了。接受实验的大头黑步甲躺在我的桌子上，离我很近，可以说就在我的眼皮子底下。我发现它的触角在半遮挡着它的视觉，但它那两只贼亮的眼睛看见了我，它在盯着我，在观察着我。面对着我这么个庞然大物，这个昆虫的视觉会有什么样的感应呢？

我们就认为这个正盯着我的昆虫把我看作是欲加害于它的敌人吧。这样的话，只要我待在它的面前，这个生性多疑的昆虫就会一动不动地躺着。如果它突然又恢复活动了，那它肯定是认为已经把我耗得差不多了，让我已经完全失去了耐心。那么，我还是先躲到一边去。既然它面前的这个庞然大物已经离开了，它也就用不着再装死，再要这种花招也没什么意义了，所以，它就会立刻翻转身子，急急忙忙地溜之大吉。

我走出十步开外，到了大房间的另一头，隐蔽好，不弄出任何的动静。但是，我的这番谨慎小心的心思全都白费了，我的那只昆虫仍旧待在原地，没有一点动静，就这么静静地待了好长好长的时间，跟我在它的近旁待的时间一样长。

它真够狡猾的，想必它是发觉我仍旧待在这间房间里了，只是待在房间的另一头罢了。这也许是它的嗅觉在告诉它我并没有离去。一计不成，我就另生一计。我把它用钟形罩给扣住，不让讨厌的苍蝇去骚扰它，然后，我便走出房间，到花园里去了。房间的门窗全都紧闭着，屋外的声音传不进去，屋内也没有什么会惊扰它的，总之，一切会令它感到惊恐的东西，全都远离了它。在这么安静而不受骚扰的环境中，它会有什么反应呢？

实验的结果是，假死的时间与平时情况之下完全一样，既未增加也未减少。二十分钟过去了的时候，我进屋里去查看了一下，四十分钟过去的时候，我又进屋里去查看了一番，但是，情况没有发生任何的变化，它仍旧是仰面朝天，一动不动地原地躺着。

这之后，我又用几只虫子做了相同的实验，但其结果都很明确地证明，它们在装死的过程中，并没有任何令它们感到危险的东西存在，在它们的周围，既没有声音，又没有人或其他昆虫。在这种情况之下，它们仍然一动不动，那想必并不是在欺骗自己的敌人。这一点得到肯定之后，我便推测其中必然是另有原因的。

那它究竟为何采取这种特殊伎俩来保护自己呢？一个弱者、一个得不到保护的不惹是生非的人，在必要之时，为了生存而采取一些诡计，这是可以理解的；但它可是一个浑身甲胄、崇尚武力的家伙，为什么要采取这种弱者的手段，对此我感到很难理解。在它所出没的势力范围内，它是打遍天下无敌手的。强悍的圣甲虫和蛇金龟，都是生性温厚的昆虫，它们非但不会去骚扰它、欺侮它，相反，倒是它食品储存室里源源不断的猎物。

我又开始怀疑，是不是鸟儿对它构成了威胁？可是，它同步甲虫的体质相同，身体里浸透着一股刺鼻恶心的气味，鸟类闻了是绝不敢把它吞到肚子里去的。再说，它白天都躲藏在洞穴里，根本就不到洞外来，谁也见不到它，谁也不会打它的歪主意。而到了天黑之后，它才爬出洞外，可夜里鸟归林，河边已无鸟儿的踪影了，它也就根本不存在有被鸟类一口啄到之虑。

这么一个对蛇金龟，有时也对圣甲虫进行残杀的刽子手，这么一个并没有谁敢碰它的可恶而凶残的家伙，它怎么就一遇风吹草动便立刻装死呢？我百思不得其解。

我在这同一片河边地带，发现了同时在此居住的抛光金龟，也叫光滑黑步甲的昆虫，它给了我以启迪。前面所说的大头黑步甲是个巨人，相比之下，现在所提到的同是这片河边的主人的抛光金龟就是个侏儒了。它们体形相同，同样是乌黑贼亮，同样是身披甲胄，同样是以打家劫舍为生。但是，相比之下算是侏儒的抛光金龟，虽然远不如其巨人同类的火力强，但它却并不懂得装死这个诡计。你无论怎么折腾它，把它背朝下放在桌子上，它会立即翻转过来，拔腿就跑。我每次试它，也只能看到它背朝下静止不动个几秒钟而已。只有一次，我实在是把它折腾得够呛，它总算是假装死去地待了一刻钟。

这侏儒与巨人的情况怎么这么不同呀？巨人只要一被弄得仰面朝天，它就静止不动了，非要装死一个钟头之后才翻身逃走。强大的巨人采取的是懦夫的做法，而弱小的侏儒则是采取立即逃跑的做法，两者反差这么大，其原因究竟在哪里呢？

于是，我便试试危险情况会对它产生什么样的影响。当大头黑步甲背朝下腹朝上一动不动地静躺着的时候，我在想，让什么敌人出现在它的面前好呢？可我又想不出它的天敌是什么，只好找一种让它感到是个来犯者的昆虫。于是，我便想到嗡嗡叫的苍蝇了。

大热天里做实验，苍蝇嗡嗡地飞来飞去，真的是让人心里很烦。如果我不给大头黑步甲罩上钟形罩，我也不在它的身边守着，那么，讨厌的苍蝇肯定会飞落在我实验对象的身上，这样，苍蝇就会帮上忙了，可以替我探听一下装死的大头黑步甲的虚实了。

当苍蝇落在大头黑步甲身上，刚刚用自己的细爪挠了挠装死的它几下，它的跗节便有了微微颤动的反应，仿佛因直流电疗的轻微振荡而颤抖一样。如果这个不速之客只是路过，稍作停留，随即离去的话，那么，这细微的颤动反应很快便会消失；如果这位不速之客赖着不走，特别是，又在浸着唾液和溢流食物汁的嘴边活动的话，那么，受到折腾的大头黑步甲就会立即蹬腿踢脚，翻转身子，逃之夭夭。

它也许是觉得，在这么个不起眼的对手面前耍花招实在没有必要，有伤自尊。它重又翻转身子离去，是因为它明白眼前的这个骚扰者对自己并不构成什么威胁。看来，我们得另请高明，让一个力量强大、身材魁梧、让人望而生畏的讨厌的昆虫来试探一下大头黑步甲了。正好，我喂养着一只天牛，爪子和大颚都十分厉害。天牛这种带角的昆虫，我知道它是性情平和的，但大头黑步甲并不了解这个情况，因为在它所出没的河边地带，从来就没有出现过天牛这种大个儿昆虫。说实在的，看上去，这长角的天牛真的会让这蛮横的虫类望而生畏，退避三舍。对陌生者本来就存有的一种恐惧感，一定会让情况复杂起来的。

我用一根稻草秆儿把天牛引到大头黑步甲旁边。天牛刚把爪子放到静静仰卧着的那个家伙的身上，它的跗节便立即颤动起来。如果天牛非但不把爪子挪开，而且还老在它的身上摸来挠去，甚至转而变成一种侵犯的姿态，那么，如死一般躺着的大头黑步甲便一下子翻转身子，仓皇地溜走。这情景，与双翅目昆虫骚扰它时一模一样。危险就在眼前，再加上对陌生者所怀有的恐惧感，它当然会立即抛弃装死的骗术，逃命要紧。

我又做了一种实验，结果也颇让我感到欣慰。大头黑步甲仰躺在桌子上装死，我便用一件硬器物轻轻敲击桌腿，让桌子产生微微的颤动。但不能猛敲，免得桌子发生摇晃。我注意掌握力量的大小，让桌面产生的颤动仿佛是一种弹性物体所产生的颤动一样。用力过大，会惊动大头黑步甲的，它就不会保持其僵死状态了。我每轻敲一下，它的跗节便蜷缩着颤动一会儿。

最后，我们再来看看光线对它所产生的影响。到目前为止，我的实验对象都是待在我书房那弱光环境中接受我的实验的，并未接触到直射进来的太阳光。此刻，我书房的窗台已经洒满阳光。我要是把我的实验对象移到阳光充足的窗台上去，让这个静卧着一动不动的昆虫接触一下强光，它会有何反应呢？我刚往窗台这么一移，效果立即产生：大头黑步甲腾地翻转身子，拼命奔逃。

现在，真相大白了。吃尽苦头、被折腾得够呛的大头黑步甲，已经把自己的秘密吐露出来了。当苍蝇戏弄它，舔它沾有黏液的嘴唇，把它当作一具尸体，想吸尽所有可口的汁液的时候；当它眼前出现了那个让它望而生畏的天牛，爪子已经伸到它的腹部，像是要占有一个猎物的时候；当桌子发生轻微的震颤，它以为是大地传来的震颤，断定有敌人在自己的洞穴附近挖掘，将要来袭的时候；当强烈的阳光照射到它的身上，对自己的敌人十分有利，而对喜欢昏黑的它不利，以为自己的安全受到威胁的时候，它就会立即做出反应，抛弃装死的骗术，立即逃命。但是，当一种灾祸对它构成威胁的时候，它通常采取它那装死的惯技，以骗过敌人。所以说，装死是它的看家本领。

在我以上所提及的那种危在旦夕的时刻，我的实验对象是在战栗，而不是继续在装死。在这类危险之下，它已经是方寸大乱了，慌不择路地拼命逃遁。它那一贯的伎俩已经不见了踪影，确切地说，它根本就无计可施了。所以说，它的静止不动，并不是装出来的，而是它的一种真实状态，是它复杂的神经紧张反应造成它一时间陷于动弹不得的状态之中。随便一种情况都会让它极度地紧张起来，随便一种情况都可以让它解除这种僵直状态，特别是受到阳光的照射。阳光是促发活力的无与伦比的强烈刺激。

我觉得，在受到震动后长时间保持静止状态的方面，可以与大头黑步甲相提并论的是吉丁中的一种，即烟黑吉丁。这种昆虫个头儿不小，浑身黑亮，胸甲上有白粉，喜欢在刺李树、杏树和山楂树上待着。在某些情况之下，你有可能发现它把爪子紧紧地收拢起来，触角耷拉着，仿佛僵死了一般，而且可以保持一个多小时这种状态。而在其他的情况之下，它总是一遇危险便迅速逃走。从表面上看，是气候因素在起作用，但我却并没明白气候到底暗暗地发生了什么变化。在这种情况之下，一般来说，我只发现它的僵直状态只是保持一两分钟而已。

烟黑吉丁在光线暗淡的地方一动不动，可我一把它移到充满阳光的窗台上，它立刻就恢复了活力。在强烈的阳光下只待几秒钟，它便把自己的一对鞘翅裂开，作为杠杆，骨碌一下，就爬了起来，立刻就想飞走，好在我眼疾手快，一把便摁住了它，没让它逃掉。这是一见到强光就惊喜，晒着太阳就狂热的昆虫，一到午后炎热的时候，它便趴在刺李树上晒太阳，如痴如醉，快活极了。

看见它如此喜欢酷热，我立刻便产生一种想法：如果在它装死的时候，立刻给它降温，那它又会做出何种反应呢？我猜想它会延长其静止状态。但这种方法使不得，因为一旦降温，有越冬能力的昆虫可能会被冻得麻木，随即会进入冬眠状态。

我现在需要的不是烟黑吉丁的冬眠，而是要它保持充沛的活力。所以，我要让它处于徐缓的、有节制的降温状态，要让它像在相似的气候条件下一样，依然具备它平时那样的生命行为方式。于是，我动用了一种很合适的保冷材料——井水。我家的那口水井，夏季里，水温要比外面气温低十二度，清凉清凉的。

我用惊扰的方法，把一只烟黑吉丁折腾得处于僵缩状态，然后，让它背朝下躺在一只小的大口瓶底上，再用盖子把瓶口盖紧盖严，放进一个装满冷水的小木桶里。为了使桶里的水保持其低温，我不断地往桶里加井水。在加入新的井水时，我小心翼翼地先把原来桶内的井水一点一点地去掉。动作必须轻而又轻，否则便会惊动瓶子里的昆虫。

结果十分理想，我并没白费心思。那只烟黑吉丁在水中的瓶子里待了五小时，都没有动弹一下。五小时可不算短，而且，如果我再这么实验下去，它可能还会坚持很长时间的。但是，五小时已经很不错了，很能说明问题了，绝不要以为它这是在耍花招。毫无疑问，它此时此刻并不是在故意装死，而是进入了一种昏昏沉沉的麻木状态，因为我一开始把它折腾得只好以装死来对付，后来嘛，降温的方法又给它造成一种超乎寻常的延长休眠状态的条件。

我对大头黑步甲也采取了这种井水降温法，但它的表现却不如烟黑吉丁，在低温下保持休眠状态的时间没有超过五十分钟。五十分钟不算稀奇，以往没有用降温法时，我也发现过大头黑步甲静卧过这么长时间。

现在，我可以下结论说，吉丁类昆虫喜欢灼热的阳光，而大头黑步甲是夜游者，是地下居民。因此，在进行"冷水处理"时，吉丁与大头黑步甲的感受就不尽相同。温度降低之后，怕冷的昆虫会惊魂不定，而习惯于地下阴凉环境的昆虫则不以为意。

我继续沿着降温的这一思路进行了一些实验，但并未发现什么新的情况。我所看到的是，不同的昆虫在低温下保持休眠状态的时间之长短，取决于它们是追求阳光者还是喜欢阴暗者。现在，我再换一种方法来试一试看。

我往大口瓶里滴上几滴乙醚，让它挥发，然后，把同一天捉到的一只粪金龟和一只烟黑吉丁放进瓶里。不多一会儿，这两只实验品便不动弹了，它们被乙醚给麻痹了，进入了休眠状态。我赶紧把它们取了出来，背朝下地放在正常的空气之中。

它俩的姿态与受到撞击和惊扰后的姿态一模一样。烟黑吉丁的六只足爪，很规则地收缩在胸前；粪金龟的足爪则是摊开来的，不成规则地叉开着。它们是死是活，一时还说不清楚。

其实，它们并没有死。两分钟后，粪金龟的跗节便开始在抖动，口须在震颤，触角在缓缓地晃动。接着，前爪活动起来。又过了将近一刻钟，其他爪子也都乱摇动开来。因碰撞震动而采取静止状态的昆虫，很快就会恢复动态的。

但烟黑吉丁却如死一般地躺着，好长时间也不见它动弹，一开始，我真的以为它死了。半夜里，它恢复了常态，我是第二天才看到它已经像平时一样地在活动的。我在乙醚尚未充分发挥效力之前，便及时地停止了这种实验，所以没有给烟黑吉丁造成致命的伤害。不过，乙醚在它身上所起的作用要比在粪金龟身上所起的作用严重得多。由此可见，对碰撞震动和降低温度比较敏感的昆虫，同样对乙醚所产生的作用也很敏感。

敏感性上的这种微妙的差异，说明了为什么我用同样的撞击和手捏方法使两种昆虫处于静止不动状态之后，它们的表现会有这么大的区别。烟黑吉丁静卧姿态保持了近一个小时，而粪金龟则只待了两分钟就在摇晃自己的足爪了。直到今天为止，我也只是在少有的情况之下，才见到粪金龟能坚持两分钟的静卧姿态。

烟黑吉丁体形大，且有坚硬的外壳保护身体，它的外壳硬得连大头针和缝衣针都扎不透。既然如此，为什么它那么爱装死，而无坚硬外壳保护的小粪金龟却无须装死来保护自身呢？这种情况，在不少的昆虫身上也都是存在的。各种昆虫当中，有些会长时间地一动不动，有的却坚持不了一会儿；仅仅依照接受实验的昆虫的外形、习性来预先判断其实验结果，是完全不可能的。譬如，烟黑吉丁一动不动的时间保持得很长，那么，就可以断定与它同属的昆虫，因其类别相同，就一定同烟黑吉丁的表现是一样的吗？我碰巧捉到了闪光吉丁和九星吉丁。我在对闪光吉丁做实验时，它硬是不听我的指挥。我把它背朝下地按住，它就拼命地抓我的手，抓住我捏着它的手指，只要让它的背一着地，就立即翻过身来。而九星吉丁却不用费劲儿就能让它静卧着不动了，只是它装死的时间也太短了！顶多也就是四五分钟而已！

我在附近山间碎石下经常可以发现一种墨纹甲虫，身子很短小，且有一股怪味。它能持续一个多小时一动不动，可以与大头黑步甲相提并论了。不过，必须指出，在大多数情况之下，它只坚持几分钟的僵死状态，然后便立即恢复常态。昆虫能长时间地坚持一动不动，是不是它们喜欢暗黑的习性造成的？完全不是，我们看一看与墨纹甲虫同属一类的双星蛇纹甲虫就十分清楚了。双星蛇纹甲虫后背滚圆滚圆的，仰身翻倒后，立即便翻过身来。还有一种拟步行虫，脊背扁平，身体肥实，鞘翅因无中缝而无法帮它翻身，因此，静止不动，装死一两分钟之后，便在原地仰卧着拼命踢蹬、挣扎。

鞘翅目昆虫因腿短，迈不了大步，逃命时速度不快，因此，它应该比其他昆虫更加需要以装死来欺骗敌人，但实际上并非如此。我逐一地观察研究了叶甲虫、高背甲虫、食尸虫、克雷昂甲虫、碗背甲虫、金匠花金龟、重步甲、瓢虫等一系列昆虫，它们全都是静止几分钟，甚至几秒钟，便立即恢复了活力。还有不少种类的昆虫，根本就不采取装死这一招。总之，没有任何的昆虫指南可以让我们事先就能断定，某种昆虫喜欢装死，某种昆虫不太愿意装死，某种昆虫干脆就拒绝装死。如果不经过实验就先下断言，那纯粹是一种主观臆测。

蝉和蚂蚁的寓言

整个夏天，蝉不做一点事情，只是终日唱歌，而蚂蚁则忙于储藏食物。冬天来了，蝉为饥饿所驱，只有跑到它的邻居蚂蚁那里借一些粮食。法布尔认为拉·封丹笔下的蝉并不符合自然的真实，寓言中蝉的形象和它真实的形象有什么不同？法布尔是怎样为"蝉"翻案的呢？

无论是有关人类的还是有关动物的，声誉尤其是由故事传说促成的，而童话则更胜故事一筹。特别是昆虫，如果说它无论以哪种方式都会吸引我们，那是因为有着许许多多有关它的传说，而这种传说的真实与否则是无关紧要的。

譬如，有谁不知道蝉？起码也闻听其名吧。在昆虫学领域中，还能找到如它那样名声很大的昆虫吗？它那钟情于歌唱而不顾未来如何的声名，早在我们记忆训练之初便已被当作素材了。人们用易学好懂的短小诗句告诉我们，当寒风四起，严冬来临时，一无所有的蝉便跑到其邻居蚂蚁那儿去喊饿求食去了。乞食者不受欢迎，遭到不堪忍受的讽刺挖苦，这反而让它名声大震。蚂蚁说了如下的两句虽简短却粗俗无情的话语：

> 您先前唱了又唱！我听着舒服，
>
> 好呀，您现在就跳吧。

　　这两句话给蝉带来的声誉远胜于它精湛的演唱威名。这深深地印入孩子们的心灵深处，永不会磨灭。蝉生活在油橄榄生长的地区，大多数人并不知道其歌唱本领，但它在蚂蚁面前的落魄沮丧样儿，无论大人还是孩子全都知晓。名声即源于此！这世上有糟踏自然史惹人指责的故事，也有全部优点仅在于短小的、乳母常说故事，它是一种声誉的基础，而这种声誉将会像《小拇指》中的靴子和《小红帽》中的烙饼一样牢牢地支配着岁月留下的残存记忆[①]。

　　儿童是极为优秀的记忆器。习惯、传统一旦存入其记忆库，就无法抹去。蝉的大名应归

[①]《小拇指》和《小红帽》均为佩罗作品，是法国流传已久的著名童话故事。

功于儿童，是他们在最初学着背诵时，磕磕巴巴地说出了蝉的不幸遭遇。构成寓言基本内容的那些荒谬浅薄的东西因他们而将保存下去：严寒来临时，蝉将永远受冻挨饿，尽管冬天已不再有蝉了；蝉将永远乞讨几颗麦粒，尽管它那娇嫩的吸管根本就吸不进这种食物；蝉还将讨要苍蝇和蚯蚓，尽管它从来不吃它们。

这些荒唐的错误，责任究竟在谁呢？在拉·封丹[①]，他的大部分寓言因观察之细微，颇让我们着迷，但有关蝉的描述却是考虑欠佳的。他的寓言里最早的那些主角，如狐狸、狼、猫、山羊、乌鸦、老鼠、黄鼠狼以及其他许多动物，他非常熟悉，所以他在跟我们讲述它们的事情和动作时，惟妙惟肖，入木三分。它们是一些高地的动物，是他的邻居，是他的常客。它们公开的和私下的生活都是他天天所见的，但是，在兔子雅诺欢蹦乱跳的地方，是见不到蝉的。拉·封丹从来没有听见过它歌唱，从来没有看见过它。他以为，这个著名的歌唱家肯定是一种蚱蜢。

格兰维尔[②]的画笔尽管与拉·封丹寓言配合

---

① 拉·封丹（1621—1695）：法国十七世纪著名的寓言作家，其创作的寓言闻名于世，如《乌鸦与狐狸》等。

② 格兰维尔（1803—1847）：法国十九世纪的著名画家，曾为《拉·封丹寓言》配过插图。

得相得益彰，但也犯了同样的错误。在他的插图里，蚂蚁一副勤劳家庭主妇的打扮。它站在门槛上，身旁是大袋大袋的麦子，不屑地背对着伸着爪子——对不起，伸着手——的乞讨者。头戴十八世纪阔边女帽，腋下夹着吉他，裙摆被凛冽寒风吹贴在小腿肚子上，这就是那第二个人物的形象，与蚱蜢一模一样。格兰维尔同拉·封丹一样，也没弄清楚蝉的真实模样，他栩栩如生地再现了那个以讹传讹的错误。

　　在这个内容贫乏的小故事里，拉·封丹只不过是拾了另一位寓言作家的牙慧而已。蝉备受蚂蚁冷遇的传说如同利己主义，也就是说如同我们的世界一样，历史久远了。古雅典的孩童背着满袋无花果和油橄榄去上学时，嘴里就已经像是背书似的在嘟囔这个故事了："冬天到，蚂蚁们把自己受潮的食物搬到太阳下晒干。突然间，一只饥肠辘辘的蝉跳上前来求乞。它想讨几粒粮食。吝啬的蚂蚁们回答说：'你夏日里欢唱，那冬天你就蹦跳吧。'"尽管这个情节有点枯燥，但那正是拉·封丹的有悖常理的主题。

　　可这个寓言正是源自希腊，那是有名的盛产油橄榄、蝉非常多的地方。难道伊索①果真像传说的那样就是这则寓言的作者吗？这令人

─────────────
① 伊索：公元前六世纪前后古希腊的寓言作家。

这里的拟人手法惟妙惟肖，乞讨者的形象活灵活现。

怀疑。不过，这也无关紧要，因为那位讲故事的人是希腊人，是蝉的老乡，他应该对蝉颇为了解。在我们村子里，那种缺少见识的农民，也会知道冬天根本就没有蝉。冬季来临，必须为油橄榄树培土时，村子里凡是用铁锨铲土的人都认得蝉的初始形态——幼体——的。他们在小路边成百上千次地看见过它，知道夏季来临时，这个幼体是如何从自己修建的圆洞中钻出地面的，知道它如何抓挂在细树枝上，背上裂开一道缝，蜕去比硬羊皮纸还要硬的外壳，变成浅草绿色，然后又变成了褐色，成了一只蝉。

阿蒂卡的农民并不傻，他们也注意到了最不开眼的人都能看出的情况，他们对我那些乡巴佬乡邻十分清楚的东西也是知道的。这则寓言的作者，不管他是哪位文人，都是处于最有利的条件之下，对这类事情肯定是十分了解的。那么，他故事的这种谬误是源自哪里呢？

拉·封丹情有可原，而古希腊的那位寓言作家则是不可原谅的，他只讲述书本上的蝉，而不去了解近在咫尺像锣钹似的振翅鸣叫的真实的蝉。他不关心现实，却因袭传说。他是一位更古老的故事讲述者的应声虫。他在复述源自各种文明那可敬之母——印度的某种传说。他根本没有弄清楚印度人笔下描述的主旨是在表明一种无远见的生活会导致什么样的危险，却以为

编成故事的动物场景比蝉和蚂蚁的对谈更贴近
真实。印度是动物的伟大朋友，是不会犯这样
的错误的。这一切似乎表明，原始故事的那个主
人公不是我们的蝉，而是另一种动物——或者
称之为昆虫——其习性与所编的故事颇为吻合。

这则古老的故事在许多世纪里令印度河流
域的贤哲们深思，令那儿的孩子们得到乐趣，
它也许像历史上某个族长第一次提出节俭持
家一样年代久远，并一代一代地流传下去，
内容基本上还是忠实的。但正如所有的传说
一样，因为要适应当时高地的情况，细节便
因岁月的无情而有所扭曲了。

希腊乡间并无印度所讲述的这种昆虫，人
们便差不离儿地把蝉加进故事里去，正像在
现代雅典——巴黎——一样，把蝉与蚱蜢给
搞混了。错已铸成。从此，谬误深印进孩子
们的记忆之中，无法抹去，假成了真，真却
成了假。

让我们试着为这个被寓言糟践的歌手正名
吧。我得首先承认，它是个讨厌的邻居。每年
夏天，它们被两棵枝繁叶茂的高大法国梧桐所
吸引，成百成百地飞到我家门前安家落户，从
日出到日落，此起彼落地叫个不停，震得我脑
袋生疼。在这一片吱吱声中，你无法思考问题，
思绪被打乱，头昏脑涨，没法定下心来。如果

我不起早点儿干些事，那整个一天就会泡汤了。

啊! 该死的虫子，我本想安静地待着，可你却成了我住所的一大祸害。竟然有人说，雅典人把你养在笼子里，好惬意地听你歌唱。吃饱饭眯瞪着，有一只蝉叫叫还凑合，但成百只一起嚷叫，震得你耳鼓疼痛，你无法集中精力，真让人活受罪呀! 你振振有词，说是你先来到这儿的，有权鸣唱。在我住到这里之前，那两棵法国梧桐完全属于你，而我却成了其树荫下的不速之客。可我得先告诉你，为了照顾给你写故事的人，你得在你的响钹上装个减音器，压低你的叫声。

事实真相把寓言作家向我们讲述的东西当作肆意杜撰给摒弃了。当然，蝉和蚂蚁之间有时候是有一些关系的，这是毫无疑问的，只不过，这些关系与人们讲给我们听的正好相反。这些关系并不是出自蝉的主动，它从不需要别人的帮助好活下去，而是来自蚂蚁这个贪得无厌的剥削者，它把所有可吃的东西全都搬到自己的粮仓里。无论何时，蝉都不会跑到蚂蚁门前嚷饿去，还一本正经地许诺将来连本带利一并奉还。恰恰相反，是蚂蚁实在饿得不行，跑去乞求那个歌手的。我说的是"乞求"! "借"是从来不存在于掠夺者的习性中的。蚂蚁剥削蝉，厚颜无耻地把它洗劫一空。我们要讲讲这种洗劫，这是至今尚无人知晓的历史悬案。

七月的午后酷热难耐，成群的昆虫干渴难忍，在枯萎打蔫儿的花上爬来爬去，想找点儿水解渴，而蝉却对普遍的水荒不屑一顾。它用它那如钻头般的细嘴，在自己那永不干涸的酒窖中钻了开来。它不停地歌唱着，落在一棵小树的细枝上，钻透那坚硬平滑、被太阳晒得汁液饱满的树皮。它从钻孔中把吸管插进去之后，便一动不动地、聚精会神地、美滋滋地沉浸在汁液和歌声的甜美之中。

如果我们多盯着它看一会儿，也许会看到一些意想不到的悲惨事情。果然，许许多多渴得不行的家伙在转悠着。它们发现了这口井，因为井边渗出汁液而暴露了。它们一拥而上，一开始还有点儿小心翼翼的，只是舔舔渗出来的汁液。我看见拥挤在甜蜜的井口旁的有胡蜂、苍蝇、球螋、泥蜂、蛛蜂、金匠花金龟，最多的是蚂蚁。

最小的，为了靠近清泉，便从蜂的肚腹下钻过去，宽厚仁慈的蝉便抬起爪子，让这些不速之客自由通过。个头儿大的急得直跺脚，挤上前去，飞快地嚓上一口，退了出来，跑到旁边的树枝上兜上一圈，然后又更加大胆地返回来。不速之客们贪心越来越大：刚才还谨小慎微的它们突然变成了一群乱哄哄的侵略者，一心要把掘井者从井边驱逐掉。

在这群冲锋陷阵的强盗中，最大胆最坚决

蚂蚁作为不光彩的掠夺者的形象出现，如此厚颜无耻，这彻底颠覆了拉·封丹笔下那个勤劳的形象。

蝉多么令人敬佩！这里对蝉进行了细致的描写，"钻透""插进""沉浸"等词语写出了蝉歌唱、劳作的情态，体现了蝉的美好品质。

的就是蚂蚁。我看见有一些蚂蚁在咬蝉爪，还看见一些蚂蚁在扯蝉翼尖，趁势爬上蝉背，挠蝉的触角。一只胆大包天的蚂蚁就在我的眼前咬着蝉的吸管，拼命地往外拽。

巨蝉被这帮小蚂蚁如此这般地搅扰得没了耐心，终于弃井而去。它在逃走时还向这帮劫匪撒了一泡尿。对于蚂蚁来说，蝉的这种高傲的蔑视无伤大雅！反正它的目的达到了。它成了这口井的主人了，但是，使井冒水的泵已不再转，井很快也就干涸了。井水虽少，但甘甜。一旦再有机会，它们还会用同样的法子再喝上几大口的。

大家都看到了，事实彻底地把寓言臆想的角色给调换过来了。毫不客气、抢劫时决不退缩的求食者是蚂蚁，而甘愿与受苦者分享甘露的能工巧匠是蝉。还有一点也足可以把颠倒的情况调整过来。经过五六个星期漫长的欢唱之后，歌手生命耗尽，从大树高处跌落下来。它的尸体被烈日晒干，被行人的脚踩踏。时刻在寻找战利品的蚂蚁撞见了它。蚂蚁随即把这美食扯碎，肢解，弄烂，搬到自己那丰富的食物堆中去。甚至还可以看到蝉虽已奄奄一息，但翼还在灰土中颤动，可是一小队蚂蚁便拥上去向各个方向拉扯它、撕拽它。此时的蝉伤心至极。看了这同类相残之后，就不难看出这两种昆虫之间到底是什么关系了。

法布尔特别明确地告诉读者，他的褒贬和立场。

古希腊罗马对蝉有着很高的评价。人称"希腊贝朗瑞①"的阿纳克雷翁②为蝉写了一首颂歌，对蝉称颂有加。他说："你几乎就像诸神明一样。"但诗人这么赞颂蝉，其理由却并不很恰当。他的理由是说蝉有如下三个特点：生于地下，不知疼痛，有肉无血。我们也不必指责诗人犯了这些错误，因为那是当时的普遍看法，而且在有人细致入微地进行观察之前，这种看法已流传甚久。再说，在这种讲究对仗押韵的小诗句中，人们对这一点也没有过于关注。

即使在今天，和阿纳克雷翁一样很熟悉蝉的普罗旺斯的诗人们，在赞颂他们视之为标志的这种昆虫时，也并没怎么关心真实的蝉。但是，这种指责却牵扯不到我的一个朋友，他是个痴迷的观察家和一丝不苟的务实派。他准许我从他的活页本中抽出一页普罗旺斯语的诗，他以极其严谨的科学态度着重描述了蝉和蚂蚁的关系。诗中的诗意形象及道德评价责任在他，这样娇美的花朵在我的博物学园地上是长不出来的。但是，我得肯定他叙述的真实性，与我每年夏天在我花园中的丁香树上所看到的情况一致。我把他的诗译成法语附在下面，但有许多

① 贝朗瑞（1780—1857）：法国著名诗人，歌词作者。
② 阿纳克雷翁：公元前六世纪古希腊的抒情诗人。

地方译的意思只是相近而已，因为法语中并不
是总有普罗旺斯语的对应词。

蝉和蚂蚁

一

上帝啊，真热呀！但却是蝉的好时光，
它乐至疯狂，欢唱昂扬。
七月暑热，收割忙。
金色麦浪翻滚，收割者，
弯腰弓背，辛苦劳作不歌唱：
它口干舌燥，有歌无法唱。

这是你的好时光，你就放声唱吧，
娇小可爱的蝉呀，
敲响你的响钹，
扭动你的肚腹，亮出你的两片镜子。
农夫在挥镰，刀起杆落，
刀光在麦浪中闪亮。

小水罐挂在割麦人腰间，
罐中装满水，罐口有草堵塞。
磨刀石凉快地待在木盒里，
不停地有水浇润，
可农夫在烈日下呼哧喘息，
只觉得骨髓都快煮沸。

可你，蝉儿，你可是有清泉解渴呀：
你那尖细的小嘴钻透细枝树皮，
出现一眼清甜多汁的水井。
糖汁顺着窄细的管道涌出。
泉水汩汩流淌，
你美美地吮吸欢畅。

啊！太平时光不会总这么长！
左邻右舍尽是窃贼，
外加散兵游勇流浪儿，
都看见你掘了一口甜井。

它们口渴难耐，痛苦地挪上前来，
意欲攫取你的一滴甜浆。
小心点儿呀，我的小可爱：
这帮饥渴非常的家伙，
先是谦卑恭顺，
转眼间就变成无赖疯狂。

它们先是沾沾嘴唇，
然后便不满足于你的剩饭残汤，
它们抬起头来，想把一切占光。
它们将会如愿以偿。
它们爪似耙，搔弄你的翅尖。

在你宽大的脊背上，

一阵爬上爬下的忙，

抓你的嘴，拽你的角，扯你的脚趾。

它们从这儿那儿四处扯，

让你冒火又惆怅。

你滋地一泡尿，

喷向这帮强徒，

你便离开树枝。

你远远地离开这帮无赖，

可它们抢占了你的甜水井，

狂笑不已，满心欢畅，

津津有味地舔着玉液琼浆。

而这帮不知疲倦地吮吸的流浪汉中，

尤数蚂蚁为最强。

苍蝇、黄边胡蜂、胡蜂、鳃角金龟，等等

各色无赖、骗子，

都是大太阳逼迫无奈来到你的井旁，

唯独蚂蚁是铆足劲儿地要把你损伤。

踩你的脚趾，挠你的脸，

捏你的鼻子，躲你腹下乘凉，

凡此种种，唯它最强。

这浑蛋拿你的爪子当梯，

大胆地爬上你的翅膀，

趾高气扬地溜来荡去，
上下奔忙。

二

现在讲述一个不足为信的故事。
早年间，老人们对我们说，
冬季某日，你饥肠辘辘，耷拉着脑袋，
偷偷地前去
蚂蚁的地下大粮仓窥探。

富有的蚂蚁把夜间寒露打湿的麦粒
摊晒在太阳下，
准备存于地窖中。
麦粒已晒干，蚂蚁在装袋。
你眼含泪水，突然光临。

你央求它说："天寒地冻，
北风呼啸，我快饿死了。
你余粮成堆，
借我一点儿，
甜瓜成熟时节，
我定当奉还。"

"借我点儿麦粒吧。"
你还是走吧。

你要是以为它会借给你，

你就大错特错了。

那大袋大袋的粮食，

你休想弄到一星半点儿。

"滚开去，刮桶底儿去吧。

你夏天唱得来劲儿，

冬天就该饿死！"

古老的寓言就是这么说的，

它劝告我们学做吝啬鬼，

看紧钱袋偷着乐……

让那些蠢货尝尽饿肚之苦才满足！

寓言作家说的让我冒火，

竟然说你冬天去寻找

苍蝇、小虫、谷粒，

可你从来不吃这些呀。

麦粒！天呀，你要它干什么！

你自有自己的甘泉，

不求任何其他物。

冬天与你何干！

你的后代子孙在地下酣睡，

而你也将长眠不醒。

你的尸体落下，玉碎香消。

有一天，觅食的蚂蚁，看见了它。

在你干瘪的皮肤上，

可恶的蚂蚁在争抢；

掏空了你的胸腔，把你撕成了碎片，

当作腌货贮藏，

冬天大雪纷飞，这可是美味佳粮。

三

这才是真实的故事，

与寓言所说的完全不一样。

该死的，你们作何感想！

啊，专捡便宜的家伙，

利爪带钩，挺胸腆肚，

带着保险箱统治在世上。

混账的，你们还口吐流言，

说艺术家从不干活，

蠢货就该遭殃。

闭上你们的臭嘴吧，

蝉在钻透树皮找佳酿，

你们却偷吃偷喝忙，

它玉碎身亡，你们仍揪住不放。

我的朋友用他那富于表达的普罗旺斯方言，
如此这般地为被寓言作家诬蔑的蝉平了反。

蝉出地洞

法布尔对蝉的幼虫在地下的具体活动进行长达四年以上的研究，这篇文章详细地向我们介绍了蝉的地下生活。它怎样在如此坚硬的土地中打成这样一个洞的？它挖出的土都到哪儿去了？蝉是怎么从地洞里钻出来的？

将近夏至时分，第一批蝉出现了。在人来人往、被太阳暴晒、被踩踏瓷实的一条条小路上，张开着一些能伸进大拇指、与地面持平的圆孔洞。这就是蝉的幼虫从地下深处爬回地面来变成蝉的出洞口。除了耕耘过的田地以外，几乎到处可见一些这样的洞。这些洞通常都在最热最干的地方，特别是在道旁路边。出洞的幼虫有锐利的工具，必要时可以穿透泥沙和干黏土，所以喜欢最硬的地方。

我家花园的一条甬道由一堵朝南的墙反射阳光，照得如同到了塞内加尔一样，那儿有许多的蝉出洞时留下的圆洞口。六月的最后几天，我检查了这些刚被遗弃的井坑。地面土很硬，我得用镐来刨。

地洞口是圆的，直径约两点五厘米。在这些洞口的周围，没有一点儿浮土，没有一点儿推出洞外的土形成的小丘。事情十分清楚：

蝉的洞不像粪金龟这帮挖掘工的洞，上面堆着一个小土堆。这种差异是两者的工作程序所决定的。食粪虫是从地面往地下掘进；它是先挖洞口，然后往下挖去，随即把浮土推到地面上来，堆成小丘。而蝉的幼虫则相反，它是从地下转到地上，最后才钻开洞口，而洞口是最后的一道工序，一打开就不可能用来清理浮土了。食粪虫是挖土进洞，所以在洞口留下了一个鼹鼠丘；而蝉的幼虫是从洞中出来，无法在尚未做成的洞口边堆积任何东西。

蝉洞约深四分米。洞是圆柱形，因地势的关系而有点弯曲，但始终要接近垂直线，这样路程是最短的。洞的上下完全畅通无阻。想在洞中找到挖掘时留下的浮土那是徒劳的，哪儿都见不着浮土。洞底是个死胡同，成为一间稍微宽敞些的小屋，四壁光洁，没有与任何延伸的什么通道相连的迹象。

根据洞的长度和直径来看，挖出的土有将近两百立方厘米。挖出的土都跑哪儿去了呢？在干燥易碎的土中挖洞，洞坑和洞底小屋的四壁应该是粉末状的，如果只是钻孔而未做任何其他加工的话，容易塌方。可我却惊奇地发现洞壁表面被粉刷过，涂了一层泥浆。洞壁实际上并不是十分光洁，差得远了，但是，粗糙的表面被一层涂料盖住了。洞壁那易碎的土料浸上黏合剂，便被粘住不脱落了。

蝉的幼虫可以在地洞中来来回回，爬到靠近地面的地方，再下到洞底小屋，而带钩的爪子却未刮擦下土来，否则会堵塞通道，上去很难，回去不能。矿工用支柱和横梁支撑坑道四壁；地铁的建设者用钢筋水泥加固隧道；蝉的幼虫这个毫不逊色的工程师用泥浆涂抹四壁，让地洞长期被使用而不堵塞。

如果我惊动了从洞中出来爬到近旁的一根树枝上去，在上面蜕变成蝉的幼虫的话，它会立即谨慎地爬下树枝，毫无阻碍地爬回洞底小屋里去，这就说明即使此洞就要永远被丢弃了，洞也不会被浮土堵塞起来。

这个上行管道不是因为幼虫急于重见天日而匆忙赶制而成；这是一座货真价实的地下小城堡，是幼虫要长期居住的宅子。墙壁进行了加工粉刷就说明了这一点。如果只是钻好之后不久就要丢弃的简单出口的话，就用不着这么费事了。毫无疑问，这也是一个气象观测站，外面天气如何在洞内可以探知。幼虫成熟之后要出洞，但在深深的地下它无法判断外面的气候条件是否适宜。地下的气候变化太慢，不能向幼虫提供精确的气象资料，而这又正是幼虫一生中对这一最重要的时刻——来到阳光下蜕变——所必须了解的。

幼虫几个星期，也许几个月地耐心挖土、清道、加固垂直洞壁，但不把地表挖穿，而是与外界隔着一层一指厚的土层。在洞底它比在别处更加精心地修建了一间小屋。那是它的隐蔽所、等候室，如果气象报告说要延期搬迁的话，它就在里面歇息。只要稍微预感到风和日丽的话，它就爬到高处，透过那层薄土盖子探测，看看外面的温度和湿度如何。

如果气候条件不如意，刮大风下大雨，那对幼虫蜕变是极其严重的威胁，那谨小慎微的小家伙就又回到洞底屋中继续静候着。相反，如果气候条件适宜，幼虫便用爪子捅几下土层盖板，便可以钻出洞来。

似乎一切都在证实，蝉洞是个等候室，是个气象观测站，幼虫长期待在里面，有时爬到地表下面去探测一下外面的天气情况，有时便潜入地洞深处更好地隐蔽起来。这就是为什么蝉在地洞深处建有一个合适的歇息所，并将洞壁涂上涂料以防止塌落的原因之所在。

但是，不好解释的是，挖出的浮土都跑到哪儿去了？一个洞平均得有两百立方厘米的浮土，怎么全都不见了踪影？洞外不见有这么多浮土，洞内也见不着它们。再说，这如炉灰一般的干燥泥土，是怎么弄成泥浆涂在洞壁上的呢？

蛀蚀木头的那些虫子的幼虫，比如天牛和吉丁的幼虫，好像应该可以回答第一个问题。这种幼虫在树干中往里钻，一边挖洞，一边把挖出来的东西吃掉。这些东西被幼虫的颚挖出来，一点一点地被吃下，消化掉。这些东西从挖掘者的一头穿过，到达另一头，滤出那一点点的营养成分后，把剩下的排泄出来，堆积在幼虫身后，彻底堵塞了通道，幼虫也就不得再从这儿通过了。由胃或颚进行的这种最终分解，把消化过的物质压缩成比木质更加密实的东西，致使幼虫前边就出现一个空地儿，一个小洞穴，幼虫可以在其中干活儿。这个小洞穴很短小，仅够关在里面的这个囚徒行动的。

蝉的幼虫是不是也是用类似的方法钻掘地洞的呢？当然，挖出来的浮土是不会通过幼虫的体内的，而且，泥土，哪怕是最松软的腐殖土，也绝不会成为蝉的幼虫的食物。但是，不管怎么说，被挖出来的浮土不是随着工程的进展在逐渐地被抛在幼虫身后了吗？

蝉在地下要待四年。这么漫长的地下生活当然不会是在我们刚才描绘的准备出洞时的小屋中度过的。幼虫是从别处来到那儿的，想必是从比较远的地方来的。它是个流浪儿，把自己的吸管从一个树根插到另一个树根。当它或因为冬天逃离太冷的上层土壤，或因为要定居于一个更好的处所而迁居时，它便为自己开出一条道来，同时把用颚这把镐尖挖出的土抛在身后。这一点是无可争辩的。

如同天牛和吉丁的幼虫一样，这个流浪儿在移动时只要很小的空间就足够了。一些潮湿的、松软的、容易压缩的土对于它来说就等于是天牛和吉丁幼虫消化过后的木质糊糊。这种泥土很容易压缩，很容易堆积起来，留出空间。

　　困难来自另一个方面。蝉洞是在干燥的土中挖掘而成的，只要土始终保持干燥，那就很难压紧压实。如果幼虫开始挖通道时就把一部分浮土扔到身后的一条先前挖好现已消失的地道中去，这也是比较有可能的，尽管还没有任何迹象可以证明这一点。不过，如果考虑到洞的容量以及极难找到地方堆积这么多的浮土的话，你就又会怀疑起来，心想："这么多的浮土，必须有一个很大的空间才能存放得下，而挖成这个空间也同样要出现许多的浮土，要存放起来同样是困难重重。这样就又得有一个空间，同样也就又会有许多浮土，如此循环不已。"就这么转来转去，没有个头。因此，光是把压紧压实的浮土抛到身后尚无法解释这个空间的出现这一难题。为了清除掉碍事的浮土，蝉应该是有一种特殊的法子的。我们来试试解开这个谜。

　　我们仔细观察一只正在往洞外爬的幼虫。它或多或少总要带上点或干或湿的泥土。它的挖掘工具——前爪尖尖上沾了不少的泥土颗粒；其他部位像是戴上了泥手套；背部也满是泥土。它就像是一个刚捅完阴沟的清洁工。这么多污泥看了让人惊讶不已，因为它是从一个很干燥的土里爬出来的。本以为看见它满身的粉尘，但却发现它是一身的泥污。

　　再顺着这个思路往前观察一下，蝉洞的秘密就解开来了。我把一只正在对其洞穴进行挖掘的幼虫给挖了出来。我运气真好，幼虫正开始挖掘时我便有了惊人的发现。一个大拇指一样长的地洞，没有任何的阻塞物，洞底是一间休息室，眼下全部工程就是这个状况。那位辛勤的工人现在是个什么样子呢？就是下面的这种状况。

　　这只幼虫的颜色显得比我在幼虫出洞时捉到的那些苍白得多。眼睛非常大，特别白，浑浊不清，看不清东西。在地下视力有什么

用？而出了洞的幼虫的眼睛则是黑黑的，闪闪发亮，说明能看得见东西。未来的蝉儿出现在阳光下，就必须寻找，有时还得到离洞口挺远的地方去寻找将在其上蜕变的悬挂树枝。这时候视力就非常重要了。这种在准备蜕变期间的视力的成熟足以告诉我们幼虫并非仓促地即兴挖掘自己的上行通道的，而是干了很长的时间。

另外，苍白而眼盲的幼虫比成熟状态时体形要大。它身体内充满了液体，就像是患了水肿。用指头捏住它，尾部便会渗出清亮的液体，弄得它全身湿漉漉的。这种由肠内排出来的液体是不是一种尿液，或者只是吸收液汁的胃消化后的残汁？我无法肯定，为了说起来方便，我就称它为尿吧。

喏，这个尿泉就是谜底。幼虫在向前挖掘时，也随时把粉状泥土浇湿，使之成为糊状，并立即用身子把糊状泥压贴在洞壁上。这具有弹性的湿土便糊在了原先干燥的土上，形成泥浆，渗进粗糙的泥土缝隙中去。拌得最稀的泥浆渗透到最里层，剩下的则被幼虫再次挤压、堆积，涂在空余的间隙中。这样一来，坑道便畅通无阻了，一点浮土都不见了，因为已被就地和成了泥浆，比原先的没被钻透的泥土更瓷实、更匀称。

幼虫就是在这黏糊糊的泥浆中干活儿来着，所以当它从极其干燥的地下出来时便浑身泥污，让人觉得十分蹊跷。成虫虽然完全摆脱了矿工的又脏又累的活儿，但并未完全丢弃自己的尿袋；它把剩余的尿液保存起来当作自卫的手段。如果谁离得太近观察它，它就会向这个不知趣的人射出一泡尿，然后便一下子飞走了。蝉尽管性喜干燥，但在它的两种形态中，都是一个了不起的浇灌者。

不过，尽管幼虫身上积满了液体，但它还是没有那么多的液体来把整个地洞挖出的浮土弄湿，并让这些浮土变成易于压实的泥浆。

蓄水池干涸了，就得重新蓄水。从哪儿蓄水，又如何蓄水？我觉得隐约地看到问题的答案了。

我极其小心地整个儿地挖开了几个地洞，发现洞底小屋壁上嵌着一根生命力很强的树根须须，大小有的如铅笔粗细，有的如麦秸管一般。露出来可以看得见的树根须须短小，只有几毫米。根须的其余部分全都植于周围的土里。这种液汁泉是偶然遇上的还是幼虫特意寻找的？我倾向于后一种答案，因为至少当我小心挖掘蝉洞时，总能见到这么一种根须。

是这样的。要挖洞筑室的蝉，在开始为未来的地道下手之前，总要在一个新鲜的小树根的近旁寻觅一番。它把一点根须刨出来，嵌于洞壁，而又不让根须突出壁外。这墙壁上的有生命的地点，我想就是液汁泉，幼虫尿袋在需要时就可以从那儿得到补充。如果由于用干土和泥而把尿袋用光了，幼虫矿工便下到自己的小屋里去，把吸管插进根须，从那取之不尽的水桶里吸足了水。尿袋灌满之后，它便重新爬上去，继续干活儿，把硬土弄湿，用爪子拍打，再把身边的泥浆拍实、压紧、抹平，畅通无阻的通道便做成了。情况大概就是这样的。虽然没法直接观察到，而且也不可能跑到地洞里去观察，但是逻辑推理和种种观察都证实了这一结论。

如果没有根须那个大水桶，而幼虫体内的蓄水池又干涸了，那会怎么样呢？下面这个实验会告诉我们的。我把一只正从地下爬出来的幼虫捉住了，把它放进一个试管的底部，用松松地堆积起来的一试管干土把它埋起来。这个土柱子高一点五分米。这只幼虫刚刚离开的那个地洞比试管长出三倍，虽说是同样的土质，但洞里的土要比试管里的土密实得多。幼虫现在被埋在我那短小的粉状土柱子里，它能重新爬到外面来吗？如果它努力挖的话，肯定是能爬出来的。

对于一个刚从硬土地中挖洞的幼虫来说，一个不坚固的障碍能在话下吗？

然而我却有所怀疑。为了最后顶开把它与外界隔开的那道屏障，幼虫已经把最后储备的液体消耗光了。它的尿袋干了，没有活的须根它就毫无办法再把尿袋灌满。我怀疑它无法成功是不无道理的。果不其然，三天后，我看到被埋着的幼虫耗尽了体力，终未能爬上一拇指高。浮土被扒动过，因无黏合剂而无法当场黏合，无法固定不动，刚一拨弄开，便又塌下来，回到幼虫爪下。老这么挖、扒，总也不见大的成效，总是在做无用功。第四天，幼虫便死了。

如果幼虫的尿袋是满的，结果就大不相同。我用一只刚开始准备蜕变的幼虫进行了同样的实验。它的尿袋鼓鼓的，在往外渗，身子全都湿了。对于它来说，这活儿是小菜一碟。松松的土几乎毫无阻力。幼虫稍稍用尿袋的液体润湿，便把土和成了泥浆，黏合起来，再把它们抹开、抹平。地道通了，但不很规则，这倒不假，随着幼虫不断往上爬，它身后几乎给堵上了。看起来好像是幼虫知道自己无法补充水，因而为了尽快地摆脱一个它很陌生的环境而节约自己身上的那仅有的一点液体，不到万不得已绝不动用。就这么精打细算的，十来天之后，它终于爬到外面来了。

出洞口捅开之后，大张着嘴待在那儿，宛如被粗钻头钻出的一个孔。幼虫爬出洞来后，在附近徘徊一阵，寻找一个空中支点，诸如细荆条、百里香丛、禾蒿秆儿、灌木枝杈什么的。一旦找到之后，它便爬上去，用前爪牢牢地抓住，脑袋昂着。其余的爪子，如果树枝有地方的话，也撑在上面；如果树枝很小，没多少地方，两只前爪钩住就足够了。然后它便休息片刻，让悬着的爪臂变硬，成为牢不可破的支撑点。这时候，中胸从背部裂开来。蝉从壳中蜕变而出，前后将近半个小时的工夫。蝉从壳中蜕变出来后，与先前的模样儿大相径庭！双翼湿润、沉重、透明，上面有一条条的浅绿色脉络。胸部略呈褐色。身体的其余部分呈浅绿色，有一处处的白斑。这脆弱的小生命需要长时间地沐浴在空气和阳光之中，以强壮身体，改变体色。将近两个小时过去了，却未见有明显的变化。它只是用前爪钩住旧皮囊，稍有点微风吹来，它就飘荡起来，始终是那么脆弱，始终是那么绿。最后，体色终于变深了，越来越黑，终于完成了体色改变的过程。这一过程用了半个小时。蝉儿上午九点悬在树枝上，到十二点半的时候，我看着它飞走了。

旧壳除了背部的那条裂缝以外，并无破损，并且牢牢地挂在那根树枝上，晚秋的风雨也都没能把它吹落或打下。常常可以看到有的蝉壳一挂就是好几个月，甚至整个冬天都挂在那儿，姿态仍旧如同幼虫蜕变时一样。旧壳质地坚固，硬如干羊皮，如同蝉儿的替身似的久久地待在那儿。

啊！如果我把我的那些农民乡邻所说的全都信以为真的话，有关蝉儿的故事我可有不少好听的。我就只讲一个他们讲给我听的故事吧，只讲一个。

你受肾衰之苦吗？你因水肿而走路晃晃悠悠吗？你需要治它的特效药吗？农村的偏方在对待这种病上有特效，那就是用蝉来治。把成虫的蝉在夏天里收集起来，穿成一串，在太阳下晒干，然后藏在衣橱角落里。如果一个家庭主妇七月里忘了把蝉穿起来晒干收藏，那她会觉得自己太粗心大意了。

你是否肾脏突然有点炎症，尿尿有点不畅？赶快用蝉熬汤药吧。据说没什么比这更有效的了。以前，我不知哪儿有点不舒服，一个热心肠的人就让我喝过这种汤药，我起先不知道，是事后别人告诉我的。我很感谢这位热心者，但我对这种偏方深表怀疑。令我惊诧不已的是，阿那扎巴①的老医生迪约斯科里德也建议用此偏方，他说："蝉，干嚼吃下，能治膀胱痛。"从佛塞②来的希腊人把蝉和橄榄树、无花果树、葡萄等传授给了普罗旺斯的农民。从此，自那遥远年代起，普罗旺斯的农民便把这宝贵的药材奉若至宝。只有一点有所变化：迪约斯科里德建议把蝉烤着吃；现在，大家把蝉用来煨汤，作为煎剂。

说此偏方可以利尿，纯属幼稚天真。我们这儿人人皆知，谁要想抓蝉，它就立即向谁脸上撒尿，然后飞走。因此，它告诉了我们其排尿的功能，以致迪约斯科里德及其同时代的人便以此为据，而我们普罗旺斯的农民至今仍这么认为。

啊，善良的人们！如果你们获知蝉的幼虫能用尿和泥来建自己的气象站的话，那你们又会怎么想呢？拉伯雷描写道，卡冈都亚③坐在巴黎圣母院的钟楼上，从自己巨大的膀胱里往外尿尿，把巴黎成百上千的闲散的人淹死了，还不包括妇女和儿童，否则人数会更多。你们知道这个故事后，也会信以为真吗？

---

① 阿那扎巴：小亚细亚的一座古城，迪约斯科里德的故乡。

② 佛塞：小亚细亚的一座古城，公元前七世纪时的商业重镇。

③ 卡冈都亚：法国十六世纪著名作家拉伯雷的《巨人传》的主人公。

灰蝗虫

灰蝗虫是欧洲最大的蝗虫，是蝗虫族类中的巨人，九月葡萄收获的季节，在葡萄树上常常可以见到它们的身影。为了长出灵巧而美丽的翅膀，为了获得自由，幼虫强忍剧痛，一步步完成蜕变，让人惊叹不已。

我刚刚看到一件激动人心的事：一只蝗虫在最后蜕皮，成虫从幼虫的壳套中钻了出来。情景壮观极了。我观察的是一只灰蝗虫，是我们蝗虫族类中的巨人，九月葡萄收获季节在葡萄树上常常能见到它。它身体有一指长，所以比别的蝗虫观察起来方便得多。

幼虫肥胖难看，但已初具成虫的模样，通常呈嫩绿色，但也有的是青绿色、淡黄色、红褐色，甚至有的已像成虫的那种灰色了。其前胸呈明显的流线型，并有圆齿，还有小的白点，多疣；后腿已像成年蝗虫一样粗壮有力，饰有红色纹路，长长的小腿上长着双面锯齿。

鞘翅再过几天就将大大超过肚腹，但目前还只是两片不起眼的三角形小羽翼，上端贴在流线型前胸上，下端边缘往上翘起，呈尖形披檐状。鞘翅勉强能遮住裸体蝗虫背部，宛如西服的垂尾，因省料子而剪短不够长，显得十分难看。鞘翅遮盖着的是两条细长小带子，那是翅膀的胚芽，比鞘翅还要短小。总之，很快将成为灵巧漂亮的羽翼，眼下还是两块为节省布料而剪得难看至极的破布头。从这堆破烂玩意儿里将有什么东西跑出来呢？是一对极其宽阔而美丽的翅膀。

咱们先仔细地观察一番事情的经过。幼虫感到自己已经成熟，可以蜕变之后，便用后爪和关节部位抓住网纱。而前腿则收回，交叉在胸前待命，以支持背朝下躺着的成虫翻转身来。鞘翅的鞘——三角形小翼成直角地张开其尖帆；那两条翅膀胚芽的细长小带子在暴露出的间隔处的中央竖起，并微微分开。这样，蜕皮的架势业已摆好，稳稳当当的。

首先必须让旧外套裂开。在前胸前端下部，由于反复一张一缩的缘故，推动力便产生了。在颈部前端，也许在要裂开的外壳掩盖下的全身都在进行着这种一张一缩的反复运动。关节部位薄膜细薄，可以让人一眼看到在这些裸露地方的张缩运动，但前胸中央部位因有护甲挡着就看不出来了。

蝗虫中央部位血液在一涌一退地流动着。血液涌上时宛如液压打桩机一般一下一下地撞击着。血液的这种撞击，机体集中精力产生的这种喷射，使得外皮终于沿着由生命的精确预见而准备好的一条阻力最小的细线裂开。裂缝沿着整个前胸的流线体张开，宛如从两个对称部分的焊接线裂开一样。外套的其他部分都无法挣开，只有在这个比其他部位都薄弱的中间地带裂开。裂缝稍稍往后延伸了一点，下到翅膀的连接处，然后再转到头部，直至触须底部，在此处分成左右短叉。

背部从这个裂口显露出来，软软的，苍白的，稍稍带点灰色。背部在缓慢地拱起，越拱越大，终于全拱出来了。

　　随后头也拱出来了。外壳被撇在原地，完好无损，但两只玻璃状的眼睛已什么也看不见了，样子极怪；触须的套子没有一丝皱纹，也未见任何异样，处于自然状态，垂在这张变成半透明的已无生气的脸上。

　　触须在从这么窄小又裹得如此紧的外套中钻出来时并没有遇到任何阻力，所以外套没有翻转过来，没有变形，连一点儿褶皱都没弄出来。触须的体积与外壳大小一样，而且同样是有节瘤的，可它却并未损坏外壳，却轻易地从中钻了出来，如同一个光滑直溜儿的物件从一个宽大无障碍的管子里滑落出来一般。后腿的抽出也一样轻而易举，且更令人震惊。

　　现在该是前腿和关节部位摆脱臂铠和护手甲的时候了，但也未见有丝毫的撕裂，没有丝毫的褶皱，没有丝毫的自然位置的变异。此时蝗虫只用长长的后腿的爪子抓住网罩。它垂直悬吊着，头冲下，我一碰纱网，它就像钟摆似的摆动起来。它的悬吊支点是四个细小的弯钩。

　　如果这四个弯钩一松，没抓住，这只蝗虫就没命了，因为除了在空中以外，它的巨大翅膀在其他地方是张不开来的。但是，它们抓得牢牢的，因为在它们从外壳中伸出来之前，生命就使它们变得坚硬牢固，能稳稳当当地承受得起随后的从外壳中挣脱的使命。

　　现在鞘翅和翅膀在蜕出。那是四个窄小的破片，隐约可见一些条纹，状如被撕裂的小纸绳，顶多只有最终长度的四分之一。它们软极了，支撑不了自身重量，耷拉在头朝下的身子两侧。翅膀末端无所依靠，本该冲着后部，但现在却冲着倒挂的蝗虫的头部。蝗虫未来飞行器官那副惨相如同原本肉乎乎的四片小叶子被暴风雨打得破败不堪的模样。

　　为了让自己臻于完善，必须进行一项深入细致的工作。这项机体内的工作甚至已经在充分地进行着，也就是把黏液凝固，让不成形的结构定型，但是，从外部丝毫看不出来其内部的这种神秘的实验。外面看上去，蝗虫似乎毫无生气。

　　这期间，后腿摆脱开来。粗大的大腿呈现出来，向内的一侧呈淡粉红色，但很快便变成了鲜艳的胭脂红。后腿出来很容易，把收缩的骨头一伸，道路便畅通无阻了。但小腿就是另一码事了。当蝗虫成为成虫时，整条小腿上竖着两排坚硬锋利的小刺。另外，下部顶端有四个有力的弯钩。这是一把货真价实的锯，有两排平行的锯齿，极其粗壮有力，除了小点而外，真可以与采石工人的大锯相媲美。

　　幼虫的小腿结构相同，因此也是裹在有着同样装置的外套里。每个弯钩都嵌在一个同样的钩壳之中，每个锯齿都与另一个同样的锯齿相啮合，而且咬合得严丝合缝，即使用刷子刷上一层清漆来替代要蜕掉的外壳也不如它们那么紧紧相贴的。

　　然而，胫骨的这把锯子从中蜕出来时却没有让紧贴着外壳的任何地方有一点点损伤。如果我没有一而再再而三地仔细观察，我是不敢相信的。被抛弃的小腿护甲完完整整，毫发未损。无论末端的弯钩还是双排锯齿都没有弄坏一点软嫩的外壳。那外壳细嫩得一口气都能把它吹破似的，但尖利的大耙在其间滑动却未留下一丝的擦伤。

　　我远未想到会是这种情况。我看到那披着刺棘的铠甲时，就以为小腿上的外壳会像死皮似的自己一块块脱落，或者被擦碰掉下。但事实却远非如此，这大出我所料！

　　弯钩和刺棘毫不费力，没有一点阻碍地从薄膜里出来了，可它们却是能让小腿形同一把可锯断软木头的锯子的呀。脱下来的衣服靠在其爪状外皮，钩在网罩的圆顶上，无一丝一毫的褶皱和裂缝，

受精卵

1龄幼虫

2龄幼虫

4龄幼虫

3龄幼虫

5龄幼虫

成虫

用放大镜也没看到有什么硬擦伤。外壳蜕皮前后一模一样。那蜕下的护胫也同那条真腿一样，没有丝毫的差异。

谁要是让我们把一把锯子从贴在其上的极薄的薄膜套里抽出来而又不对薄膜套有丝毫损伤，那我们必然是哈哈大笑，因为这根本就办不到。但生命却嘲弄了这类的不可能。生命在必要时有办法实现荒诞的事情。这一点蝗虫的爪子就告诉了我们。

既然胫骨锯一出套就是那么坚硬，所以紧紧地裹住它的套子不被弄碎它肯定是出不来的。但困难被它绕开来了，因为胫甲是它唯一的悬挂带，必须绝对完好无损，才能给它提供牢固的支撑，直至它完全摆脱出来。

正在努力挣脱的腿还不是能够行走的肢体，它还没有达到随后不久的那种硬度。它非常软，极易弯曲。我对它的蜕皮部分做了实验，我把网罩倾斜，便会看到已经蜕皮部分因受重力影响，随我的意愿在弯曲。呈细小的带状弹性胶质也没什么弹性了。但是，它很快就硬了起来，只几分钟工夫，它便具有了所必需的硬度。再往前些，在外套遮住的我看不见的部分里，小腿肯定要软，处于一种极具弹性的状态，可以说是流体状的，这使得它几乎可以像液体似的从通道中流出来。

小腿上这时已经有锯齿了，但并不像它出来之后那么尖利。的确，我可以用小刀尖给小腿部分地剔去外壳，并拔除被模子紧裹着的小刺。这些小刺是锯齿的胚芽，是柔软的肉芽，稍加外力便会弯曲，外力一除又立刻恢复原状。

这些小刺是向后仰倒以利蜕出，而随着小腿的往外抽出，它们也在逐渐地竖起，变硬。我所观察的不是单纯地把护腿套蜕去，露出在盔甲中已成形的胫骨，而是一种令我惊讶不已的迅速的诞生过程。

　　鳌虾的钳子在蜕皮时把两只手指的嫩肉从硬如石头的旧套中挣脱出来时，情况差不多也是这样，但细腻精确的程度却远不及蝗虫。

　　现在，小腿终于自由了。它们软软地折进大腿的骨沟里，一动不动地成熟起来。肚腹蜕皮了，它那件精细的外套出现了皱纹，在往上蜕去，直至顶端，只有这顶端还在壳内卡了一会儿，除此以外，蝗虫全身都已露在外面。

　　它垂直地吊挂着，头朝下，由现已空了的小腿护甲的钩爪钩住。

　　蝗虫一动不动，后部由破烂衣衫固定着。它的肚子鼓胀得非常之大，看上去像是由储存的机体液汁撑起来的，翅膀和鞘翅很快就要动用这些液汁了。蝗虫在休息，在恢复元气。一直这么等了有二十分钟。

　　然后，只见它脊椎一用力，由倒悬成正挂，用前跗节抓牢挂在头上的旧壳。用脚倒钩高空秋千倒挂着的杂技演员为了正过身来，腰部也没有这么用力的。这么用力的一个翻转之后，其他的就不在话下了。

　　蝗虫依靠自己刚刚抓住了支撑物后，便稍稍往上爬，碰到了罩子的网纱，这网纱恍若在野地里蜕变时所依托的灌木丛。它用四只前爪把自己固定在网纱上。这么一来肚腹末端就完全解脱了，然后又猛地最后一挣，旧壳便掉了下去。旧壳的落下让我颇感兴趣，它使我想起了蝉衣是如何顽强坚毅地顶着凛冽寒风而未从挂住的小树枝上掉下去的。蝗虫的蜕变方式几乎与蝉一模一样。可蝗虫的悬挂点怎么会那么不牢固呢？

　　只要挺身动作没结束，弯钩就牢牢地钩住，而这个动作一做完，似乎全身的一切都动摇了，稍微一动便脱落下来。足见这时的平衡很不稳定，这就再一次显出蝗虫从外套中出来是何等精确无误啊。

我因为找不到更好的术语，所以便用了"挺身"一词，其实这并不完全贴切。"挺身"意味着猛烈，而这个动作中没有猛烈，因为平衡的不稳定的缘故，稍微一用力，蝗虫便会摔下来，一命呜呼，它就会干死在那儿，或者至少它的飞行器官因无法展开而成为一堆破烂。蝗虫并不是硬挣出来，它小心谨慎地从外套中滑动出来，仿佛有一根柔软的弹簧在把它轻轻弹出。

我们再回头看看那些蜕皮之后表面上没有丝毫变化的鞘翅和翅膀吧。它们仍旧残缺不全，几乎像是上面有细竖条纹的小绳头。它们要等到幼虫完全蜕皮并恢复正常姿态之后才会展开。

我们刚才看到蝗虫翻转身子，头朝上了。这种翻身动作足以让鞘翅和翅膀回到正常位置。原先它们极其柔软地因自身重量而弯曲地垂着，自由的一端朝着倒置的头部。

此刻，它们仍旧因自身的重量而姿势被修正，处于正常方向。已不再有弯曲的花瓣，颠倒的位置也调正过来，但这并没使它们那不起眼的外表有任何的改变。

翅膀完全张开时呈扇形。一束轮辐状的粗壮翅脉横贯翅膀，成为可张可缩的翅膀构架。翅脉间，有无数横向排列的小支架层层叠起，使整个翅膀成为一个带矩形网眼的网络。鞘翅粗糙而过小，也是这种网络结构，但网眼是方块形的。鞘翅和翅膀状若小绳头时，都看不出这种带网眼的组织来。上面仅仅是几条皱纹，几条弯曲的小沟，表明这些残废肢体是经精巧折叠使体积达到最小的织物构成的东西。

翅膀的展开是从肩部附近开始的。那儿一开始看不出有什么变化，但很快便现出一块半透明的纹区，有着清晰而美丽的网络。

渐渐地，这块纹区用一种连放大镜都观察不到的缓慢速度在一点点扩张，致使末端那胖得不成形状的东西在相应地缩小。在逐渐扩展和已经扩展的这两部分的相接处，我怎么看也看不出个所以然来：我什么也没看出来，如同我在一滴水中什么也看不出来一样。但是，稍安毋躁，不一会儿那方块网络组织就非常清晰地显现出来了。

根据这初步观察，我们真的会以为一种可以组织成实物的液体突然凝固成带肋条的网络了；我们还会以为眼前的是一种晶体，因其突如其来，颇像显微镜载玻片上的溶化盐似的。其实并非如此，情况不会是这样的。生命在其创作中是没有这种突如其来的。

我折断一个发育了一半的翅膀，用大倍数的显微镜对着仔细观察。这一次，我满意了。在似乎正逐渐结网的两部分的交接处，这个网络实际上已预先存在着。我很清楚地辨别出其中的已经粗壮的竖翅脉；我还看见其中横向排着的支架，尽管它们确实还很苍白且不凸出。我成功地把末端的几块碎片展开来，找到了要找的一切。

这已经证实了。翅膀此刻并不是织布机上由电动梭子生产出来的一块布料，而是一块已经完全织成了的成品布料。它所欠缺的只是展开和刚性，无须费多少事了，这就像熨衣服时用熨斗一熨就成了。

三个多小时过后，鞘翅和翅膀就全部展开来了。它们竖立在蝗虫背上，呈一张大帆状，忽而无色，忽而嫩绿，如同蝉翼一开始那样。联想到它们原先只像是个不起眼的小包袱，如今展开得这么宽大，真令人拍案叫绝。这么多东西怎么在那小包袱里装下去的呀！

小说中说过一粒大麻籽儿里装着一位公主的全套衣裳。而我们这儿所见的是另一粒更加惊人的籽儿。小说里的那粒大麻籽儿为了发芽不断地增长繁殖，最后用了多年的时间才长出办嫁妆所需的那么多大麻来，而蝗虫的这粒"籽儿"，短时间内便长出一对漂亮的大翅膀来了。

这个竖起四块平板来的绝妙大翅膀缓慢地坚硬起来，还增加了色彩。第二天，那颜色便已定型。翅膀第一次折合成一把扇子，贴在自己应在的地方；鞘翅则把外边缘弯成一道钩贴在体侧。蜕变完成了。大灰蝗虫只剩下在灿烂的阳光下使自己更加壮实，使自己的外衣晒成灰色的过程了。让它去享受自己的快乐，我们还是稍稍回头看看。

前面说过，在紧身甲顺着底部中线裂开后不久便从外套中出来的那四个残缺不全的东西，包含着有着翅脉网络的鞘翅和翅膀，这网络即便谈不上完美无缺，但至少整体看来无数细部已经定型。为打开这寒碜的包袱，并让它变成美丽的翅膀，只需让起压力泵作用的机体把储存着为此一时刻而用的液汁注入已准备好的里面去即可，而这一时刻是最为辛劳的时刻。通过这个事先弄好的管道，一股细流便把翅膀给撑开了。

但是，仍旧包裹在外套里的这四片薄纱究竟是个什么情况呢？幼虫翅膀的镘刀、三角翼端是不是一些模具，按照它们那弯曲折叠的皱襞的模样，把包裹着的东西加工定型，从而编织出来的鞘翅和翅膀的网络？

如果我们看到的不是个真正的模具，我们就可以稍稍歇上一歇了。我们会想：用模具铸出来的东西跟凹模一样，这是很简单的。但是，我们脑子的歇息只是表面的，因为我们必然会想，模具那样复杂的结构也得有自己的出处呀！我们也别追得那么深。对我们来说，这一切可能都是两眼一抹黑的。我们就局限在所观察到的情况就行了。

我把一只要蜕变的幼虫的一个翼端放在放大镜下仔细观察。我看到上面有一束呈扇形辐射开来的粗壮翅脉，其间夹杂着另外一些苍白而细小的翅脉。最后，还有许多很短的横线，更加细微，弯成人字形，补足了这个组织。

这就是未来鞘翅的简略雏形。它与成熟了的鞘翅真是有天壤之别！它与似建筑物梁木的翅脉的辐射状布局完全不一样，由横翅脉构成的网络丝毫不像未来的复杂结构。继粗略雏形的是极其复杂的结构，而在粗糙的基础上是臻于完美的。翅膀的翼及其结果，即最终的翅膀也同样是这种情况。

当准备状态和最终状态都呈现在眼前时，就一目了然了：幼虫的小翼并不是按其模样加工材料并按照其凹模来制造鞘翅的简单模具。

不是这样的。所期待的包裹状薄膜还没在这个雏形当中，这个包裹一旦打开，其组织之大、之复杂将会令我们惊讶不已的。或者更确切地说，这个包裹状薄膜就在雏形中，但是处于潜在状态。在成为真正的实物之前，它只是个虚拟形态，但可以变成实物。它存在于雏形之中，就像橡树就存在于橡栗之中一样。

翅膀的镘刀和鞘翅的翼端没有固定着的边缘为一圈半透明的小肉球所包围。经高倍放大镜放大之后，可以看见其中有几个似有似无的未来锯齿的雏形。这很可能是生命将使其物质运动的工地。没有任何可以看得出来的东西使人感觉到那个神奇的网络的存在，我们感觉不到这个网络的每一个网眼将都会有自己明确的形状及其精确的位置。

因此，能使这种可以组织起来的材料具有薄纱状，并让脉序构成一个难以绕出的迷宫，势必有比模具更巧妙更高级的结构，势必有一张标准的平面图，有一个让每一个原子进入规定位置的理想的施工说明书。在材料动起来之前，外形已经明确地勾勒出来，供塑性液流流动的管道也已经铺设好了。我们建筑物的砾石已按照建筑师思考好的施工说明书码放好了；它们先按设想的码放，然后便真正地垒砌起来。

同样，蝗虫翅膀这个从不起眼的外套中挣脱出来的美丽的花边薄翼，让我们知道了有另一位建筑师，它画出了一些平面图，生命则按它们去建造。

生物的诞生方式多种多样，有比蝗虫的诞生更让人惊叹不已的，但是，那都是在不知不觉中进行的，被时间这巨大的帷幕遮盖住了。如果我们不具备持之以恒的精神，那神秘缓慢的进程就会让我们看不到最激动人心的场面。而蝗虫的蜕变却不一样，它快得出奇，所以必须全神贯注，即使你在犹豫也不能放松警惕。

谁要是想看一看生命以多么不可思议的灵巧在工作而又不想枯燥乏味地等候的话，那就去看葡萄树上的大蝗虫好了。种子发芽，叶子舒展，花朵绽放都极其缓慢，我们的好奇心难以得到满足，但葡萄树上的大蝗虫却可以代替之，以了却我们的心愿。我们无法看到小草的缓慢生长，但我们却能十分清楚地观察到蝗虫的鞘翅和翅膀的蜕变过程。

看到这个"大麻籽儿"几个小时就变成了一张漂亮的大帆，真让人惊得目瞪口呆。啊！生命在编织蝗虫的翅膀，真不愧是个能工巧匠，而蝗虫只是那些微不足道的昆虫中的一种而已。老博物学家普林尼谈到它时说道："葡萄树蝗虫在这个刚向我们指出的不为人知的角落里，显示出它是多么强大，多么聪慧，多么完美！"

我听说有一位博学的研究者，他认为生命只不过是物理力和化学力的一种冲突而已，他苦思冥想，希望有一天以人工的方法能获得那种可加以组织的材料，亦即行话所说的"原生质"。如果我有这种能力，我会急于满足这位雄心勃勃的人的。

喏，就这样，你准备好了各种各样的原生质。经过深思熟虑、深入研究、耐心细致、谨慎小心，你的愿望实现了；你从你的实验仪器中提取了一种易于腐败、过几天就发臭的蛋白质黏液，总之，是一种脏得很的玩意儿。你将如何处置你的产品？

你将把它组织起来吗？你将给它以活的建筑结构吗？你将用一种注射器把它注入两片不会搏动的薄片中间去，以获取哪怕是一只小飞虫的翅膀？

蝗虫几乎就是按这种方法干的。它把它的原生质注入小翅膀的两个胚层之间，材料也就在其间变成了鞘翅，因为它在那儿有我们前面所说的原型作为指引。它在自己行程的迷宫中按照先于它存在那儿的并且已制定好的施工说明书行动。这种对形状进行协调的原型，这个事先存在的调节物，你的注射器里有吗？没有。所以说你就把你的产品扔掉了吧。生命是绝不会从这种化学垃圾中迸发出来的。

大孔雀蝶

大孔雀蝶是欧洲最大的蝴蝶，它们一生中唯一的目的就是找配偶，因此它们具备了一种奇妙的天赋，能够飞过长距离，穿过黑暗，越过障碍，发现自己的意中人。大孔雀蝶到底具有怎样的能力能够在千里之外，越过重重障碍寻找到那只雌性蝶的呢？

这是一个难忘的晚会。我将把它称作大孔雀蝶晚会。谁不认识这美丽的蝴蝶？它是欧洲最大的蝴蝶，穿着栗色天鹅绒外衣，系着白色皮毛领带。翅膀上满是灰白相间的斑点，一条淡白色之字形线条穿过其间，线条周边呈烟灰白，翅膀中央有一个圆形斑点，宛如一只黑色的大眼睛，瞳仁中闪烁着黑色、白色、栗色、鸡冠花红色等呈彩虹状的变幻莫测的色彩。

它的体色模糊泛黄的毛虫也同样美丽好看。它那稀疏地环绕着一圈黑纤毛的体节末端，镶嵌着青绿色的珍珠。它那粗壮的褐色茧形状极其奇特，口部状如渔民的捕鱼篓，通常紧贴在老巴旦杏树根部的树皮上。这种树的树叶是其毛虫的美味食物。

五月六日那天早上，一只雌性大孔雀蝶在我面前的实验室桌子上破茧而出。它因孵化时的潮湿而浑身湿漉漉的，我立即用金属网罩把它罩了起来。我也是灵机一动才这么做的，因为我还没有针对它的特殊安排。我只是凭着观察者的简单习惯，把它关了起来，时刻密切注意可能会出现的情况。

我运气很好。晚上九点钟光景，全家人都躺下睡觉了，我隔壁房间乱糟糟的一阵响动。小保尔没怎么穿衣服，来回走动，又蹦又跳，跺脚踢物，弄翻椅子，简直像疯了似的。只听见他在喊我。"快来呀，"他在大声喊叫，"快来看这些蝴蝶呀，像鸟儿一样大！房间里都飞满了！"

我赶忙奔过去。一看，怪不得孩子会那么兴奋，那么乱喊乱叫。那是从未发生过的擅闯民宅，是巨大的蝴蝶的入侵。有四只已经被抓住，关进了麻雀笼里。还有大量的都在天花板上飞来飞去。

见此情景，我立刻想起了早晨被我关起来的那只雌性大孔雀蝶来。"快穿上衣服，孩子，"我对儿子说，"把你的笼子放那儿，跟我走。咱们去看看稀罕玩意儿。"

我们再往下走，来到住宅右翼我的实验室。在厨房里时，我碰见保姆，她也被眼前发生的事弄得惊愕不已。她在用她的围裙驱赶一些大蝴蝶，一开始她还以为是蝙蝠呢。

看起来，大孔雀蝶已经差不多把我的住宅全都占据了。这肯定是那只被囚雌性大孔雀蝶引来的，它周围的那方天地会成什么样儿了呀！幸好，实验室的两扇窗户有一扇是开着的，道路通畅。

我们手里拿着一支蜡烛，冲进了房间。我们第一眼所见简直是终生难忘。一群大蝴蝶轻拍着翅膀，围着钟形罩飞舞，落在罩子上，忽而又飞走，然后又飞回来，再飞向天花板，继而又飞下来。它们扑向蜡烛，翅膀一扇，蜡烛灭了。它们又扑向我们肩头，钩住我们的衣服，轻擦着我们的面孔。这屋子简直成了一个巫师招魂的秘窟，成群的蝙蝠在飞舞。为了壮胆，小保尔紧攥住我的手，比平时用力得多。

它们有多少只呢？将近二十来只。再加上误入厨房、孩子们的卧室和其他房间的，总数将有四十来只。我要说，这是一次难忘的晚会，一次大孔雀蝶的晚会。它们不知是如何得知消息的，从四面八方赶来。其实，那是四十来个情人，急不可耐地赶来向今晨在我实验室的神秘氛围中诞生的女子致意。

今天，我们就别再多打扰这一大群追求者了。蜡烛的火焰伤着了这群来访者，它们冒冒失失地向火上扑去，烧着了点身子。明天我将用一份事先拟订的实验问卷再来进行这项研究。

现在，我们先来整理一下思路，来谈谈我观察的这一个星期里的所有情景中重复见到的情况。每次都发生在晚上八点到十点之间，蝴蝶们是一只一只飞来的。这是暴风雨的天气，天空乌云翻滚，一片漆黑，花园里、露天地、树丛内，伸手不见五指。

对于这些到访者来说，除了这漆黑之夜以外，住所也难以进入。房屋掩映在一些高大的梧桐树下，屋前像外前厅似的是一条两边长着厚厚的丁香和玫瑰树篱的甬道，屋前还有丛丛松树和杉柏帷幕在抵挡凛冽的西北风的侵袭。大门不远处还有一道小灌木丛形成的壁垒。大孔雀蝶要赶到朝圣地就必须在漆黑的夜晚穿越这杂乱的树枝屏障，左冲右突，迂回前进。

在这样的情况下，猫头鹰都不敢离开它那油橄榄树的巢穴贸然闯入。而大孔雀蝶装备精良，长着多面的小光学眼睛，比大眼睛的猫头鹰技高一筹，敢于毫不迟疑地勇往直前，并顺利通过，没有发生碰撞。它迂回曲折地飞行着，方向掌握得非常之好，所以尽管越过了重重障碍，抵达时仍精神抖擞，大翅膀没有丝毫的擦伤，完好无损。对于它来说，黑夜中的那点光亮已足够了。

即使认为大孔雀蝶具有某些普通视网膜所没有的特殊视觉，那这种异乎寻常的视觉也不会是通知在远处的它飞来这里的东西。远隔着的距离和其间的遮挡物肯定使这种视觉起不了这么大的作用。

再说，除非有迷惑性的光的折射——这儿并不是这种情况——大孔雀蝶会直扑所见到的东西的，因为光线的指引是非常准确的。不过大孔雀蝶有时也会出错，但错的不是要走的大方向，而是引诱它前去的所发生事情的确切地点。我刚才说过，孩子们的卧室是在此时此刻到访者们的真正目的地——我的实验室的对面，在我们秉烛闯入之前，已经被一群蝴蝶占据了。它们肯定是因情急搞错了。在厨房里也是一样，也有一群满腹狐疑的蝴蝶，因为在厨房里有一盏灯，挺亮，对于夜间活动的昆虫来说是一种无法抗拒的诱惑，所以它们可能因此而迷了路。

我们只考虑黑暗的地方吧。在这种地方迷失方向者也不在少数。我在它们要前往的目的地附近几乎到处都发现一些。因此，当被囚雌性大孔雀蝶身陷我的实验室时，蝴蝶们并不是全都从那个直接而可靠的通道——开着的窗户——飞进来的，那通道离钟形罩下的女囚只不过三四步远。有不少是从下面飞进来的，它们在前厅四处乱窜，顶多飞到了楼梯口，可那是一条死路，上面有一个门关着，进不去的。

这些情况说明，赶来求爱的大孔雀蝶们并没有像普通光辐射告诉它们之后它们所做的那样（这些光辐射是我们的身体能感觉到或不能感觉到的），直奔目标飞来。另有什么东西在远处告诉它们，把它们引到确切地点附近，然后让最终的发现物处于寻找和犹豫的模糊状态之中。我们通过听觉和味觉获得的信息差不多也是这种情况，当必须准确地弄清声音或气味的来处时，听觉或味觉却是很不准确的。

发情期的大孔雀蝶夜间朝圣时究竟是靠什么样的信息器官呢？人们怀疑它们的触角。雄性大孔雀蝶的触角似乎确实是用它们那宽阔的羽状薄翼在探测。这些美丽的羽饰只是一些普通的服饰呢，还是也起着一种引导求爱者找寻气味的作用呢？似乎不难进行一个带结论性的实验。咱们不妨来试一试。

入侵发生的翌日，我在实验室里找到了头天夜袭的访客中的八位。它们在关着的那第二扇窗户的横档上盘踞着，一动不动。其他的在一番飞舞尽兴之后，于晚上十点钟光景从进来的那个通道，也就是日夜全都敞开着的那第一扇窗户飞走了。这八只坚忍不拔者正是我要做的实验所必需的。

我用小剪刀从根部剪掉大孔雀蝶的触角，但并未触及它们身体的其他部位。它们对这种手术并未有什么反应。谁都没有动，只不过稍稍抖动了一下翅膀。手术非常成功，伤口似乎不怎么严重。被剪去触角的大孔雀蝶没有疼得乱飞乱舞，这对我的实验计划是最好不过的了。一天结束了，它们一直静静地一动不动地待在窗户的横档上。

余下要做的还有另外几项事情。特别是当被剪去触角的大孔雀蝶在夜间活动时，应给女囚换个地方，不让它待在求爱者们的眼皮底下，以保证研究的成果。因此，我把钟形罩和女囚搬了家，把它放在地上，在住宅另一边的门廊下，离我的实验室有五十来米。

夜幕降临，我最后一次查看了一下我那八只动过手术者。有六只已经从敞开着的那扇窗户飞走了；还留下两只，但是已经摔在了地板上，我把它们翻过来，仰面朝天，它们都没有力气翻转身子了。它们已精疲力竭，奄奄一息。可别责怪我的手术不好。即使我不用剪刀剪去它们的触角，它们照样会衰老垂危的。

那六只大孔雀蝶精力充沛，已经飞走了。它们还会飞回来寻找昨天引它们飞来的诱饵吗？它们没有了触角，还能找得到现已移往别处、离原先的地点挺远的那只钟形罩吗？

钟形罩放在黑暗之中，几乎是在露天地里。我时不时地拿着一只提灯和一个网跑过去看看。来访者被我捉住、辨认、分类，并立即在我关上了门的相邻的一间屋子里放掉。这样做可以精确地计数，免得同一只蝴蝶被计算上好几次。另外，这临时的囚室宽敞空荡，绝不会损伤被捉住的蝴蝶，它们在囚室里会觉得很安静，而且有很大的空间。在我以后的研究中，我也将采取类似的安全措施。

十点半钟，再没有到访者了，实验结束了。捉住的一共是二十五只雄性，只有一只是失去触角的。昨天被动过手术的那六只大孔雀蝶，身强力壮，得以飞出我的实验室，回到野外，其中只有一只回来寻找那只钟形罩。如果必须肯定或者否定触角的导向作用，那我尚不敢信任这种收获不大的结果。让我们在更大的范围内再做一番实验吧。

第二天早上，我去查看头一天被捉住的俘虏们。我看到的情况并不令人鼓舞。有许多都落在地上，几乎没有了生气。我把它们用手指夹住时，有几只只是略微有点生命的气息。这些瘫痪了的囚徒还能有什么用处？咱们还是试一试吧。也许到了寻欢求爱的时刻，它们又会恢复生气的。

有二十四只新来的接受了截去触角的手术。先前被剪去触角的那一只被剔除了，因为它差不多已奄奄一息了。最后，在这一天剩余的时间里，监狱的大门是敞开的，谁想飞走就飞走，谁想去赴盛大晚会就去参加吧。为了让飞出去的接受实验，它们在门口必然会遇见的那只钟形罩又被挪了地方。我把它放置在一楼对面那一侧的一个套间里。当然，这个房间进出是自由的。

这二十四只被剪去触角者中，只有十六只飞到了外面。有八只已精疲力竭，不多久就会死在这儿。飞走的那十六只中，有多少只晚上会回来围着钟形罩飞舞呢？一只也没有。第二晚我只逮着七只，全都是新飞来的，也全都是羽饰完整的。这一结果似乎表明剪去触角是较为严重的事。不过，我们还是先别忙着下结论：还有一个疑点，而且是很重要的疑点。

"瞧我这副德性吧！我还敢在别的狗面前露面吗？"刚被别人无情地割掉两只耳朵的小狗莫弗拉说。我的蝴蝶们会不会有小狗莫弗拉同样的担忧？一旦失去美丽的装饰，它们就不再敢出现在其情敌们面前向雌性示爱吗？这是它们的惶恐吗？是它们少了导向器的缘故吗？是不是因为久等而未能如愿所致，因为它们的狂热是短暂的？实验将解答我们的疑问。

第四天晚上，我捉到十四只蝴蝶，全都是新来者，我逐个地把它们关在一间房间里，它们将在里面过夜。第五天，我趁它们习惯于昼间歇息不动之际，把它们前胸的毛拔掉少许。拔去这么一点点毛对昆虫无伤大雅，因为这种丝质的下脚毛很容易长出来，所以不会伤及它们在要回到钟形罩前的时刻到来时所必需的器官的。对于这些被拔毛者这算不了什么，可对于我来说，这将是我识别谁来过谁是新来者的重要标记。

这一次没有出现精疲力竭、无法飞舞者。入夜，十四只被拔毛者飞回野外去了。当然，钟形罩又挪了地方。两个小时里，我逮住二十只蝴蝶，其中只有两只是拔过毛的。至于前天晚上被剪去触角的大孔雀蝶，一只也没有出现。它们的婚期结束，彻底结束了。

在有拔过毛标记的十四只中，只有两只飞回来了。其他的十二只虽然有着所推测的导向器，有着它们的触角羽饰，但为什么没有回来呢？另外，在囚禁了一夜之后，为什么总是有那么多被证实为体力不支者呢？对此我只有一个回答：大孔雀蝶被强烈交尾的欲望迅速地耗得精疲力竭。

大孔雀蝶为了结婚这个它生命的唯一目的，具备了一种奇妙的天赋。它能飞过长距离，穿过黑暗，越过障碍，发现自己的意中人。两三个晚上的时间里，它用几个小时去寻觅，去调情。如果不能遂愿，一切全都完了：极其准确的罗盘失灵了，极其明亮的灯火熄灭了。那今后还活个什么劲儿呀！于是，它便缩到一个角落里，清心寡欲，长眠不醒，幻想破灭，苦难结束。

大孔雀蝶只是为了代代相传才作为蝴蝶生存的。它对进食为何事一无所知。如果说其他的蝴蝶是快乐的美食家，在花丛间飞来飞去，展开其吻管的螺旋形器官，插入甜蜜的花冠的话，那大孔雀蝶可是个没人可比的禁食者，完全不受其胃的驱使，无须进食即可恢复体力。它的口腔器官只是徒具形式，是无用的装饰，而非货真价实、能够运转的工具。它的胃里从未进过一口食物：如果它不是活不长的话，这可是个绝妙的优点。灯若想不灭就必须给它添油。大孔雀蝶则拒绝添油，不过它也就因此而活不长。只两三个晚上，那正是配对交欢最起码的必需时间，这就是一切：大孔雀蝶也就寿终正寝了。

那么失去触角的大孔雀蝶一去不复返又是怎么回事呢？它们是否在证明没有了触角就无法再找到那只女囚在等候它们的钟形罩呢？绝对不是。如同被拔掉毛身体受损但却安然无恙的昆虫一样，它们也是在宣告自己的寿命已经终结了。它们无论被截肢还是身体完整者，现在皆因年岁大的缘故而派不上用场了，它们的存在与否已无意义。由于实验所必需的时间不够，我们未能了解到触角的作用。这种作用先前让人摸不着头脑，今后仍旧是一个疑团。

　　我囚禁在钟形罩下的那只雌性大孔雀蝶存活了八天。它根据我的意愿，每晚在居住处的一隅或另一处，为我引来数目不等的一群造访者。我用网随到随捕，然后立即把它们关进封闭的房间，让它们过夜。第二天，它们起码要在喉部剪掉些羽毛，以做标记。

　　来访者的总数在这八天当中高达一百五十只，考虑到今后两年为了继续这项研究必需的资料，我所要费劲乏力地去寻找这种活物的话，这个数目可真让人瞠目结舌。大孔雀蝶的茧在我住所附近虽说并非找不到，但至少是十分罕见，因为其毛虫的栖息地老巴旦杏树并不太多。那两年的冬天，我对这些衰老的树全都一一检查过，翻查它们那藏于一堆杂乱的木本植物中的树根，可我有多少次都是无功而返，空手而回呀！因此，我的那一百五十只大孔雀蝶是从远处，从很远的地方，也许是从方圆两公里以外或更远的地方飞来的。它们是如何获知我实验室里的情况而纷纷前来的呢？

　　有三个信息因子是易感性的决定条件：光线、声音和气味。大孔雀蝶从敞开的窗户飞进来之后，视觉在指引着它，但仅此而已。但在进来之前，在外面那未知的环境中则不然！说大孔雀蝶具有猞猁那种穿墙视物的视觉是不足以说明问题的，还必须解释为什么它有一种敏锐的视觉，能够神奇地看见几公里之外的东西。这个问题太大太难，咱们别去讨论了。

　　声音同样与此无关。胖胖的雌性大孔雀蝶虽能够从很远的地方招引来情人，但它是静默无语的，连最敏锐的耳朵也听不见它的声音。说它春心萌动，激情颤抖，也许可以用高倍显微镜观察得到，严格地说，这是可能的。但是，我们不要忘了，到访者应该是在很远的距离之外，在数千米之外获得信息的。在这种情况下，我们就别去考虑声学的因素了，否则的话，就无宁静可言，周围一定是乱哄哄一片。

剩下的就是气味了。在感官范畴内，气味的散发比其他的东西可以说更能解释为什么蝴蝶们会稍作迟疑之后便纷纷前来追逐吸引它们的那个诱饵。是否确实有这么一种类似于我们称之为气味的散发物呢？这种散发又是极其难以发觉的，是我们所感觉不到可又能让比我们的嗅觉更敏锐的嗅觉感觉出来。得做一个实验，这实验极其简单，就是把这些散发物掩藏起来，用气味更大更浓烈而经久的一种气味压住它们，成为主导气味，这样一来，微弱的气味就几乎不存在了。

我事先在晚上雄性大孔雀蝶将被招来的那个屋子里撒了点樟脑。另外，在钟形罩下，在雌性大孔雀蝶旁边我也放了一只装满樟脑的宽大圆底器皿。大孔雀蝶来访的时刻来到时，只需待在房间门口就能闻到这股子樟脑味儿。我的巧计未能奏效。大孔雀蝶们像平时一样，如约而至；它们闯入房间，穿越那股浓烈的气味，像在没有气味的环境中一样，方向准确地向钟形罩飞去。

我对嗅觉能否起作用已产生了疑惑。再说，我现在也无法继续实验了。第九天，我的女囚因久等无果已精疲力竭，把未能孵出幼虫的卵下在钟形罩的金属纱网上之后死去了。没了雌性大孔雀蝶，也就无事可做，只好等到明年再说。

这一次，我将采取一些预防措施，储备了充足的必需品，以便如我所愿地重复已经做过的和我考虑要做的实验。说干就干，不必拖延了。

夏日里，我以每只一个苏的价格买了一些大孔雀蝶毛虫。我的几个邻居小孩——我日常的供货者们——对这种交易十分起劲儿。每个星期四，他们在摆脱那令人生厌的动词变位的学习之后，便跑到田间地头，不时地会找到一条大毛虫，用小棍子尖端挑着给我送来。这帮可怜的小鬼不敢碰毛虫，当我像他们抓熟悉的蚕时那样用手指捉住毛虫时，他们都吓呆了。

我用老巴旦杏树枝喂养我昆虫园中的大孔雀蝶毛虫，不几天便有了一些优等的茧。到了冬天，我在老巴旦杏树根部一丝不苟地寻找，获得不少的成果，补足了我的收集物。一些对我的研究感兴趣的朋友跑来帮我。最后，通过精心喂养，四处搜寻，求人代捉，虽身上被荆条划得伤痕累累，但却有了不少的茧，其中有十二只较大较重的是雌性的。

失望一直在等待着我。五月来临，这是个气候变化无常的月份，把我的心血化为乌有，使我痛心疾首，愁苦不堪。说话间又到了冬季。寒风凛冽，吹掉了梧桐树的新叶，落满一地。这是天寒地冻的腊月，晚上必须生上旺火，穿上已经脱去的厚厚的冬衣。

我的大孔雀蝶也饱受煎熬。卵孵化得晚了，孵出来一些迟钝呆滞的家伙。在一只只钟形罩里，雌性大孔雀蝶根据出生先后，今天一只明天一只地住了进去，可是很少或者压根儿就没有外面飞过来探望的雄性大孔雀蝶。在附近倒是有一些，因为我收集的长着漂亮羽饰的实验用雄性大孔雀蝶，一旦孵化出来，辨认清楚之后便会立即关进园子里。它们不管离得远的还是就在附近的，都很少飞过来，而且即使来了也无精打采的。

也许低温也对提供信息的气味散发物有很大的影响，而炎热则可能有利于气味的散发。我这一年的心血算是白费了。唉！这种实验真难呀，它受到季节变换的快慢和反复无常的制约！

我又开始进行第三次实验。我喂养毛虫，到田野里去寻找虫茧。到了五月份，我已经收集了不少。季节很好，符合我的要求。我又见到了一开始导致我进行这种研究的那次令人振奋的大孔雀蝶入侵的盛况。

每天晚上都有大孔雀蝶飞来，有时十一二只，有时二十多只。雌性大孔雀蝶肚腹鼓鼓的，紧贴在钟形罩的金属网上。它毫无反应，甚至连翅膀都没颤动一下。它好像对周围所发生的事情无动于衷。我家人中嗅觉最灵敏的也没有嗅出什么气味来，我家亲朋中被拉来做证的听觉最敏锐的也没听见任何响动。那只雌性大孔雀蝶一动不动地、屏息凝神地在等待着。

雄性大孔雀蝶三三两两地扑到钟形罩圆顶上，绕着飞来飞去，不停地用翅尖拍打着圆顶。它们之间没有因争风吃醋而发生打斗。每只雄性大孔雀蝶都在尽力地想闯入钟形罩，看不出对其他的献殷勤者有任何的嫉妒。徒劳地尝试一番之后，它们厌倦了，飞走了，混入正在飞舞着的蝶群中去。有几只绝望者从那扇敞开的窗户飞走了，一些新来者替代了它们；而在钟形罩的圆顶上，直到十点钟左右，不断地有蝴蝶尝试闯入，随即失望而去，随即又有新来者代替之。

钟形罩每天晚上都要挪挪地方。我把它放在北边或南边，放在楼下或二楼，放在住所右翼或左翼五十米开外，放在露天地里或一间僻静小屋的暗处。这一番神不知鬼不觉的突然搬来搬去，如果不知情者想找可能都找不着，但是却一点儿也没骗过蝴蝶们。我的时间与心思全白费了，没有迷惑住它们。

这里并不是对地点的记忆在起作用。譬如头一天晚上，那只雌性大孔雀蝶被放置在住所的某间房间里。羽饰美丽的雄性大孔雀蝶飞到那儿舞了两个小时，甚至还有一些在那儿过了一夜。第二天，日落时分，当我转移钟形罩时，雄性大孔雀蝶都在外边。尽管寿命转瞬即逝，但新来者仍有能力进行第二次、第三次的夜间远征。这些只能存活一日的家伙首先将飞往何处？

　　它们了解昨夜幽会的确切地点。我还以为它们将凭着记忆回到那儿去；而在那儿发现人去楼空时，它们将飞往别处继续追寻。但并不是这么回事：与我的期盼恰恰相反，根本就不是这样的。它们谁也没有再出现在昨晚一再光顾的地方，谁都没在那儿做过短暂逗留。此地已看出是没有人烟了，记忆似乎并没有事先向它们提供任何情报。一个比记忆更加可靠的向导把它们召唤去了另外的地方。

　　在此之前，雌性大孔雀蝶一直公开地待在金属网眼上。那些到访者在漆黑的夜晚目光仍是敏锐的，它们凭借那对我们而言简直如同漆黑的夜色的一点微光是能够看见那只雌性大孔雀蝶的。如果我把雌性大孔雀蝶关进不透明的玻璃罩中，那会出现什么情况呢？这种不透明的玻璃罩难道就不能让提供信息的气味自由散发或完全阻止它散发吗？

　　今天，物理学使我们能够发明利用电磁波的无线电报了。大孔雀蝶在这个方面是不是可能超越了我们？为了激跃周围的雄性大孔雀蝶，通知几公里以外的求爱者，刚刚孵化出来的适婚雌性大孔雀蝶难道已拥有已知的或未知的电波和磁波吗？这种电波、磁波难道会被某种屏障隔断而被另一种屏障放行吗？总而言之一句话，它是不是会按照自己的方法利用某种无线电呢？我觉得这并没有什么不可能的。昆虫是这种高级发明的强者。

　　于是，我把雌性大孔雀蝶放在不同材质的盒子里。有白铁的、木质的、硬纸壳的。全都关得严严实实，甚至还用油性胶泥给封上。我还用了一只玻璃钟形罩，摆放在一小块玻璃的绝缘柱上。

　　在这种严密封闭的条件下，没有飞来一只雄性大孔雀蝶，一只也没有，尽管晚上既凉爽又安静，环境宜人。无论是什么材质的——

金属的、玻璃的、木质的还是硬纸壳的——密封盒，都使传递信息的气味物无法散发出去。

一层两横指厚的棉花层也产生同样的效果。我把雌性大孔雀蝶放进一只很大的短颈大口瓶里，用棉花盖上瓶口，扎紧。这足可以使周围的雄性大孔雀蝶无法知晓我实验室的秘密了。一只雄性大孔雀蝶都没有露面。

反之，我们把盒子不密封，让它微微开着点，再把这些盒子放进一只抽屉里，装进大衣橱中，但尽管这么藏了又藏，雄性大孔雀蝶仍然蜂拥而来，多得就像明显地把钟形罩放在一张桌子上时一样。女囚被放在帽盒里，裹进一只关好的壁橱等待着的那个晚上的情景至今仍历历在目。雄性大孔雀蝶们扑向壁橱门，用翅膀扑打着，啪啪连声，想闯进去。这些过路的朝圣者，也不知从何处飞进田野来到此处，它们非常清楚门后面藏着什么。

因此，任何类似无线电报的通信手段都无法接受，因为一道屏障无论是好导体还是坏导体，一经出现便立即阻断了雌性大孔雀蝶的信号。为了让信号畅通无阻，传得很远，必须具备一个条件：囚禁雌性大孔雀蝶的囚室不能关得严丝合缝，密不透风，要让内外空气相通。这又使我们回到了存在一种气味的可能性上，但那是经我用樟脑所做的实验给否定了的。

我的大孔雀蝶的茧业已告罄，但问题仍然没有弄个一清二楚。我第四年还要继续搞下去吗？我放弃了，原因如下：如果我愿跟踪观察一只大孔雀蝶夜间婚礼中的亲昵举动，那是颇为困难的。献殷勤的雄性为达到目的肯定是无需亮光的，但我那人的微弱视力，夜间无亮光是看不见什么的。我起码得点上一支蜡烛，但又常常被飞舞的群蝶给扇灭了。提灯倒是可以免此烦恼，但是它光线昏暗，又会出现阴影，根本无法让你看得清清楚楚。

还不光是这一点。灯的亮光还会把蝴蝶从它们的目标引开，使之无法成其美事，而且照得太久，还会严重影响整个晚会的成功。来访者一飞进屋内，便疯狂地扑向火光，烧坏身上的绒毛，而且，从今以后因为被烧伤而惊慌失措，就无法用来取证了。如果它们没有被烧着，被隔在玻璃罩外面，落在火光旁边，便会像是被施了魔法似的，不再动弹。

一天晚上，雌性大孔雀蝶被放置在餐厅的一张桌子上，正对着敞开着的窗户。一盏煤油灯点着，灯上装有一个搪瓷的宽大灯罩，吊挂在天花板上。一些来访者落在钟形罩的圆顶上，在女囚面前急不可耐的样子，另外的一些来访者，飞过女囚室时略微致意一番，便向煤油灯飞去，盘旋片刻之后，被搪瓷灯罩的反射光照得迷迷糊糊的，便贴在灯罩下面一动不动了。孩子们已经伸手要去捉它们了。"别动，"我说，"别动。别惊扰它们，别搅扰这些前来光明圣体龛朝圣的客人们。"

整个晚上，它们全都没有动弹过。第二天，它们仍留在原地。对亮光的迷恋使它们忘掉对爱情的陶醉。

面对这样的一些迷恋亮光的家伙，精确而长久的实验是无法进行的，因为观察者需要照明。我放弃了对大孔雀蝶及其夜间婚礼的观察。我需要一只习性不同的蝴蝶，它得像大孔雀蝶一样勇敢地奔赴婚礼幽会，但又能在白天行房。

在用一只满足上述条件的蝴蝶进行研究之前，暂时先别顾及时间的先后次序，说几句我结束研究之前飞来的最后一只蝴蝶的事。那是一只小孔雀蝶。

别人不知从哪儿给我弄来一只很棒的茧，裹着一个宽大的白色丝套。从这个不规则的大褶皱的丝套中，很容易抽出一只外形似大孔雀蝶茧但体积要小一些的茧来。丝套端口用松散但又聚集的细枝结成网状，可出而不可进，我一眼便可看出那是一只夜间活动的大孔雀蝶的同类。丝套上有编织者的名号。

果然，三月末，圣枝主日那一天的清晨，那只茧孵出一只雌性小孔雀蝶，我立刻把它关进实验室的钟形金属网里。我打开房间的窗户，好让这件大事传布到田野中去，而且必须让可能前来的探访者自由进入房间。被囚的这只雌蝶贴在金属网纱上，一个星期都没再动一动。

我的小孔雀蝶女囚美丽极了，一身呈波纹状的褐色天鹅绒华服，上部翅膀尖端有胭脂红斑点，四只大眼睛，宛如同心月牙，黑色、白色、红色和赭石色混在一起。如果不是色泽那么发暗的话，几乎就是大孔雀蝶的装饰。这种体形和服饰如此华美的蝴蝶，我一生中只见到过三四次。我昨天见了茧，但从未见到过雄性蝶。我只是从书本上知道雄性比雌性要小一半，体色更加鲜艳，更加花枝招展，下部翅膀呈橘黄色。

我还不了解的陌生贵客、羽饰漂亮的雄蝶，它会飞来吗？在我们周围这一片似乎很少见到它的。在它那遥远的藩篱墙中，它能得知那只适婚雌蝶在我实验室的桌子上正等待着它吗？我敢保证它会前来的，而且我错不了的。瞧，它来了，甚至比我预料的还早到了。

晌午时分，我们正要吃午饭，因心悬可能会出现的情况尚未来用餐的小保尔，突然跑到饭桌前，面颊红彤彤的。只见一只漂亮的蝴蝶在他的指间扑扇着翅膀，它正在我实验室对面飞舞时，被小保尔一下子捉住了。小保尔递过来给我看，以目光询问我。

"哇！"我说，"正是我们等待着的朝圣者呀。先别吃了，赶快去看看是怎么回事。回头再吃吧。"

因奇迹的出现，午饭都给忘了。雄性小孔雀蝶令人难以置信地按时被女囚给神奇地召唤来了。它们艰难曲折地飞翔，终于一只接一只地飞来了，它们都是从北边飞过来的。这个情况很有价值。的确，乍暖还寒已经一个星期了。北风呼啸，吹落了老巴旦杏树新绽开的花蕾。这是一场凶猛的风暴，通常在我们这里是预示着春天不远了。今天，气候突然转暖，但北风依然在呼啸着。

在这段时间的陡变的天气中，飞来找那只雌小孔雀蝶的所有雄小孔雀蝶全都是从北边飞到我的拘蝶园中的；它们是顺着气流飞的，没有一只是逆流而来的。如果它们有与我们相似的嗅觉作为罗盘，如果它们是受分解于空气中的有味道的微粒指引的，那它们就应该是从相反的方向飞来才对。如果它们是从南边飞来的，我们就会认为它们是闻到风吹来的气味才找到地方的；在北风呼啸，空气吹净，什么味道也闻不到的天气里，从北边飞来，怎么可能假定它们在很远的地方就嗅到了我们所说的气味呢？我觉得有气味的分子不可能会顶着强风传给它们。

两个小时中，在阳光灿烂之下，来访的雄小孔雀蝶们在我的实验室门前飞来飞去。其中大部分都在一个劲儿地寻来觅去，或撞墙欲入，或掠地而过。见它们如此犹豫不决，我想它们是因找不到引它们飞来的那个诱饵的确切位置而十分着急。它们从老远飞来，没有弄错方向，可到了地方却又拿不准确切地点了。不过，它们迟早会飞进屋内去向女囚致意的，但也不会恋战。下午两点钟时，一切便结束了。一共飞来了十只雄小孔雀蝶。

整整一个星期，每当中午时分，阳光极其明亮时，一些雄小孔雀蝶便会飞来，但数量在减少。前后加起来一共将近有四十只。我觉得无须重复实验了，因为不会给我已知的情况再添加点资料了，所以我只是在注意两个情况。首先，小孔雀蝶是昼间活动的，也就是说它们是在光天化日之下举行婚礼的。它们需要充足明亮的阳光。而与它成虫的形态和毛虫的技艺相近的大孔雀蝶则完全相反，需要日暮天黑之后。这种相反的习性谁有本事解释清楚谁就去解释吧。

其次，一股强气流从相反方向吹散能够给嗅觉提供信息的分子，但却不会像我们的物理学所假设的那样，阻止小孔雀蝶飞抵有气味的气流的相反的一面。

为了继续研究，我们需要的是夜间举行婚礼的大孔雀蝶，而不是小孔雀蝶。后者出现得太晚了，而我并没有在研究它。我需要的是大孔雀蝶，不管是什么样的，只要它在婚庆时行房敏捷能干即可。这种大孔雀蝶，我能获得吗？

小阔条纹蝶

小阔条纹蝶，又称橡树蛾、布袋小修士。它是一年生动物，春生秋死。小阔条纹蝶和大孔雀蝶的雌蝶都是通过发散出某种气味来吸引雄蝶的。它们的婚礼是大型狂欢仪式——雌蝶会吸引大量雄蝶不远万里飞来，围着自己翩翩起舞，寻找机会交配。

是的，我将能得到它；我甚至已经得到它了。一个七岁的男童，脸上透着灵气，但并不每天洗脸，他光着脚，短裤破烂，用一条带子系着，他每天都给我家送萝卜和西红柿。一天早晨，他提着蔬菜篮子来了，收下了我给的蔬菜钱，放在手心里一枚一枚地数着那几枚他母亲期盼的苏，然后便从口袋里掏了一件东西，是他头天沿着一个藩篱捡拾兔草时发现的。

"还有这个，"他把那东西递给我说，"这个您要不？""要呀，我当然要。你想法再给我找一些，你找到多少我要多少，而且我答应你每个星期天带你去玩旋转木马。喏，我的朋友，这是两个苏，给你的。把这两个苏单放，别同萝卜钱混在一起，免得向你妈报账时报不清楚。"我的这位头发乱蓬蓬的小家伙看到这么多钱简直开心极了，隐约感到自己要发大财了。

他走了之后，我仔细地观察着那个东西。这东西值得花气力去寻找。那是一个漂亮的茧，呈圆盾形，使人很容易联想到蚕房里的蚕茧，它很坚硬，呈浅黄褐色。从书本上的一些简单介绍来看，我几乎肯定这是一只橡树蛾的茧。如果真的是的话，那真是老天所赐！我就可以继续我的研究，也许还可能让我补足大孔雀蝶让我隐约瞥见的材料。

橡树蛾确实是一种传统的蝶蛾，没有一本昆虫学论著不谈及它在婚恋期间的突出表现的。据说有一只雌性橡树蛾被困在一个房间里，甚至还刚刚在一只盒子底部孵卵。它远离乡野，困于一座大城市的喧闹之中。但是，孵卵之事还是传给了树林里和草坪间的相关者。雄性橡树蛾们在一个不可思议的指南针的引导之下，从遥远的田野间飞来，飞到盒子跟前，谛听，盘旋，再盘旋。

这些奇情趣事我是从书本中了解到的，但是看到，亲眼看到，同时还再稍做一番实验，那完全是另一回事。我花了两个苏买的那东西里面有什么呢？会从中飞出来那个著名的橡树蛾吗？

它还有另一个名字：布带小修士。这个新颖别致的名字是由其雄性的外衣导致的，那是一件棕红色修士长袍，但它不是棕色粗呢，而是柔软的天鹅绒，前面的翅膀横有一条泛白的、长有像眼珠似的小白点。

这里所说的布带小修士，也就是小阔条纹蝶，不是那种在合适的时候，我们心血来潮，带上个网子出去一捉就能捉到的平淡无奇的蝴蝶。在我们村子周围，特别是在我的荒石园中，我住了二十来年还从来没有见到过它。确实，我不是狩猎迷，标本上的死昆虫我并不太感兴趣，我要的是活物，要能表现其天赋才能的。不过，我虽无收集者的那种热情，但我对田野里生机盎然的一切都十分关注。一只身材和服饰如此与众不同的蝴蝶要是被我遇上，我肯定会捉住它的。

我许诺带他去骑旋转木马的那个小家伙再也没能捉到第二只。三年里，我拜托朋友和邻居帮我找，特别是求那些年轻人，他们是荆棘丛林中眼明手快的搜索者。我自己也在枯叶堆中翻来找去，查看一堆堆的石块，掏摸一个个的树洞，但都一无所获，稀罕的蝶茧仍未能找到。这足以说明在我住处周围小阔条纹蝶十分罕见。到时候我们将会看到这一点是多么重要。

我猜测的没错，我的那只唯一的茧正是那种著名的蝴蝶。八月二十日，一只雌蝶从茧中出来，胖嘟嘟的，肚子大大的，衣着与雄蝶一样，但是其长袍是米黄色，更加淡雅。我把它放在我工作室中间的一张大桌子上，用金属钟形网罩罩住。大桌子上放满了书籍、短颈大口瓶、陶罐、盒子、试管以及其他一些器械。大家知道这个环境，就是我为大孔雀蝶准备的那个处所。有两扇窗户朝向花园，阳光照进屋里。一扇窗户是关着的，另一扇则白天黑夜全都敞开着。小阔条纹蝶就待在这两扇窗户中间那四五米间隔之处的半明半暗之中。

当天余下的时间以及第二天过去了，没有什么值得一提的事情发生。小阔条纹蝶用前爪抓住金属网纱，吊挂在朝阳的那一边，一动不动，像死了似的，翅膀未见颤动，触角也没有抖动，如同大孔雀蝶的情况一样。

雌小阔条纹蝶发育成熟了，细皮嫩肉在变结实。它运用一种我们的科学尚毫无意念的方法在制作一种无法抗御的诱饵，把一些拜访者从四面八方吸引过来。它那胖嘟嘟的身体里出现什么状况了？里面发生了什么变化把周围闹得天翻地覆？如果我们能了解它那炼丹术的秘诀，那我们将会增加很多的知识。

第三天，新娘子已经准备好了，周围像过节似的热闹起来了。我当时正在花园里，因为事情拖得太久，对成功已经感到绝望。突然，下午三点钟光景，天气很热，阳光灿烂，我隐约看见一群蝴蝶在开着的那扇窗框间飞来飞去的。

它们是一些来向美人儿献媚取宠的情郎。有一些从房间里飞出去，另一些则飞进去，还有一些落在墙上休息，好像因长途跋涉而疲惫不堪了。我隐约看见一些从远处飞来，飞进高墙，飞过高高的柏树冠。它们从四面八方飞来，但数量越来越少。我未能看到婚庆开始的情况，现在客人们差不多都已到齐了。

我们上楼去看看吧。这一次是在大白天，任何细节都没漏掉，我又见到了头一回那只夜巡大孔雀蝶让我见到的令人惊讶不已的情景。在我的工作室里，一大片的雄性小阔条纹蝶在翻飞，转来绕去，我尽量地以目测估算，大概有六十来只。在围着钟形罩绕了几圈之后，有一些便向敞开的窗户飞去，但随即又飞了回来，又开始围着钟形罩转悠开来。最猴急的则停在钟形罩上，用爪子相互抓挠、推搡，竞相取代别人抢占最佳位置。钟形罩里面的女囚大肚子垂着贴在网纱上，声色不动地等待着，在这群纷乱的雄蝶面前，没有一丝激动的表情。

雄性小阔条纹蝶无论是飞走的还是飞来的，无论是坚守在钟形罩上的还是在室内飞舞的，在三个多小时的过程中，一直在疯狂地舞动着。但是日已西下，气温有点下降，雄蝶们的激情也随着降温。有许多飞走了，没再飞回来。另外一些占好位置以利明日再战，它们紧贴着那扇关着的窗户的窗棂上，如同雄性大孔雀蝶一样。今天的节庆活动到此结束。明天肯定还将继续，因为受网纱阻隔，活动尚未有任何结果。

可是不然！令我大为沮丧的是活动并未再继续，这都是我的错。晚上，有人给我送来一只螳螂，个头儿特别小，所以我非常喜欢。由于老是想着下午的种种情况，我便不经意地匆忙把它这个食肉昆虫放进了那只雌性小阔条纹蝶的钟形罩里了。我压根儿就没想到这两种昆虫共居一室是会产生恶果的。那只螳螂一副小样儿，而那只雌性小阔条纹蝶却是那么胖嘟嘟的！所以我一点也没起疑心。

唉！我对带铁钳的食肉昆虫的凶残性认识太差！第二天，我惊呆了，痛苦地发现那只小螳螂正在啃咬那只胖蝴蝶。后者的脑袋和前胸已经没有了。可怕的昆虫！你让我度过了多么惨痛的时刻啊！再见了，我整夜冥思苦想的研究工作。三年中，我因无研究对象而无法继续我的研究。

但愿这倒霉事别让我们忘掉刚了解到的那一点点情况。仅一次聚会，就将近有六十只雄性小阔条纹蝶被引来。如果我们考虑到这种蝴蝶的稀少，如果我们记起我和我的助手们那整整数年连续无果的研究，那这个数目将会让我们惊讶不已的。找不到的那种蝴蝶在一只雌蝶的引诱下，一下子来了这么多。

那么它们是从哪里飞来的呢？毫无疑问，是从老远的地方，是从四面八方。很久以来一直在我住处附近寻来找去，一丛丛荆棘，一堆堆石块，我都翻了个遍，所以我可以肯定我们周围没有橡树蛾。为了在我的工作室里聚集一大群这种蝶蛾，我曾这儿那儿地，寻遍郊外各地，也不知找了多少地方。

三年过去了，我日思夜求的运气终于给我送来两只小阔条纹蝶茧。八月中旬前后，这两只茧相隔几天为我孵出了雌蝶来，这使我得以丰富并重复我的实验。

　　我很快便又重新进行大孔雀蝶已经给了我非常肯定答复的种种实验。白昼的朝圣者也很灵巧，并不比夜间朝圣者差。它挫败了我所有的计谋。它准确地飞向被金属网罩罩着的那个女囚，无论网罩置放在什么地方。它能够在壁橱暗处发现女囚；它能够在一只盒子的最里面找到女囚，只要这只盒子不要盖得太严。如果盒子关得严丝合缝，它得不到信息，它也就不再来了。在此之前，它一再重复的是大孔雀蝶的英勇行为，别无其他。

　　一只盖得严严实实的盒子，空气无法流通，雄性小阔条纹蝶也就完全无法知晓女囚的情况。即使把这盒子放在窗户上的十分显眼的地方，也没有一只雄性飞来。因此，这又立即使我想起了无论是金属的、木质的、硬纸板的还是玻璃质的隔墙，都传导不了有气味的散发物。

　　我对夜巡大孔雀蝶就此做过实验，它没被樟脑味蒙骗，在我看来，樟脑气味大极了，人的嗅觉就感觉不到被它压住的细微气味了。我用小阔条纹蝶重新进行了这种实验。这一回我把我所存有的汽油和有气味物统统都给用上了。

　　一打的碟子放好了，一部分放在囚禁雌性小阔条纹蝶的金属钟形网罩里，另一部分放在网罩四周，围成一圈。有几只装着樟脑，有几只装着宽叶薰衣草香精，有几只装着汽油，还有几只装着臭鸡蛋味的碱硫化物。不能再多放什么了，否则女囚会窒息身亡的。这些小碟子早晨便放好了，以便聚会开始时屋子里弥漫着这种种气味。

　　下午，工作室变成了恶心的配药室，一股浓烈的薰衣草香气加上碱硫化物恶臭的混合气味。而且别忘了我还在这间屋里大量地熏烟。煤气厂、烟馆、香料厂、炼油厂、臭气熏天的化工厂全都集中在这间屋子里了，这样能否使小阔条纹蝶迷失方向呢？

　　根本就没有。三点钟光景，雄性小阔条纹蝶像往常一样纷纷飞来。它们都往钟形罩那儿飞，其实我事先已经用一块厚布把罩蒙上了，以便增大难度。它们一飞进屋内，便被一种混杂着各种气味的浓烈氛围包围住了，但它们仍旧是朝着女囚的囚室飞去，想从厚布的褶皱下面钻进去与女囚相会。我的计谋未能奏效。

　　这次实验完全失败了，重复了大孔雀蝶实验的结果。这次的失败之后，我理所当然地要放弃是有气味的散发物在指引小阔条纹蝶参加婚庆的观点。我之所以没有放弃，应该归功于一次偶然的观察。意外和偶然有时会给我们带来惊喜，把我们引向此前一直在毫无结果地寻觅的真理的道路。

　　一天下午，我想弄清楚蝴蝶一旦飞进屋里，视觉在寻找目的物中是否还起点作用，便把那只雌性小阔条纹蝶放在一只钟形玻璃罩中，还给它弄点带枯叶的橡树小枝让它停靠。玻璃罩就放在桌子中间，冲着敞开的那扇窗户。雄蝶飞进屋里一定会看得见女囚的，因为后者就在它们必经之路上。雌蝶在其上待了一夜和一个早上的金属纱网钟形罩下那个放了一层沙土的陶罐，我觉得很碍事，未加任何考虑地便把它放到屋子另一头的地板上，那个角落只能透进半明半暗的光线，离窗户有十来步远。

　　接下来发生的事把我的思绪搅成一团。飞进来的到访者没有一位在玻璃罩那儿停下来，而玻璃罩就在明亮的阳光下面，女囚显眼地居于其中。它们全都没朝雌蝶看一眼，没有探询一下。它们全都飞向房间另一头我放着陶罐钟形罩的那个暗黑的角落。

　　它们落在金属纱网罩圆顶上，久久地在探寻，扑扇着翅膀，还稍稍在相互争斗。整个下午，直到日影西斜，它们都围在空空的圆顶飞舞，以为雌蝶就身陷其中。最后，它们飞走了，但没有全飞走。

有几个执着者不想走，死死地钉在那儿，像是被施了定身法似的。

这真是个奇怪的结果：我的这些蝴蝶飞到那人去楼空之地，长留不去，尽管眼见罩中无人仍死不甘心。从雌蝶所在的那只玻璃钟形罩旁飞过时，来来去去的这群雄蝶中不可能一个也没看出有雌蝶的，但它们就是没有在此哪怕稍事停留。它们被一个诱饵给弄得神魂颠倒，竟置真实物于不顾了。

它们是被何物所欺骗的呢？第一天整个夜晚和第二天的整个上午，雌蝶都是待在金属纱网钟形罩里的，它忽而吊在纱网上，忽而在陶罐的沙土层上歇息。它碰过的东西，特别是它那大肚子蹭过的东西，长时间接触之后，浸透了一些散发物的气味。那就是它的诱饵，就是它的激发情欲的药物，那就是引得雄蝶神魂颠倒、纷至沓来的尤物。沙土层把这尤物保存一段时间，并向四周扩散出去。

因此，是嗅觉在引导雄蝶们，在远处向它们发出信息。它们为嗅觉所控制，不去考虑视觉所提供的信息，所以途经美人儿正被关押的玻璃囚室时，一飞而过，直奔神奇气味在散发的纱网、沙土层，直奔女魔法师除了气味而外什么也没留下的那座空房。

那无法抗拒的尤物需要一定的时间才能配制好。我想它像一种挥发性气体，一点点地散发出去，让一动不动的大肚雌蝶沾过的东西便浸满了这种气体。即使玻璃钟形罩放在桌子正中间，或者更好一些，放在一块玻璃上，内外都无法很好地沟通，而且，雄蝶因为凭嗅觉什么也感觉不到，它们就不会前来，无论你实验多久都无济于事。可我眼下不能以这种内外无法沟通作为理由，因为即使我搞出一个好的沟通环境，用三个小垫子把钟形罩抬离支座，雄蝶们也不会一下子飞来，尽管屋子里蝴蝶为数不少。但是，等上半个小时左右，盛有雌蝶尤物的蒸馏器就开始启动了，求欢者们立即就会像通常那样纷纷而来。

掌握了这些出乎意料的驱云拨雾的材料，我就可以进行不同的实验，这些实验在同一个方面全都是具有结论性的。早晨，我把雌蝶放在一个钟形金属网罩里。它的栖息处是同先前一样的一根橡树细枝。雌蝶在里面一动不动，像死了似的。它在细枝上待了许久，藏在大概浸润着其散发物的叶丛中。当探视时间临近时，我把浸足了散发物的细枝抽出来，放在离敞开的那扇窗户不远处。另外，我让钟形罩中的雌蝶待在房间中央的桌子上显眼的地方。

蝴蝶纷纷来到，先是一只，然后是两只三只，很快就是五只六只。它们进来，出去，又回来，飞上飞下，飞来飞去，始终是在那扇窗户附近，那根细橡树枝放在椅子上，离窗户不远。谁也没往那张大桌子飞，而雌蝶就在那儿的金属网罩中等候它们，离它们并没有多远。它们在迟疑，这可以清楚地看出来：它们在寻找。

最后，它们终于找到了。那它们找到什么了？找到的正是那根细枝，它早晨曾是胖雌蝶的粉床。它们急速扑扇着翅膀；它们飞落在叶丛上；它们忽上忽下地搜寻、抬起、移动树叶，以致最后那根很轻的细枝被弄掉到地上去了。它们仍在落在地上的细枝叶丛中搜索。在翅膀和细爪的扑打抓挠下，细枝在地上移动着，仿佛被一只小猫用爪子抓扑的破纸团。

当细枝连同那群搜索者移动到远处时，突然新飞来两只小阔条纹蝶。那把刚才放有细枝叶的椅子就在它俩飞经的途中。它俩在椅子上落下，急切地在刚才放过细枝的地方嗅闻个没完。然而，对于先来者和新到者来说，它们热盼的那个真实目标就在那儿，很近，被一只我忘了遮盖起来的金属网罩罩着。它们谁也没有注意到它。它们在地上继续推挤雌蝶早上睡过的那个小床，它们在椅子上继续嗅闻那张粉床曾经放过的地方。日影西斜，撤退的时刻到了。再说，撩拨的气味也在渐渐地淡去、消散。拜访者们没什么可做的了，只好飞走，明日再来。

我从随后的实验中得知，任何材料，不管是哪一种，都可以代替我那偶然的启示者——带叶的细枝。我稍许提前一点把雌蝶放在一张小床上，上面时而铺垫着呢绒或法兰绒，时而放些棉絮或纸张。我甚至还强迫雌蝶睡木质的、玻璃的、大理石的、金属的硬硬的行军床。所有这些东西在雌蝶接触了一段时间之后，都像雌蝶本身似的对雄蝶们有着同样的吸引力。它们全都具有这种吸引雄蝶的特性，只不过是有的强些有的弱些。最好的是棉絮、法兰绒、尘土、沙子，总之是那些多孔隙的东西。而金属、大理石、玻璃反而很快地便失去它们的功效。总而言之，但凡雌蝶接触过的东西，都能把其吸引力的特性传出去。因此，橡树细枝掉到地上之后，雄蝶们仍旧纷纷飞到那把椅子的坐垫上。

我们来选用一张最好的床，比如法兰绒床，我们将会看到新奇的事。我在一根长试管或小阔条纹蝶正好可以飞进去的一只短颈大口瓶里放一块法兰绒，让雌蝶整个上午都待在上面。来访者们钻入器皿中，在里面拼命扑腾，却怎么也飞不出来了。我给它们布置了个陷阱，可以让它们有多少死多少。我们把那些落难者放走吧，把藏于盖得严严实实的盒子的最秘密处的那块床垫抽出来。晕头转向的雄蝶们又回到那根长试管里，又钻进了陷阱之中。它们是受到浸透尤物的法兰绒传给玻璃的那种气味的引诱。

我因此便坚信了自己的想法。为了邀请周围的众蝶飞赴婚宴，为了老远地通知它们并引导它们，婚嫁娘散发出一种我们人的嗅觉感觉不出来的极其细微的香味。我的家人们，包括孩子们那最灵敏的鼻子，凑近那只雌性小阔条纹蝶也没有闻出一丝一毫的气味来。

雌性小阔条纹蝶停留过一段时间的任何东西都很容易地浸润了这种尤物，因而这些东西自此也就如雌性小阔条纹蝶一样成为具有同样功效的吸引力的中心，只要它的散发物不消失掉。

没有任何可以用眼看出的诱饵。在求欢者们心急火燎地在围着纷飞的刚刚弄好的纸床上，没有任何看得出的痕迹，也没有一点浸润的样子，其表面在浸润了尤物之后与没有浸润之前一样的干净整洁。

这种尤物配制得很慢，须一点一点地积聚，然后才能充分地散发出去。雌蝶被从其粉床弄走，移到别处，暂时失去了诱惑力，变得冷漠起来；雄蝶们飞往的是因长时间浸润之后的雌蝶栖息地。然而，御座重新放好，被抛弃的女皇又重新掌权了。

信息流通的出现时间有早有晚，根据昆虫品种而定。刚孵出的那只雌性小阔条纹蝶需要一段时间才能发育成熟，才能安排自己的蒸馏器似的器官。雌性大孔雀蝶早晨孵出，有时候当晚便有探访者飞来，但更经常的是第二天，经过四十来个小时的准备之后才有求欢者。雌性小阔条纹蝶则把自己召唤异性的活动推得更迟，它的征婚广告要等个两三天之后才发布。

让我们稍稍回过头来看看其触角的蹊跷功用。雄性小阔条纹蝶与其婚恋方面的竞争对手一样有着漂亮的触角。把其层叠状的触角视作导向罗盘是否合适？我并无太大把握地对它们进行了我以前做过的那种截肢手术。被动过手术的雄性小阔条纹蝶没有一只再飞回来过。但也别忙于下结论。我们从大孔雀蝶那儿已经知道，它们的一去不复返有着比截肢的结果更加重要的原因。

另外，第二种小阔条纹蝶——苜蓿蛾蝶这种与第一种小阔条纹蝶很相近的蝴蝶，也有着华美的羽饰，它也给我们出了一道难题。

在我家附近常常见到它们，就在我的那座荒石园里我都发现过它的茧，极容易与橡树蛾的茧搞混。我一开始就曾把它们搞混过。我原指望从六只茧中得到小阔条纹蝶，但将近八月末时，我得到的却是六只另一品种的雌蝶。这下可好，在这六只在我家孵出的雌蝶周围，从未见过有一只雄蝶出现，尽管附近无疑就有雄性小阔条纹蝶出没。

如果宽大而多羽的触角真的是远距离信息传输工具的话，那为什么我的那些有着华美触角的邻居却未获知在我工作室中发生的情况呢？为什么它们美丽的羽毛装饰并未让它们对一些事情产生兴趣呢？而所发生的这些事情本会让另一种小阔条纹蝶纷纷飞来的呀！这再一次说明器官并不决定才能。尽管有着相同的器官，但某种才能一种昆虫会有，而另一种却并没有。

象态橡栗象

象态橡栗象是象虫的一种，栖息在橡栗里。象态橡栗象用它的长鼻子在橡栗上钻孔，并寻找适合新生儿生长的橡栗产卵。为了给自己的孩子钻个舒服的"家"，它们能连续数小时钻探橡栗。

开头先描写人类的机器，通过其转动的样子，生动形象地为我们介绍了象态橡栗象的情况，非常容易理解。

我们的机器中有某些东西很奇怪，在它们处于静止状态时，你无法知道它们是怎么回事。一旦机器转动起来，怪诞的装置便咬住齿轮，打开、闭合连动杆，我们就看见了各部件的巧妙组合，每个部件都在为实现预定功效而匠心独运地各司其职。这就是各种象虫，尤其是橡栗象的情况。正如其名所示，橡栗象生来就是对付橡栗、榛子以及其他类似坚果的。

在我们那片地区，最引人注目的便是象态橡栗象。它的名字起得真妙！让人产生好多联想啊！啊！瞧它那副滑稽相，嘴上还叼着一支长烟斗哩! 这烟斗细如马鬃, 棕红色, 几乎笔直, 其长无比, 以致橡栗象只好斜着身子,让它伸直, 免得折断, 像头前伸出一支长矛似的。这么长 的一根尖桩, 这么一个怪鼻子, 橡栗象用它来 干什么呀?

我看见有人对此耸耸肩, 表示不屑。如果 说人生的唯一目的确实是通过明的或暗的手段 挣钱的话, 那这种问题问得就有点荒唐了。

好在另有一些人则不然, 在他们眼里凡事 都是重要的, 没有微不足道的。他们知道思 想的面包是用一些细碎的面团揉成的, 它们 并不比收获的粮食来得无关紧要; 他们知道 耕耘者与询问者都在用聚集起来的面包屑供 养这个世界。

让我们可怜可怜这种问题吧, 让我们继续 讲述下去。用不着看着橡栗象干活儿, 我们也 可以猜测到它的奇形怪状的长嘴上有一个类似 我们用来钻坚硬物体的钻头。它的大颚是两个 钻石尖, 构成钻头尖端的高强度齿甲。这种象 虫仿照菊花象, 但其条件要比后者差, 它们用 这种钻头来开道, 以便安放自己的虫卵。

但是, 尽管这种猜测不无道理, 但毕竟不 是确定无疑的。只有看着橡栗象干活儿我才能 知道其中的奥妙。

耐心的人最终总会碰到机会的, 因此十月

将象态橡栗象 的钻头比作一支长 烟斗, 对它的颜色 及形态进行了细致 入微的描写, 让读 者的脑海中自然地 浮现出它的样貌, 有画面感。

上旬我终于看到橡栗象在干活儿了。我当时惊讶极了，因为节气已经很晚了，一般来说一切技术性的活儿都干完了。初寒一到，昆虫的季节便告结束。

那一天，天气坏透了，刺骨的寒风呼啸着，冻得人嘴唇像被刀割似的。这种天气跑到荆棘丛去察看，非得意志坚强不可。但是，假如长嘴橡栗象如同我所猜想的那样用长杆工具钻橡栗，那就得赶快去看，时间是不等人的。橡栗仍是绿的，但已经很大的个头儿了。再过两三个星期它们将变成褐栗色，完全熟了，随即就会掉到地上的。

我疯看了一圈，颇有收获。在墨绿的橡树上，我发现一只橡栗象，长鼻子已经有一半钻进一只橡栗中去了。仔细观察它是不可能的，因为树枝被寒风吹得抖动个不停。于是，我便把那根树枝折断，轻轻地放在地上。那只橡栗象没有注意到被搬了家，仍在继续干着。我躲在一丛矮树后面，蹲在它的近旁，看着它干活儿。

象态橡栗象脚上蹬着黏性套鞋，可以牢牢地贴在光滑浑圆的橡栗上，后来，在我的实验室里的玻璃壁上它也是靠着这种黏性套鞋得以垂直地爬上爬下的。此刻，橡栗象正在橡栗上用自己的弓摇钻在忙活着。它缓慢而笨拙地围着它那根插入橡栗中的钻杆移动着，在画着半圆，圆心就是钻孔，然后又折回头来，画一个反向的半圆。它反复地这么画来画去，如同我们运用手腕的力量用钻子在木头上转来转去地钻一个洞一样。

长鼻子在一点一点地钻进去。一小时后，长鼻子见不着了。然后它歇息了片刻。最后，长鼻工具抽了出来。随后会发生什么事呢？这一次没有发生其他什么事。橡栗象丢下了它钻探的那口井，一本正经地退了出来，蜷缩在枯树叶中。今天我不会获得更多的资料了。

但我并未放松警惕。在有利于捕捉虫子的无风的日子里，我回到了先前去的地方，很快便捉到了一些，装进我实验室的金属网罩中。鉴于这是一项慢工细活，我知道会有不少的困难，所以我宁愿在自己家里不紧不慢地观察研究。

这么做棒极了。如果我像开头一样继续在树林中观察橡栗象的劳作的话，即使我能找到一些为我观察所需的橡栗象，那我也永远不会有耐心把它们选择橡栗、钻孔和产卵的情况从头观察到尾的，因为它们干活儿既细心又慢悠悠的。

我的橡栗虫所光顾的矮树林有三种橡树：绿橡树、短柔毛橡树和胭脂虫栎树。如果樵夫不过早砍伐的话，绿橡树和短柔毛橡树会长成很漂亮的树木的，而胭脂虫栎树只是一种可怜的荆棘而已。绿橡树是这三种树木中挂果最多的，是橡栗象的最爱。其橡栗坚硬，长形，中等大小，硬壳不太粗糙。短柔毛橡树的果实一般来说长得不好，短小而又皱巴，没熟就掉落了。塞里昂丘陵的干旱气候对这种橡树的生长极为不利。因此，橡栗象只是在退而求其次的情况下才选用它。

胭脂虫栎树是一种短小的灌木，矮得一迈步就能跨越过去，但其果实却是多汁的，与树那惨兮兮的外表形成强烈的反差。其橡栗鼓鼓的，呈粗大的鹅卵形，壳上立着粗糙的鳞片。象态橡栗象找不到比这更好的居所了，既是坚固的住宅又是丰富的粮仓。

我把几根这三种橡树长满橡栗的树枝置放在我的金属网罩圆顶下面，一头浸在一盆水里，以保持新鲜。小树枝上放了数目合适的配对橡栗象，最后实验仪器也放在我实验室的窗户上，天气晴朗时，一天大部分时间都能照到太阳。现在，让我们耐着性子，时刻监视着。我们将会得到回报的。钻探橡栗值得一看。

我们并没等得太久。准备工作做好之后的第三天，我在橡栗象开始干活儿时准时到来。雌橡栗象比雄的体形更壮实，用手摇曲柄钻钻的时间也更长，它仔细地察看那个橡栗，无疑是准备产卵。

它一步一步地从前头爬到后头，从上面爬到下面，爬遍了那个橡栗。橡栗壳很粗糙，爬动很容易。如果脚底没有黏性套鞋，没有在各种姿态下都能保持平衡的刷子形鞋底的话，在橡栗的其他部分爬动就不太容易了。橡栗象以同样从容的姿势在橡栗的上下左右爬来爬去，从未摔落。

它已经选好了，这个橡栗被认为是最好的。现在是要在这个橡栗上钻一个探测洞。橡栗象的钻杆太长，操作起来很困难。为取得最佳机械效果，就必须按照被钻件凸面的法线把钻杆竖立，然后再把干活时间以外呈前伸状态的这个碍事的工具收回到橡栗象钻工的身体下面。

为达到这一目的，橡栗象用后腿支起身子，立在鞘翅尖端和后跗骨形成的三脚架上。没有什么比这个怪诞的钻工更加奇怪的了，它站立着，把长钻杆放回自己身下。

成功了，长钻杆笔直地竖了起来。钻探开始了。其方法就是我那天北风呼啸时在树林中所见到的那种。它极其缓慢地钻着，从右往左，然后再从左往右，循环往复地这么干着。钻头并不是一种因始终朝着一个方向旋转而往下钻着的螺旋形开瓶器似的工具，而是一种套针，先是啃咬，然后轮番向着一个方向和另一个方

这段主要是对橡栗象上钻洞的场景描写，法布尔的观察很细致，将昆虫的每一个动作都一丝不苟地记录下来。

向磨蚀，逐渐往下扎去。

在继续往下介绍之前，让我们先说一下一个偶然事件，它太引人注目，不能避而不谈。我多次偶然发现钻工死在自己的工地上。死者的姿态很奇特。如果死亡不总是什么严重的事，尤其是当它是突然发生的工伤事故的话，那怪模怪样的死亡姿态是会让人忍俊不禁的。

探杆尖正好插在橡栗上。已经开始在干活儿了。在钻杆这个致命的尖桩的顶端，象态橡栗象垂直地悬于空中，远离各个支撑面。它已干瘪，也不知道死了有多少天了。爪子僵硬，缩在肚腹下面。即使这些虫爪像活着时那样灵活而又能伸长的话，它们根本也不可能够得着挂橡栗的枝丫的。到底突然发生了什么事，把可怜的橡栗象身子刺穿，如同我们所收集的标本那样，用大头针钉住标本的脑袋？

原来发生了一起工伤事故。由于钻杆太长，象态橡栗象开始干活儿时是用后腿站着的。假设这笨拙的钻工突然脚下一滑，两只附着抓斗一下子没有抓住，身子便立即脱离橡栗，被稍弯的钻杆这么一弹便被甩了出去，因为开始干活儿时，必须让钻杆稍微弯得多一点以利钻探。因而，它便被远远地抛离橡栗工地，徒劳地在空中拼命挣扎，它的跗骨——救命的钻头找不到任何可以抓附的东西。它因无任何支撑点以摆脱险境，最后筋疲力尽地死在长钻杆的顶端。如同我们工厂里的工人们一样，象态橡栗象有时候也成为自己机器的受害者。让我们祝它们好运，套上结实的黏性鞋套，小心干活儿，当心滑倒。我们再继续介绍吧。

这一次，机械运转良好，但是奇慢无比，所以往下钻探的情况用放大镜观察也看不出钻了多少。但象态橡栗象一直在钻探，歇息一会儿，立即又干起来。一个小时、两个小时过去了，神情专注的我紧张而疲乏，因为我一定要看一看那关键一刻的工作情况：象态橡栗象收回钻杆，返回来把卵放进井口。这样我起码可以预见到事情进行的状况。

两个钟头过去了，我已经失去了耐心。我与家人协商。家中的三个人轮流值班，不间断地盯着执着的象态橡栗象。我必须不惜一切代价了解到它的秘密。

我幸亏找了帮手，他们留意地帮我仔细观察。连续不断地观察了八个小时之后，将近夜幕降临时分，监视哨在叫我。象态橡栗象看样子已经干完活儿了。它确实在往后撤，谨慎小心地在抽回钻杆，生怕把它弄折了。钻具抽出头了，又笔直地伸向了前方。

那一时刻到了。唉！没到哩。我又一次上当了。我那一轮一轮的八小时值班监视没见结果。

作者不惜一切代价，一定要了解到它的秘密，这充分展现了法布尔追求真理、探索真相的求真精神。

象态橡栗象走了，没有利用自己钻探的成果便遗弃了那个橡栗。没错儿，我完全有理由怀疑自己在树林里所观察到的结果。在绿橡树中，忍受烈日的烤炙，全神贯注地待着，简直是一种难以忍受的折磨。

整个十月份，必要时求助手们帮忙，我查看了没被下卵的许多钻井。观察的时间长短不一，一般是两个小时，有时候达到或者超过半天。

钻这些劳民伤财而多数又不下卵的井的目的何在？我们先来了解一下虫卵的位置以及幼虫最初几口食物的情况，或许答案就有了。

那些住有象态橡栗象卵的橡栗是挂在树上，嵌在橡栗壳里的，仿佛没有发生任何有损于绒毛叶的不正常事情。稍加留意，你很容易地便能辨认出它们来。在离栗壳斗不远处的光滑而仍绿油油的外壳上，可见一个小点，确系一灵巧的针所刺。由于坏死而产生的一个窄小的褐色乳晕很快便把这个小孔洞包围起来。那就是钻井口。另外还有几次，但并不多见，洞穴是穿过壳斗钻出来的。

咱们挑选那些新近钻孔的橡栗，也就是那些苍白针孔尚未因日久天长由褐色乳晕围起来的橡栗。我们把它们的壳剥去。其中不少并未见有什么东西：象态橡栗象钻探了它们，但并未在里面产卵。它们同我网罩里的那些橡栗一样，被钻了无数小时，却并未加以利用。有许多里面只有一只卵。

无论壳斗上面的井口有多么远，这只卵总是待在井底，在一堆绒毛叶那儿。那儿有柔软的绒呢，是由壳斗提供的，被滋养品源泉——叶柄的渗液所润湿。我看见一条很小的象态橡栗象的幼虫，是我亲眼看着它孵出来的，它最初几口是在轻轻地咬那堆絮状的食物，那个用丹宁酸调了味儿的新鲜面包。

这种如同新生有机物一样多汁、易消化的小糕点，只有那儿才有，而象态橡栗象也只是在那儿，在壳斗和绒毛叶之间安放自己的卵。象态橡栗象十分清楚最适合其新生儿那虚弱的胃的食物在什么地方。

上面是相对而言较粗糙的绒毛叶面包。幼虫在头几小时的餐厅里增强了体力，然后并非直接地，而是通过其母用探针捅开的狭道钻进面包房。狭道中满是面包屑和吃了一半的残渣。吃了这种沿路备好的稍微粗糙的可口面粉，力气倍增，幼虫于是便完全钻进橡栗那坚硬的果肉中去。

所掌握的这些情况说明了产卵的象态橡栗象是如何干活儿的。在钻探之前，它上下、左右、前后地仔细地查来看去,这时它的目的是什么?

它是在了解这个橡栗是否已经被占据了。诚然，食橱很丰盛，但两个人吃就不太够了。我确实还从未发现有两只虫子在同一个橡栗中的。只有一只，始终都只有一只，这一只在吃完丰盛的食物，消化完后将食物变成橄榄绿色的小团团之后，离开橡栗，下到地上。绒毛叶面包最多也就剩这么一丁点儿的面包屑了。原则是：每只象态橡栗象都有自己的圆形大面包，每个消费者都有自己的一份橡栗口粮。

把卵安置进去之前，先得检查一番，看看这个橡栗是否被占据了。可能存在的那个占据者在这个地下墓穴的底部，由满是鳞片的壳斗遮掩着。这个狭小的藏身处无什么秘密可言。但是，如果橡栗表面没有那细小的针眼的话，再尖的眼睛也猜不到里面藏着一个隐居者。

这个小点不明显，但可仔细辨出，它就是我的向导。有它在，我就知道橡栗有主儿了，或至少，是被做过与产卵有关的实验；它不存在，我就深信这个橡栗尚未有任何人占据。毋庸置疑，象态橡栗象也是根据这同样的方法获知情况的。

我目光锐利，仔细地观察一切，必要时还动用放大镜。我把观察对象拿在手里转来转去地看这么一会儿，情况便一清二楚了。而它，这个近视的象态橡栗象观察者，却不得不到处查来验去，最后才确切地找到那个能说明问题的小孔。再说，它这是家族利益在迫使它慎之又慎，而我只是好奇心使然。因此，它对橡栗的检查是极费工夫的。

橡栗一旦被确定完好无损，这就成了。钻头在往下钻，一干就是好几个小时。然后，有好多次，象态橡栗象对自己的活计不屑一顾地走开了，钻探完了没有随即产卵。这么卖力地干了这么久又有何用呢？它只是为了饮水解渴，恢复体力才这么找一个橡栗随便钻钻吗？它嘴上的吸管会下到井底深处，在满意的角落吸几口富有营养的饮料吗？它这么忙乎一番只是为了个人进食吗？

一开始，我真是这么想来着，因为我毕竟对它为了一大口饮料而这么坚忍不拔颇觉惊讶。但是，雄性象态橡栗象的情况告诉了我实情，我便抛弃了这一想法。雄性象态橡栗象也长有长嘴，必要时也能钻出一口井来，但我从未见过雄性象态橡栗象有谁趴在一个橡栗上面，吭哧吭哧地在掘井。为什么要这么费劲呢？这些节制饮食的昆虫有一点点吃的就足够了。用长鼻尖端稍稍刺破一张嫩叶，就足以维持它们的生命了。

如果说它们这些无所事事，无须为吃费神的雄虫无过多需求的话，那么那些忙于产卵的雌性又是怎么回事呢？它们来得及又吃又喝吗？不，被钻了孔的橡栗并不是一个小酒馆，任你在那儿没完没了地喝个够。长嘴伸进橡栗喝上这么一小口那倒有可能，但是，那些碎屑并不是它的初衷。

真实目的我想我隐约地发现了。我前面说了，卵总是置于橡栗底部，在一些由叶柄渗出的液汁润湿的絮状物中间。幼虫刚孵出时，还啃不动挺硬的绒毛叶，只能咬壳底柔软的毛毡，以其液汁为食。

但是，随着橡栗长大成熟，这个蛋糕也就变得很硬了，味道以及液汁的量都随之有所变化。柔软部分变硬了，湿润的部分干燥了。在一个时期，新生儿所需的舒适条件是极具备的。稍早些，舒适条件未达到标准；稍晚些，那些条件也过分成熟了。

在外边，在橡栗的绿壳上，这种内部厨房的烹饪情况丝毫显现不出来。为了不让幼虫吃不合适的食物，做母亲的因为只是从外表查看了橡栗而不太了解情况，只好自己先用长鼻尖端尝尝粮仓底部的食粮。

妈妈在喂婴儿喝粥之前，也都先用嘴唇去试试粥的凉热。雌性象态橡栗象也是以同样的慈母心这么去对待自己的幼虫。它把长鼻尖端伸到井底深处，看看里面的食物情况，然后再留下给自己的孩子。如果井底食物令它满意，它就把卵产下来；如果食物令它不满意，它就不再多往下钻探，弃之而去。这就可以解释为什么它钻了半天而弃之不用了。那是因为再钻下去也没有用处，井底的食物经仔细鉴定不符合要求。为了自家孩子的第一口食物，这些象态橡栗象多么细心，多么挑剔啊!

把新生儿放在将能找到多汁而柔软的、易于消化的食物的地方，这些细心挑剔的母亲还觉得不行。它们的关怀照顾还远胜于此。一个折中的办法也许有用，就是让小幼虫从最初的吃软糕点改变成吃硬面包。这个折中办法就在母亲钻出的那个坑道里。那儿有一些碎屑，是长嘴上的剪刀剪碎了的。另外，坑道内壁受损、变软，比其他东西更适合新生儿娇嫩的颚。

在啃咬绒毛叶之前，幼虫的确是先钻入这个坑道的。它以沿途找到的粗面粉为食；它收集悬于壁上的褐色微粒；最后，它已足够壮实，便弄破果仁那圆形大面包，钻进里面去，不见了踪影。胃已经锻炼好了，剩下的事就是放开肚皮吃了。

这种管状婴儿哺乳室应有一定的长度，以满足初生婴儿的需要。因此，做母亲的便用那把钻孜孜不倦地干活儿。如果探测只是局限于品尝一下食物，了解橡栗底部的成熟程度的话，操作就会简便得多，只需透过外壳在这块底部不远处进行就可以了。这一点象态橡栗象并不是不知道：我偶尔也发现象态橡栗象正在对坚硬外壳这么干哩。

我从中看到的只是急于了解情况的产妇的一种试验。如果橡栗合用，钻探就将在稍高处，在壳斗外面重新开始。当卵应该产下时，按惯例确实是钻橡栗，尽可能地在高处，只要钻杆够长就行。

花了大半天时间仍未完工的那个长钻洞是怎么回事呢？它干吗这么坚持不懈地干呀？就在离叶柄不远处，少用许多时间和少许多劳累钻头就可以钻到那个理想的地点，那个新生幼虫得以饮用的清泉。做母亲的这么费劲，疲劳不堪自有道理：它这么做可以到达橡栗底部那理想之地，因此也就获得了最佳的效果，可以替自己的孩子准备好一个吃不完的面粉口袋。

这是些鸡毛蒜皮的事！不，对不起，这可是一些大事呀，这是在告诉我们象态橡栗象在储存最微不足道的东西时的细致入微，向我们证明了一种调节细枝末节的高级逻辑。

象态橡栗象像一个优秀的教育家，它有自己的好主意，值得尊敬。这起码是乌鸫的看法，乌鸫一到秋末，浆果开始短缺时，便美滋滋地拿这种长嘴昆虫充饥。虽说不够塞牙缝的，但味道却十分鲜美，没有尚未被严寒冻坏的橄榄苦涩。

如果没有乌鸫及其竞争对手的话，春天树木复苏时会成一幅什么景象呀！即使人因自己所干的蠢事而从地球上消失了，乌鸫用其鸣唱来庆祝万物复苏也同样是庄严隆重的。

除了满足森林欢乐之鸟——乌鸫的口腹而很值得赞扬以外，象态橡栗象还有另一个功用——调节植物的无序生长。如同所有真正名副其实的强者一样，橡树是个慷慨大度者，它大量地提供橡栗。这么多的橡栗大地如何处理它们呢？森林缺少空间便会窒息，树木过多则会殃及所有树木。

不过，鉴于食物充沛，急于使过度生产保持平衡的消费者从四面八方纷纷赶来，田鼠这个原住民在一堆碎石中，在其草料床垫旁存储起橡栗来。松鸦这种外来户也不知如何获得消息的，成群结队地从远方飞来。一连几个星期，它们逐一地对橡树大加叨啄，还像被掐住的猫似的呱呱叫嚷着以表现自己的欢乐与兴奋，任务完成之后，便飞回自己北方的故乡。

象态橡栗象比大家动手更早。它把卵产在还很青的橡栗中。现在，橡栗落在地上，提前变成褐色，还被钻了个圆孔，象态橡栗象幼虫吃光了橡栗里面的食物便从这个小圆孔里爬出来。光一棵橡树下，很容易地就能捡满一篮子这种被掏空的橡栗。对于清理过剩物资的活计，象态科昆虫远胜于松鸦和田鼠。

人为了养猪，很快也来了。在我们村子里，当市镇击鼓宣读公告的人宣布某日为在市镇树林里采摘橡栗的开始日时，那可是件大事哩。前一天，最起劲儿的人便先行跑去查看地点，为自己选定最佳位置。第二天，天蒙蒙亮，全家人便都跑到选定的地点。父亲用长竹竿敲打高处的树枝；母亲围着麻布大围裙，可以进入林子深处，采摘手能够得着的橡栗；孩子们则捡拾掉落在地上的。一篮篮装满了，倒进筐里，装入大布袋中。

继田鼠、松鸦、象虫以及其他许多动物之后，现在轮到人们开心了，他们在计算采摘了这么多橡栗自己的猪该能长多肥。但是，一份开心之中也藏着一种遗憾，就是眼见这么多的橡栗散落地上，一个个都被钻了孔，被糟蹋了，一点用处也没有了。于是人们便对造成这种破坏的肇事者诅咒起来。听他们的口气，好像这森林只属于他们所有似的，似乎橡树只是为他们的猪才结果的。

我想告诉这些人，守林人是不会记录轻罪犯人的罪状的，而这样做是非常好的，因为人太自私，在收获橡栗中看到的只是猪长肉、肉

这段对人们的自私进行了批评，指出大自然的公平

做肠，这种态度后果是严重的。橡栗在邀请大家全都来利用它的果实。我们人从中获得了最大的一份，因为我们是最强者。那是我们唯一的权利。

但是，在不同的消费者中进行平衡的分配，这是高于一切的大原则。在这个世界上，大家都各有自己的作用，无论强大与弱小。如果说乌鸫为万物复苏而欢快、鸣唱是大好的事的话，我们也别认为橡栗被蛀空是件坏事。蛀坏的橡栗里在为鸟儿准备饭后甜食哩，象态橡栗象肉质鲜美，能让鸟儿臀肥歌美。

我们让乌鸫去歌唱吧，还是回过头来谈我们象虫科昆虫的卵。我们知道卵所在的地方：橡栗底部，在最鲜嫩多汁的果仁中。它是怎么住到那儿去的，那儿离壳斗边缘上方的入口可是够远的，这确实是个小小的问题，甚至可以说是幼稚的问题。但也别对它不屑一顾，因为科学就是由一些幼稚可笑的事物构成的。

第一个用一块琥珀在衣袖上摩擦，随后便得知这块琥珀能吸麦秸的人，绝没猜想到我们今天的电的奇妙。他只是在天真地自得其乐而已。但这种儿童游戏经过反复地做，以各种各样的方法进行探索之后，就变成了世界上的强大力量之一。

观察者对什么都不应该忽视，因为永远也

不会知道从最不起眼的事物中会产生出什么来。因此，我又对自己提出了这个问题：象态橡栗象是通过什么办法在离入口那么远的地方住下来的？

对于尚不知晓卵的位置但可能知道幼虫首先是从其底部咬吃橡栗的人来说，答案可能是这样的：卵产在管道入口，在表面处，而幼虫则在母亲钻好的坑道里爬动，自己爬到储存幼儿食物的那个偏僻地点。

在掌握足够的资料之前，我自己起先也是这么解释的，但我很快就认为这种解释是错误的。当产妇把腹尖贴在刚用钻钻出的孔口后退走不久，我便摘下了这个橡栗。卵好像应该就在那儿，在入口处，紧贴表面的地方……可并非如此，那儿并没有卵，卵在坑道的另一端。如果我大胆假设的话，卵是像一块石头似的掉进坑底的。

我们还是快点抛开这种愚蠢的想法吧！坑道极其狭窄，又堵满锉屑似的东西，这么直接掉下去是不可能的。再说，根据叶柄那直的或颠倒的方向，在一个橡栗里下落那就会在另一个橡栗里上升。

出现了第二种解释，同样是大胆的。我在想：布谷鸟在草地里任何地方下蛋，然后用嘴把蛋叼起，放到黄莺的狭小的窝里去。象态橡栗象会不会也用的是类似的法子呢? 它会不会利用它的长喙把它的卵送到橡栗底部去呢? 我看不到它身上还有其他什么工具能够达到这个深洞的底部。

然而, 我们还是赶快抛开因想不出道理来而产生的这种怪诞的解释吧。象态橡栗象是从不会公开地产下卵, 然后再去用喙叼住它的。如果它这么做的话, 那娇弱的卵在狭窄而又堵塞的坑道里往下放的时候准会被挤压, 必死无疑。

我感到非常尴尬。对象态橡栗象的身体结构很有研究的任何一位读者都会有此尴尬的。蚱蜢长有一把大刀, 那是它产卵的工具, 可以把卵送到地下它所希望的深处去; 褶翅小蜂配备着一个探头, 可以钻穿石蜂筑成的水泥建筑, 把自己的卵放到后者半睡半醒的胖幼虫的茧内去。但象态橡栗象却没有这类短剑、匕首, 它的腹部什么都没有, 绝对没有。然而, 它只需把腹尖贴在井的狭小的孔眼上, 就能立刻把卵送到橡栗底部去。

解剖将会告诉我们用其他办法所无法获知的谜底。我剖开象态橡栗象产妇。我看到的令我瞠目结舌。那儿有一部古怪的机器, 一根僵硬的棕红色尖头桩, 与身体一样长, 我觉得几乎像是一个喙, 因为它与头部的喙很相似。那是一根管子，细如毛发，空尖端有点张开，状如榴弹发射筒，始端鼓起，呈卵形泡状。

这就是产卵工具，与钻孔器大小粗细相同。钻孔喙钻到哪儿，这个内喙——卵探测器便可下到哪儿。当产妇在橡栗上下钻时，它选择攻击点就必须让这两个相辅相成的工具都能够到达理想的地点——果仁底部。

现在，其他的就不言自明了。产妇的手摇曲柄钻干完活儿后，坑道完工，它便回转身来，把腹部末端贴在那钻孔上。然后，它拔出剑来，内喙显露出来，毫无困难地钻入锉屑堵塞的坑道。引导探头上什么都没有显现，因为它运转敏捷而小心。卵安置好之后，这个工具逐渐回收，缩回腹内，同样是滴水不漏。大功告成，产妇离去，而我们却一点也没有看出它的破绽。

我强调坚持是有道理的吧！一个表面看来无足轻重的情况刚刚以毋庸置疑的方式告诉我菊花象使人狐疑的地方。长吻管象虫有一个内探头，一个外部无任何痕迹的腹部喙。象虫在其腹部秘密处藏有类似于蚱蜢和姬蜂的刺刀般的工具。

豌 豆 象

　　豌豆象数量惊人，它们的幼虫蛀害豆荚，取食豆粒。它们会把卵产在豌豆荚上，当居于豆粒中心位置的那一只幼虫个儿稍大一点时，其他所有的幼虫就停止进食，安静地死去，把整个豌豆全部留给那个唯一的幸运儿。它们还有怎样的习性？你想知道吗？

　　人一向对豌豆有很高的评价。自远古时起，人通过越来越专业的精耕细作，细心管理，想尽办法让豌豆结的果实更大，更嫩，更甜美。这种作物很善解人意、遂人心愿，终于满足了园丁的奢望，提供了他们想要的东西。我们今天离瓦罗①和科吕麦拉们有多么遥远啊！我们尤其是离第一个也许是用岩穴熊的半颌骨（因为颌骨上的牙齿如同铧犁）扒拉土地以便种下这种野生果实的人有多么遥远啊！

　　这种豌豆的始祖植物究竟在野生植物世界中的什么地方呀？我们所在的各个地区都没有类似的这种植物。在别的地方能找得到它吗？

---

① 瓦罗（前116—前27）：古罗马学者，讽刺作家。著有涉及各学科的著作六百二十卷，其中包括《论农业》。

在这一点上，植物学家要么缄默不语，要么含糊其词。

另外，对于大多数可食用的植物，人们同样是一无所知。向我们提供面包的备受颂扬的小麦来自何处？没人知晓。我们除了精耕细作之外，就不再费劲地在这儿寻根溯源了，也不到外国去探究来龙去脉了。在东方这片农业诞生之地，采集植物标本者从未在没被犁铧翻耕过的土地上见到过这种独自繁衍生长的圣麦穗。

同样，对于黑麦、大麦、燕麦、萝卜、小红萝卜头、甜菜、胡萝卜、笋瓜以及其他许多作物，我们也不甚了解。我们不知道它们原产于何地，顶多也就是根据几百年来的以讹传讹的说法去加以猜测罢了。大自然在把它们交付给我们时，它们饱含着野生的生命力和不太高的营养价值，如同大自然今天把桑葚和灌木丛的黑刺李提供给我们一样，它们是处于一种吝于施舍的粗胚状态，我们得通过辛勤劳动和运用才智使它们的果实饱含养分。这是我们投入的第一笔资本，这资本始终通过耕耘者的出色劳作在那特殊的银行里在不断地翻本增息。

谷物和豆类植物作为储存食物，大部分是人工生产的。其初始状态极不发达的那些改良对象，我们是照原样从大自然的宝库中提取的。经过改良的品种向我们提供大量的食物，这是我们的技术创造的成果。

如果说小麦、豌豆以及其他的作物对我们来说是不可或缺的，那么我们的精心照料作为正当回报对于它们来说也是绝不可少的。这些植物在生命的激烈搏斗中没有抵抗能力，是我们的需求使它们在成长发育，如果我们弃之不顾，任其自生自灭，尽管它们的种子无以计数，但也会很快灭种的，如同愚蠢的绵羊，没有精心圈养放牧，很快就会消失的。

它们是我们创造的产物，但并非总是我们所专有的财产。在食物大量积存的任何地方，都有大批的食客从四面八方奔来，不管不顾地大快朵颐，食物愈丰盛，食客来的愈多。只有人能够促进农业的发展，进而成为各方食客蜂拥而至的盛宴的操办者。人在创造更加美味、更加丰盛的食物的同时，无可奈何地也把千千万万的饥肠辘辘者招引到粮仓谷堆中来，它们的利齿尖牙令人无以为抗。人生产得越多，上贡得也越多，大规模的耕作，大量的作物，大量的积存，肥了我们的竞争者——虫子。

这是事物固有的规律。大自然以同样的热情向所有的婴儿提供乳汁，既喂养生产者也喂养剥削他人财富者。大自然为我们这些辛勤耕耘、播种和收获，并因此而累得筋疲力尽的人在使小麦成熟的同时，同样也在为小象虫们让麦子成熟。这种小象虫不在田间劳作，却在我们谷仓里安家落户，用它那尖嘴在麦垛里一粒一粒地嚼食麦粒，把麦子都吃成麸子了。

大自然为我们这些因翻地、锄草、浇灌而累得腰酸背疼、饱受日晒雨淋的人催促豆荚快快饱满，也为小象虫让豆荚赶快成熟。豌豆象对田园劳作一窍不通，但照旧在春回大地的时刻，按时从收获物中提取自己的那一份儿。

让我们好好瞧瞧豌豆象这个税务官是如何卖力地干活儿的。我是个主动纳税者，我任由豌豆象自由行事：我正是为了它才在我的荒石园中播种了几垄它所偏爱的植物种子。除了这不多几垄的豌豆之外，我没有任何别的可召唤豌豆象的东西，但它五月里便按时前来了。它知道在这个不适宜辟作菜园的荒石园里，头一次有豌豆在开花。这位昆虫税务官急匆匆地奔来履行自己的职责了。

它是从何处而来？这可是无法说得准确的。它应是来自某个隐蔽之所，在那儿呈僵直状态地度过了寒冬腊月。盛夏酷暑自己脱皮的法国梧桐，用它那微微翘起的木栓质皮片为无家可归的虫子提供避难之所。我经常在这种冬季避难所里看见我们的豌豆象。只要寒风凛冽，严冬肆虐，豌豆象就躲在法国梧桐的这些微翘的枯皮下，或者用别的方法以求躲过劫难，直到和煦的阳光初抚它几下，它便苏醒过来。这是它的生物钟在通知它。它们像园丁一样，知道豌豆的花期，于是，它们便几乎从各个地方，迈着细碎的快步，心急火燎地向着它们所钟爱的植物奔来。

小头，大嘴，身着缀有褐色斑点的灰衣裳，长有扁平鞘翅，尾根有两个大黑痣，身材矮粗，这就是我的访客的大致模样。五月的上半月刚过，豌豆象的尖兵已到。

它们在长有蝴蝶般白翅膀的花上安营扎寨：我看见有一些居于花的旗瓣上，另有一些则藏于龙骨瓣的小盒子里。还有一些数量较多，盘于花序中吮吸着，产卵时刻尚未到来。早晨天气温和，太阳虽明亮，却不晒人。这是明媚阳光下举行婚配、开心享受的美妙时刻。它们在此刻享受着生活的乐趣。有一些在成双配对，但立刻又分了开来，随后又聚在一起。将近晌午时分，烈日当空，男男女女全都退避到花褶的阴处。这种阴凉的地方它们非常熟悉。明天，它们又要开始寻欢作乐，后天依然乐此不疲，直到一天天鼓胀起来的豌豆果实撑破龙骨瓣的小盒子为止。

有几只比其他更着急的豌豆象产妇，把卵托付给了新生豆荚，而后者扁平而细小，刚刚才褪掉花蒂。这些匆忙产下的卵也许是因卵巢已无法等待而被迫如此的，我觉得它们的处境极其危险。豌豆象的幼虫将安于其中的种子此时此刻还只是个脆弱的细粒，既无韧性又无粉质堆。除非豌豆象幼虫颇有耐心，能扛到果实成熟，否则在那儿就找不到吃的。

但是，幼虫一旦孵化出来，它能够长时期不吃不喝吗？这令人怀疑。

我所看见过的一些幼虫表明，新生儿一出来便忙着要吃的，如果没有吃的，便会死去。因此，我认为在尚未成熟的豆荚上产下的卵是必死无疑的。但种族的兴旺繁衍并不会受到多大的影响，因为豌豆象妈妈是多产的。我们一会儿就会看到豌豆象妈妈是如何满地下种，而其中大部分都注定是要夭折的。

五月末，当豌豆荚在籽粒的促动下变得多节，达到或接近成熟的时候，豌豆象妈妈的重任也就完成了。我急切地盼望着能看到豌豆象是如何以我们昆虫分类学所给予它的象虫科昆虫的身份工作的。其他的象虫是一些带嘴象、带喙象，它们配备有一根尖头桩，用它来修筑产卵的窝巢。而豌豆象则只有一个短喙，在吸食点甜汁方面非常有用，但论起钻探来则是毫无用处。

因此，豌豆象安顿家小的方法是不同的。它不像橡树象、熊背菊花象、黑刺李象等那样做一些细致灵巧的准备工作。豌豆象妈妈没有配备钻头，所以只好把卵产在露天里，没有任何保护以防风吹日晒雨打。它这么做是很简单方便，但风险却是极大的，除非卵有特殊体质，能抗御酷热严寒、干燥潮湿。

上午十点，阳光和煦，豌豆象妈妈步伐急促，忽大步忽小步，从上到下，又从下到上，从正面到反面，又从反面到正面地把自己选中的豌豆荚看个遍。它不时地把一根细小的输卵管伸出来，左探探右触触，像是要划破豆荚的表皮似的。然后便产下一个卵，随即便弃之不顾了。

豌豆象妈妈的输卵管就这么在豌豆荚的绿皮上左点一下右点一下的，就算完事了。卵就留在那儿，没有任何保护，任凭太阳暴晒。在帮助未来的幼虫，使之在必须自己进入食橱时缩短寻觅时间方面，豌豆象妈妈没有任何考虑，没有想到为孩子找个合适的地方。有的卵产在被豌豆种子鼓胀起来的豆荚上，有的则下在像贫瘠小山谷似的豆荚膈膜内。在豆荚上的卵几乎与食物直接接触着，而豆荚膈膜内的卵则离食物较远。以后就靠幼虫自己去辨别方向，寻找食物了。总之，豌豆象这种无序产卵让人想到粗放式播种。

更严重的是，产在同一个豆荚上的卵与豆荚内的豌豆粒不成比例。首先我们得知道，一个幼虫就得有一粒豌豆，这是必需的定量，这一定量对一个幼虫来说是富足有余，但是好几个幼虫同时消受，哪怕只是两个幼虫，那也很勉勉强强的了。每个幼虫一粒豌豆，不要多也不能少，这是永远不变的规定。

这就要求豌豆象妈妈产卵时必须探知豆荚内的含豆量，限制自己的产卵数。但是豌豆象妈妈根本就不理会这种限制。对一个定量，豌豆象妈妈总是产下许多的小宝宝。

我所有的统计在这一点上都是一致的。在一个豆荚上产下的卵总是超过，而且常常是大大地超过可食的豌豆粒的数量。无论粮食多么瘦，上面都有大量的卵。我把豆粒和卵的数量分别数了数，发现一粒豆子上总有五到八个卵，有时甚至有十个，而且看不出豌豆象妈妈不会在一个豆荚上产下更多的卵来。真是僧多粥少！在一个豆荚上下这么多的卵干什么？它们肯定要被逐出宴席的呀！

豌豆象卵呈琥珀黄色，挺鲜艳，圆柱状，很光滑，两头圆圆的。它长不过一毫米。每个卵都用凝固的蛋清细纤维网黏附在豆荚上。无论是风还是雨都吹不掉，打不下来。

豌豆象妈妈产卵常常是成对的，一个卵在上另一个在下，结果往往是上面的那个卵得以孵化，而下面的那个则干瘪而死。为了孵化出来不死，需要什么呢？也许是需要阳光的沐浴，而下面的卵正好被上面的遮挡着，没有了这种温暖孵育。或者是由于不合适的挡板遮挡的影响，或者是由于其他什么原因，反正孪生卵中的先产下者很少得到

正常的发育，在豆荚上干瘪，没有出世便灭于无形了。

这种夭折也有例外的时候。有时候，成对的卵两个都发育良好，但这种情况实属罕见，所以如果总这么成对地产卵，豌豆象的家庭成员差不多要减少一半。有一项不利于我们的豆荚但有利于象虫科昆虫的临时措施可以减少这种毁灭：大部分的卵都是一只一只地产下的，而且是独自待在一处。

新近孵化的标记是一条弯弯曲曲的苍白或淡白色小带子，它在卵壳附近翘起，撑破豆荚的表皮。这是幼虫的产物，是皮下通道，幼虫在其中蠕动，寻找钻入点。找到这个钻入点之后，身长刚刚一毫米、全身苍白、头戴黑帽的幼虫便在豆荚上钻孔，钻入豆荚宽敞的肚腹中。

它爬到豆粒处，在最近的那颗豆粒上安顿下来。我用放大镜观察它，同时观察它的豌豆地球——它的世界。它在豌豆球面上垂直地挖出一个井坑。我曾看见过一些幼虫半个身子下到井坑中去，后半身则在井坑外边蹬踢加力。一会儿工夫，幼虫便不见了，钻进了自个儿的家中。

入口很小，但一眼就能认得出来，因为它在豌豆淡绿色或金黄色的衬托下呈褐色。入口没有固定的位置，总的说来，除了豌豆的下半部外，在豌豆表面的任何地方都可以钻洞，因为下半部的顶端是悬韧带的肥硕之处。

豌豆的胚胎就在这个部分，可它却没受到幼虫的损害，并且还发育成为胚芽，尽管豆粒上面被豌豆象成虫钻了个大窟窿。为什么这个部位完好无损呢？是什么原因使之免遭幼虫的侵害的呢？

豌豆象肯定不是在关心园丁的利益。豌豆是为它而生，只为它而生。它之所以不去咬那几口使种子死亡，目的并非是减轻灾害。它克制自己是有其他一些原因的。

请注意，豌豆是一粒一粒相互紧贴在一起的，寻找下嘴部位的幼虫在豆粒上行走并不自如。还应注意，豌豆的下端因肚脐的瘿瘤而变厚，钻孔就很困难，在只有表皮保护的其他部分才没有这种困难。甚至也许在肚脐这一特殊部位有一些特别的液汁是幼虫所讨厌的。

毫无疑问，这就是豌豆既被豌豆象蚕食却又照样能够发芽的秘密之所在。豌豆虽破损，但并未死亡，因为入侵是针对空着的上半部，那是既容易钻入又无伤大雅的区域。另外，由于整粒豌豆对于单独一个消费者来说是绰绰有余的，而受害部分只是这个消费者所喜爱的部分，但又不是豌豆生命攸关的部位。

在其他的一些条件下，在种子个头儿太小或非常大的情况下，我们可能会看到大不相同的情况。在种子个头儿太小的情况下，由于幼虫吃不着什么，不够塞牙缝的，胚芽就一块儿被吃掉了；在种子个头儿非常大的情况下，食物丰盛，可以招待多个食客。如果豌豆象偏爱的豌豆短缺，它就退而求其次，去吃野豌豆和马蚕豆，这两种植物也向我们提供了类似证据。野豌豆颗粒小，被吃得只剩下一层皮，根本无望发芽生长；马蚕豆个头大，尽管其上有豌豆象的多间住屋，但照样能破土发芽。

我们已知豆荚上的虫卵数量总是大大多于荚内豆粒的数量，我们也知道每个被占有的豆粒是一只幼虫的私有财产，那就要问，多余的那些幼虫是什么下场呢？当最早成熟的幼虫一个个在豆荚食橱里占好位置时，多余的那些幼虫是不是在外面死去了？它们是否被先行占领阵地的幼虫无情地咬死了？都不是。情况是这样的。

就在此刻，在豌豆象成虫钻出来时留下了一个大圆孔的老豌豆上，用放大镜可以辨别出一些棕红色的斑点，数量有所不同，斑点中央都有钻孔。我数过，每粒豌豆上有五六个甚至更多的钻孔。那么这些斑点又是什么呢？我不会弄错的，有多少钻孔就有多少个幼虫。有好几个幼虫钻进了一个豆粒中，但能存活的、长大长肥的、变为成虫的却只有一个。那么其他的呢？我们马上来看看。

五月末和六月份是产卵期，豌豆仍然又嫩又绿。几乎所有被幼虫侵入的豆粒都向我们展示出许多斑点，这我们已经从豌豆象遗弃的那些干豌豆上看到了。这是不是好些幼虫聚在一起的标记呢？没错儿。我们把所说的那些豆粒，把子叶分开，必要时再加以细分。我们将好几个蜷在豆粒内的很小的幼虫暴露出来。

聚在一起的这些幼虫似乎相安无事、幸福安详。邻里间和睦相处，互不相争。进餐开始，食物丰盛，就餐者被子叶尚未被触动的部分所形成的膈膜分开着，各自待在自己的小间里，不会互相争斗，没有任何用无意的触碰或有意的寻衅引发的大动干戈。对所有的占有者来说，所有权相同，胃口相同，力量相同。那么共同享用同一个豆粒的情况将如何结束呢？

我把一些被认为有豌豆象居民的豌豆剖开之后放在玻璃试管里。我每天再剖开另一些。我通过这种办法了解到共居一处的豌豆象的生长发育状况。一开始并无任何特别的情况。每只幼虫独自在自己的狭小的窝里，嚼食自己周边的食物。它省俭着吃，不吵不闹。它还太小，稍微吃一点点食物就饱了。然而，一粒豌豆无法供养这么多幼虫吃到长大为止。饥饿有可能发生；除了一只以外，其余的全都得死去。

事情确实很快就发生了变化。幼虫中居于豆粒中心位置的那一只发育得比其他的幼虫要快。当它稍稍比自己的竞争对手们个头儿大一点点时，后者便全都停止进食，克制着自己不再往前探索食物。它们一动不动，听天由命；它们就如此这般地静静地死去了。它们消失了，溶解了，灭亡了。这些可怜的牺牲者是那么小！从此，那粒豌豆整个儿地属于那个唯一的幸存者了，在这个享有特权者的身边，其他的都一个个地死去了，到底是怎么回事呢？我没有确凿的答案，只能提出一种猜测。

豌豆的中央比其他地方更多地受到太阳的光合作用的抚爱，那儿会不会有一种婴儿食物，一种更适合豌豆象幼虫那娇弱的胃的松软食物呢？在豌豆的中央，幼虫的胃也许受到一种松软、味美、甜甜的食物的滋养，变得强壮，能够消化一些难以消化的食物。婴儿在吃流质、吃大人吃的面包之前，吃的是奶。豌豆的中心部分会不会就像是豌豆象妈妈的乳汁？

豌豆粒的所有占据者雄心相同，权利相等，所以全都往最美味的部分爬去。行程充满艰辛，临时的栖身之所反复出现，以便休息。在期盼更好的食物的同时，它们凑合着吃点自己身边已成熟了的食物；它们更多的是用牙来为自己开辟通道而非进食。

最后，那个掘进方向正确的掘土工便抵达了豆粒中心的乳制品厂。于是，它便在那儿安顿下来，而一切便已成为定局：其他的幼虫只有死路一条。其他的幼虫是如何得知中心部位已被占据了的呢？它们听到自己的那位同胞在用大颚敲击其小屋的墙壁了吗？它们老远地就感觉到有啃食的动静了吗？大概出现过某种类似的情况，因为自这时起，它们就不再往前探路了。迟到的幼虫们没有去与幸运的优胜者拼抢，没有去试图将它赶走，而是自己选择了死亡。我很喜爱太晚赶到的幼虫们的那种淳朴的忍让精神。

另有一个条件：空间的条件，在这件事中起着作用。在我们的那些豆象中，豌豆象是个头儿最大的。当它到了成年时，它就需要一种较宽敞的居所，而其他的那些豆象成年时并无这种要求。一粒豌豆可以为豌豆象提供一个很宽敞的居所，但是要住两个人就不行了，因为即使紧挨着也不够宽。这样一来，就必须毫不留情地精简人数，所以在一粒被侵入的豌豆里，除了一只幼虫以外，其他的竞争者一个不剩地被清除了。

而蚕豆则不同，它几乎像豌豆一样深受豌豆象的喜爱，但它可以接纳好些个豌豆象同时下榻一家旅馆。刚才所说的那种独居者在蚕豆这儿就成了共居者。蚕豆地方宽敞，可住下五六只甚至更多的幼虫而又互不侵犯邻居的领地。

另外，每只幼虫都有最初几日的松软蛋糕在自己的嘴边，也就是说远离表面、硬化缓慢、味道保存得很好的那一层。这内里的一层是面包心，其余的则是面包皮。

在豌豆中，这松软的一层位于中心部分，是豌豆象幼虫必须到达的很小的一个点，到不了那儿，就必死无疑；而在蚕豆这块大圆面包里，这个内层覆盖着两片扁平的豆瓣。如果在这硕大的豆粒上随处吃上一口的话，每只幼虫只需在自己面前往下钻，很快就能钻到想吃到的食物。

这样的话会出现什么情况呢？我统计了一下固定在一个蚕豆荚上的虫卵，又数了一下豆荚里的蚕豆粒，两相比较，我便得知按五六只幼虫计算，这只蚕豆荚有足够的空间容纳全部家庭成员。这就不存在几乎从卵中孵出之后便死去的多余者了；人人都有一份丰盛的食物，个个都能家兴人旺。食物的丰富保证了这种粗放式产卵方法的成功。

如果豌豆象始终都是以蚕豆作为自己全家的住所的话，我就很清楚它为什么在同一个豆荚上产下那么多的卵了：食物丰盛，又容易吃到，所以便能招引豌豆象产下大量的卵来。而豌豆就让我困惑不解了。是什么原因促使豌豆象妈妈昏头昏脑地把孩子生在缺粮的地方，活活地饿死呢？为什么有那么多食客围着只坐一人的餐桌呢？

在生命的进程中事情可不是这么发展的。某种预见性在调节着卵巢，使之根据食物的多寡产下自己的卵的。金龟子、泥蜂、葬尸虫以及其他为孩子们储备食品罐头的妈妈们，都是严格控制自己的生育的，因为它们面包铺里的松软面包，它们一筐筐的野味肉，它们埋尸坑中的腐肉块等是通过艰辛劳动获得的，而且数量不多。

相反，肉上的绿头苍蝇则成包成包地堆积它的卵。它深信尸肉是取之不尽的财富，所以便在其上大量下蛆，根本不在乎下了多少。另外，昆虫要狡诈地抢掠食物，经常会导致死亡事故的发生，因此昆虫妈妈也就用大量产卵的办法来抵消意外死亡的损失，以保持均衡。芜菁科昆虫就是属于这种情况，它常在极其危险的情况下抢劫他人财物，因此它的繁殖能力就极强。

豌豆象既不了解被迫减少家庭人口的劳作者之艰辛，也不清楚被迫大量增加家庭成员的寄生者的苦难。它自由自在，不费劲地去寻找，只是在明媚的阳光下在自己所偏爱的植物上溜来荡去，便给自己的每个孩子留下了足够财物。它是做得到的，而且还疯婆子似的想让超量的孩子生在一个豌豆荚上，致使多数孩子饿死在这间营养不足的哺乳室里。这种愚蠢的做法我不甚理解：它与昆虫妈妈的母性本能的固有的远见卓识背道而驰。

因此我倾向于认为，在世上的财富分享中，豌豆并非是豌豆象初期所取得的那一份，可能是蚕豆才对，因为一粒蚕豆就能够供养半打甚至更多点儿的食客。种子个头儿大，昆虫产卵与可食食物之间的明显的不协调也就不复存在了。

另外，毋庸置疑，在我们园中种植的各种豆类中，蚕豆是历史最悠久的。它个头儿特别大，而且口感又特别好，肯定自古以来就引起人类的注意。对于饥饿的种族来说，它是现成的、很有营养价值的食物。因此，人们急不可耐地在自己宅旁园地里大量地种植它，这就是农业的开始。

　　中亚地区的移民用他们那长满胡须的牛拉着牛车，一站一站地长途跋涉，给我们的蛮荒地区首先带来了蚕豆，然后是豌豆，最后把防止饥荒的谷物也带来了。他们还给我们带来了牛群羊群，他们让我们了解青铜，那是最早的制作工具的金属。就这样，在我们这里文明的曙光就出现了。

　　这些古代的先驱在给我们带来蚕豆的同时是否不知不觉地也把今天与我们争夺豆类植物的昆虫给带来了呢？这种怀疑不无道理。豌豆象似乎是豆类植物的原住民。至少我发现它就曾对当地的许多豆科植物在征收贡税。它尤其是在树林里的山鹜豆上大量繁殖，因为山鹜豆有一串串花朵和长长的、美丽的豆荚。山鹜豆的籽粒个头儿不大，大大小于我们的豌豆粒。但是，它的籽粒皮软，幼虫能吃，所以每粒籽粒都足以让其居住者长大长胖。

　　也请大家注意，山鹜豆的豆粒数量很多。我曾数过，每个豆荚内含有二十来颗豆粒，这是豌豆即使产量最高时也达不到的数字。因此，无太多渣滓的优质山鹜豆一般可以供养下在其豆荚上的昆虫家庭。

　　如果树林中的山鹜豆突然缺乏了，豌豆象便会转往其他一种味道相同的植物，但这种植物的豆荚又无法喂养其全部幼虫。例如，在野豌豆上或人工种植的豌豆上产卵。在食物不丰富的豆荚上产下的卵也不少，因为起源时期的植物或因种类繁多，或因籽粒个头儿大，可以提供丰富的食物。如果豌豆象真的是外来者，它初始阶段的食物假定为蚕豆；如果豌豆象是原住民，那就假定它的初始食物为山鹜豆。

　　古老岁月中的某一天，豌豆到了我们这里。它起先是在先它而来的史前的那同一个小园子里收获的。人们发现它优于蚕豆，后者在为人做出那么多贡献之后让位于豌豆了。象虫也是这种看法。象虫虽未完全撇弃蚕豆和山鹜豆，却把自己的大本营建立在一个世纪一个世纪以来逐渐广泛种植的豌豆上。今天，我们得与豌豆象共享豌豆：豌豆象是提取它中意的一份之后把剩下的一份留给了我们。

我们产品的丰富和优质所产生的儿女——昆虫的这种繁衍兴旺，从另一方面来看却是衰败没落。对于象虫来说如同对我们来说一样，食物方面的进步，并不总是完美的。省吃俭用，种族则更得益；食不厌精，种族遭殃。豌豆象在蚕豆和山藜豆这种粗糙食物上建立了婴儿低死亡率的移民地。在它们上面，人人都有吃饭的地方。而在精美食品——豌豆上，大部分食客则因饥饿身亡。豌豆上，份额不够，而食客却多。

我们不必在这个问题上过多地耽搁时间了。我们来看看由于兄弟姐妹全都死去而成为唯一的主人的豌豆象幼虫吧。它在这种大死亡中毫发未损，是机遇帮了它的忙，仅此而已。在豌豆粒中央这个丰润的僻静处，它干起了自己的唯一的本行——吃。它先吃自己周边的食物，继而扩大范围，只见它的肚子越来越鼓，它的窝儿在变大，但也随即被大肚子填满。它身轻体健，丰满迷人，透着健康的风采。如果我撩拨它，它便在自己的宅子里懒散地打着转儿，头还轻轻地点着。这是它讨厌我打扰的一种方式。我们让它安静，别打扰它了。

它发育得又快又好，以致酷暑来临时，它已经在忙着即将到来的外出了。豌豆象成虫没有配备足够的工具为自己在豌豆中打开一条通道钻出去，因为豌豆此时已经完全变硬了。幼虫知道自己将来的这种无奈，便早有所预见，用一种绝妙的技艺摆脱困境。它用自己有力的颌钻出一个安全门，圆圆的，四壁十分光洁。我们用最好的雕琢象牙的刀具也干不出这么好来。

事先准备好逃跑的天窗还不够，还必须很好考虑蛹干细致活儿时所需的宁静。擅闯民宅者会从开着的天窗溜进来，进而损伤毫无防卫能力的蛹。所以这个天窗必须关上。怎么关呢？窍门在这儿。

幼虫在钻逃逸的出口时，啃食面粉状物质，连一点儿渣渣都不剩。待钻至豆粒表皮时，它便突然停下。这层表皮是一层半透明的薄膜，是幼虫变态用的凹室的防护屏，以防外来的不法之徒进入其间。

这也是成虫迁居时将遇到的唯一的障碍。为了使这道屏障易于脱落，幼虫曾在里层细心地围绕着盖子刻画出一道阻力不大的沟槽。发育成成虫后，只需用肩膀一顶，用额头稍稍一撞，圆盖就微微顶起，像木锅盖似的掉了下来。出洞口穿过豌豆那半透明的表皮展露出来，宛如一个宽大的环状斑点，因室内阴暗而不很明亮。下面发生的事因为隐没于类似毛玻璃的下面，所以看不清楚。

这种舷窗盖构思真巧妙，既是抵挡入侵者的堡垒，又是豌豆象成虫在适当时机用肩膀一顶即开的活门。我们将会因此而向豌豆象表示敬意吗？这灵巧的昆虫会想出这么个高招儿，思考出一个计划，进而一步一步地付诸实行吗？象虫的小脑袋有这本事可是了不得。在下结论之前，我们还是先进行一下实验吧。

我把被豌豆象幼虫占据的那些豌豆的表皮剥掉，再把这些豌豆放在玻璃试管里，免得它们过快地变干。幼虫在其中同在没有剥去表皮的豌豆里一样发育良好，到时候便开始准备出屋。

如果幼虫矿工是由自己的灵感所指引的话，如果那被不时地仔细检查的顶板被认为已很单薄而不再继续挖它的通道的话，那么在现在的种种条件之下，会发生什么情况呢？幼虫感觉到自己已经贴近表面，将停止钻探；它将不会损坏无表皮的豌豆的最后的那一层，从而获得了不可或缺的保护屏。

类似的情况并没有出现。井坑在充分挖掘；出口在外面张开，如同表皮仍在保护着豌豆似的一样宽大，一样精雕细琢。安全的原因一点儿也没有改变幼虫的习惯劳作。敌人能够进入这间来去自由的小屋，幼虫对此并不担心。

当它没有把有表皮的豌豆钻透时，它也没有更多地想到这个。它之所以突然停下来，是因为没有面粉的薄膜合它的胃口。我们不也是把那些并无营养价值的豌豆皮从豌豆泥中弄出去吗？因为豌豆皮并没有什么用。看上去，豌豆象幼虫同我们一样：它讨厌豌豆粒上那层如羊皮纸似的咬不动的表皮。它到了表皮那儿便驻足不前了，知道那玩意儿不好吃。从这种厌恶的心情中却产生出一个小小的奇迹。昆虫没有逻辑，它被动地听从一种高级逻辑。它只是听从，而并未意识到自己的技艺，它的这种无意识如同可结晶物质有条不紊地聚集其大量原子一般。

八月份，或稍早些或稍晚些，一些黑斑在豌豆上出现，每粒上始终都是一个，毫无例外，这就是出口舱。九月份，其中绝大部分都会打开。好像是钻孔器钻出的舱门盖整齐划一地分离，落在地上，住屋的出入口便畅通无阻了。豌豆象以最终的形态衣着光鲜地爬了出来。

季节很美好。经雨水浇灌的花朵盛开。从豌豆上来的移民在秋天的欢悦中前来探花。然后，寒冬来临，移民们便纷纷寻找避难所躲藏起来。其他的一些与这些移民数量相当，并不急于离开出生的豆粒。整个寒冬腊月，它们滞留在出生的豆粒里，躲在不敢触动的保护屏下面，一动不动。小屋的门只待酷暑回来时才在铰链上，也就是说在抵抗力较弱的沟槽上发挥作用。到那时，迟到的幼虫才大搬家，与先期到达者们会合，待豌豆开花时节，共同准备干活儿。

从方方面面去观察昆虫本能的无穷无尽、变化多端的表现，对于观察者来说是对昆虫世界的观察的最大乐趣，因为没有任何东西比这更能展现生命中的种种事物那奇妙的配合一致了。我知道，这么去了解昆虫学，并非人人都赞赏的；人们对一心扑在昆虫的一举一动上的这个天真汉是嗤之以鼻的。对于急功近利的功利主义者来说，一小把没被豌豆象糟蹋的豌豆远胜于一大堆没有直接利益的观察报告。

缺乏信仰的人呀，谁告诉你今天没用的东西明天就不是有用的？了解了昆虫的习性，我们将能更好地保护我们的财富。如果我们蔑视这种不注重功利的观念，我们可能会追悔莫及的。正是通过这种或立即可以付诸实践的或不能立即付诸实践的观念的积累，人类才会而且会继续变得越来越好，今天比从前好，将来比现在好。如果说我们需要豌豆象与我们争夺的豌豆和蚕豆，那我们也需要知识，因为知识如同巨大而坚硬的和面缸，进步这种面包就在其中揉拌、发酵。思想观念同蚕豆一样的重要。

思想观念还特别告诉我们说："贩卖谷物者无须费心劳神地去与豌豆象进行斗争。当豌豆运到谷仓时，损失已经造成，无法弥补，但这种损失不会扩展的。完好无损的豌豆丝毫不用担心与受损害的豌豆为邻，无论它们混居一起多久。豌豆象到时候会从这些受损害的豌豆中出来；如果有可能逃走，它们会从粮仓中飞走的。如果情况相反，它们会死去而不对完好无损的豌豆造成丝毫的损害。在我们食用的干豌豆上从来没有豌豆象卵，从来没有新的一代豌豆象出现。同样，也从来未见豌豆象成虫所造成的损害。"

我们的豌豆象并非定居于粮仓之中；它们需要新鲜空气、阳光、田野的自由。它吃得不多，蔬菜的硬的部分它们是绝对不吃的。对于它那细小的嘴来说，在花间吮吸几口蜜汁就足够了。另外，幼虫需要的是正在豆荚里发育成长的绿色豌豆这松软的面包。正是由于这些原因，粮仓中没有碰到开始时进入其中的豌豆象卵发育成长之后又在繁殖下一代的现象。

灾害的根子在田野里。在与这种昆虫进行斗争时如果我们不总是束手无策的话，就特别应该在田野上监视豌豆象的为非作歹。豌豆象数量惊人，个头儿又小，且极其狡猾，所以很难消灭。因此，它对我们人的愤怒不屑一顾。园丁又叫又骂，象虫则无动于衷。它仍旧一如既往地继续干它那收税官的行当。幸好，有一些助手前来帮我们的忙，它们比我们更有耐心，更加有成效。

八月的第一个星期，当成熟的豌豆象开始搬迁时，我看到了一种很小的小蜂，它是我们的豌豆的保卫者。我看见它在我的那些作培育用的短颈大口瓶里，大量地从象虫那儿出来。雌性小蜂头和胸呈棕红色，肚腹黑色，并带有长长的螺钻。雄性小蜂个头儿稍小一些，一身的黑衣裳。雌雄两性都有泛红的爪子和丝状触角。

为了钻出豌豆，豌豆象的歼灭者自己在豌豆象为最终解脱而在豌豆表皮上雕刻出的天窗圆封盖上开启一扇小天窗。被吞食者为其吞食者铺平了出去的道路。看到这一细节，其余的就不难猜测了。

当豌豆象幼虫变化的最初阶段结束时，出口已经钻通，小蜂急匆匆地突然而至。它仔细检查还长在茎上的豆荚中的豌豆，它用触角探来探去，它发现了表皮上的薄弱部位。于是，它便竖起它的探测尖桩，插进豆荚，在豆粒的薄薄的封盖上钻孔。象虫的幼虫或者蛹，无论躲在豆粒多深的部位，小蜂的长尖桩都能触到。小蜂在象虫的幼虫或蛹上产下一只卵，便大功告成了。象虫现在还处于半睡眠状态或者呈蛹状，所以不可能进行反抗，所以这个胖娃娃将被吸干，直到只剩下一个皮囊。

真遗憾，我们不能随心所欲地帮助这种热情的歼灭者大量繁殖！唉！这就是令人大失所望的恶性循环，我们无法放开手脚，因为如果想有许多的豌豆的探测者——小蜂来帮忙，首先就得有大量的豌豆象。

菜 豆 象

　　菜豆是一种价格低廉而又产量高的农作物，被称为穷人的点心。菜豆象是一种对农田危害性很大的害虫，常把卵产在豆荚里，它们喜欢成熟的、干透了的、硬邦邦的豆荚。法布尔向我们介绍了菜豆象的生殖方式、生活习性及应对它的措施等。

　　如果上帝在世间创造过一种蔬菜，那就是菜豆。菜豆有种种的优点：口感绵软，味道甜美，产量很高，价格低廉，营养丰富。它是植物性的肉，但却不会令人看着不舒服，不像屠户在砧板上切下的肉那样血腥。为了记住它的好处，普罗旺斯方言称它为"穷人的点心"。

　　你是神圣的豆子，是穷人的慰藉，你价格低廉，你让劳动者，让从来得不到好运的善良而又有才的人得以果腹。敦厚的豆子，加上两三滴油和一点点醋，你曾是我青少年时代的美味佳肴；现在我已年迈，可你仍然是我那粗茶淡饭中最受欢迎的蔬菜。让我们直到我生命的终结都是好朋友吧。

　　今天，我并不打算颂扬你的功绩，我只想问你几个我好奇的问题。你的祖籍是哪里？你是不是同马蚕豆和豌豆一起从中亚地区来的？你是那些农作物先驱者从他们的小园子里为我们带来的那些种子里的一种吗? 古人知道你吗?

公正的、消息灵通的昆虫对此回答道 :"不,在我们这一带,古人并不知道菜豆。这种珍贵的豆子不是同蚕豆一起经过同样的路径来到我们这里的。它是个外来客,很晚才引入旧大陆的。"

昆虫的话语值得认真考虑,因为这番话言之有理。情况是这样的,我从很久以前就一直在关注农业方面的事情,从来没有见到有菜豆受到昆虫科中任何一种抢劫者,特别是专爱侵犯豆科植物的象虫的劫掠的。

我就这个问题询问过我的那些农民邻居。一涉及其收获物,这些农民就非常警觉。触及他们的财产,那简直是罪不容恕,他们很快就能发现是谁干的坏事。另外,农妇们就在家里,在盘子里一粒一粒地剥出准备下锅的菜豆,她们心细手巧,触到歹徒很快就能把它揪出来的。

喏,他们全都一致地以微笑来回答我所提出的问题,那笑容是在笑话我有关小虫子方面的知识少得可怜。他们说 :"先生,您要知道,菜豆里是从不长虫的。它是受上帝赐福的一种豆子,象虫不敢伤害它的。豌豆、蚕豆、扁豆、山黧豆、小豌豆是都生虫子的。可菜豆是穷人的点心,是从不生虫的。我们是穷苦人,如果虫子也来同我们抢夺它的话,我们可怎么活呀?"

的确,象虫科昆虫确实瞧不起菜豆,如果大家看看其他的豆类是如何受到它们的疯狂侵害的,就会觉得这种对菜豆的蔑视极其奇怪。所有豆类,连最小的小扁豆都难逃一劫,而菜豆个头又大,味道又美,却安然无恙。这可真让人难以理解。无论好的次的豆粒豆象都毫不犹豫地要吃,为何唯独不吃最美味的菜豆呢? 它吃了山黧豆吃豌豆,吃了豌豆吃蚕豆和野豌豆,无论豆粒大小它都感到满意,可偏偏却对菜豆的诱惑无动于衷。这是为什么呀?

显然，象虫并不了解菜豆。而其他的豆类，无论是当地的还是来自东方而适应了当地水土的，几百年来它都已经很熟悉了；它每年都要尝尝这些豆类是否是优质品，而且深信过去所获得的经验教训，按照古代的习俗对未来做出安排。对于它来说，菜豆作为它根本就不了解其优点的新来者，是令人生疑的。

昆虫完全证实了菜豆属于新来者这一点。它是从很远的地方，肯定是从新大陆来的。任何可食用的东西都会招引一些有意者来食用它。如果菜豆源自旧大陆，它就会像豌豆、小扁豆和其他豆类一样招来自己的消费者。就连豆类植物中最小的、往往没一个针尖大的还供养自己的豆象——一种矮小的昆虫，它能耐心地咀嚼这种小豆粒，并在其间造窝筑巢；可菜豆是肥嘟嘟的，味道又美，怎么就被放过了呢?

对这种奇特的豁免权，除下面的解释外没有其他的解释：同土豆和玉米一样，菜豆是新大陆的一件礼物。它来到我们这里时没有昆虫伴随，它的合乎规定的开发者被留在了当地。而在我们这儿的田野里，它遇到了另外一些吃豆粒的昆虫，可这些昆虫又不认识它，所以便对它不屑一顾了。同样，玉米和土豆在我们这儿也未受侵害，除非有从美洲输入的它们的打劫者突然而至。

昆虫上面所说的那番话也由一些古老的经典作者中的证词所证实：在农民们那粗茶淡饭的餐桌上，菜豆从未出现过。在维吉尔[①]的第二首牧歌中，特斯悌利丝为收割庄稼的人准备饭菜：

    特斯悌利丝的饭菜
    丰盛多样。

---

① 维吉尔（前 70—前 19）：古罗马著名诗人。

　　多种多样的饭菜如同普罗旺斯人爱吃的蒜泥蛋黄酱。这写在诗中很美，但华而不实。这儿的人爱吃的是抗饿的食物——用切成细丝的洋葱拌的红菜豆。这种菜看好极了，既保持了乡村风味，又能填饱肚子，不比大蒜差。填饱肚子之后，收割庄稼的农民们在露天地里，在麦堆的阴凉处，小睡一会儿，慢慢地消食。我们现代的特斯惊利丝们同她们古代的姐妹们没有多大差别，很留意不忘记那穷人的点心，不忘记大肚汉们认为的又经济实惠又好吃的东西。诗人笔下的特斯惊利丝没有想到这一点，因为她不了解穷苦的大肚汉。

　　维吉尔还向我们描述了在殷勤招待自己的朋友梅里贝住了一夜的蒂迪尔；梅里贝被渥大维的士兵赶出家园，一瘸一拐地跟在羊群后面离去。蒂迪尔说："我们将会有栗子、奶酪、水果的。"这则故事没有说明梅里贝是否被诱惑了，这很遗憾。但在这顿清淡的饭菜中，我们清楚地得知古代的牧羊人是没有菜豆可充饥的。

　　奥维德[①]在一个美妙动听的故事中向我们讲述了菲雷蒙和波西斯款待他们陋屋的客人——两个不认识的神明的情景。在用一块瓦片垫稳的三条腿的餐桌上，他们端上来圆白菜汤，在热炉灰里焙了一会儿的鸡蛋，在盐卤中腌渍的小冠花、蜂蜜、水果等。在这些美味的乡村食物中，缺少我们农村里的波西斯们不会忘记的一道主菜。在猪肉汤之后，必然要上一盘菜豆。擅长描写细腻情节的奥维德因为什么而没有提到非常适合放在菜单中的菜豆呢？原因是一样的：他大概不知道有这种豆子。

　　我回忆了我读到的有关古代农村膳食的那一点点知识，但一点结果都没有，想不起有菜豆什么的。在葡萄种植者和收割庄稼的农

---

① 奥维德（前43—17）：古罗马诗人，著有长诗《变形记》等。

民的砂锅里，倒是提到了羽扇豆、蚕豆、豌豆、小扁豆，唯独没有这种优质的菜豆。

另外，豆子享有美名。有人说："它让人吃着开心，你吃了之后，就去放松放松。"因此它适合黎民百姓用来说些粗俗的玩笑，特别是当这些玩笑由一个像阿里斯托芬[①]和普劳图斯[②]这样的天才不顾廉耻地说出口来，就更是这样了。对蚕豆吃多了能让人放屁的隐喻会产生什么样的舞台效果呀！雅典内河航船上的水手们和罗马的挑夫们听了会发出多么爽朗的笑声啊！这两位喜剧大师在他们忘乎所以时，用一种不如我们的语言那么雅致的语言谈到了菜豆了没有？根本没有。他们对这种也能引起声响的豆子只字未提。

"菜豆"一词本身就发人深省。这是一个很怪的词，与我们的词汇无亲缘关系。它的形态与我们的音节组合不一样，使我们在脑子里联想到加勒比海地区的方言俚语，比如橡胶和可可。"菜豆"一词确实是源自美洲的印第安人吗？我们是否连同这种豆子一起接受了或多或少地保留着其乡土气息的名称？也许是这么回事，但这又怎么能知晓呢？菜豆，怪诞的菜豆，你向我们提出了一个奇怪的语言学方面的问题。

法语称菜豆为 faséole、flageolet，普罗旺斯方言称它为 faioù 和 favioù，卡塔卢西亚语称它为 fayol，西班牙语称它为 faseolo，葡萄牙语称它为 feyseo，意大利语称它为 fagiuolo。为此，我在想，拉丁语系中的各种语言虽然词尾都必不可避免地有所变化，却保存了 faseolus 这一古词。

---

① 阿里斯托芬（前448—前385）：古希腊诗人、喜剧作家，享有"喜剧之父"的盛誉，据传写过四十四部喜剧。

② 普劳图斯（前254—前184）：古罗马喜剧作家，著有《一罐金子》等。

　　如果我查阅我收集的词汇卡片，我就能找到表示"菜豆"的词汇有 faselus、faseolus、phaseolus 等。词汇学者，请允许我告诉您：您翻译得不妥，faselus、faseolus 不能表示"菜豆"。我有不容置辩的证据：维吉尔在他的《农事诗》中告诉我们什么季节适合种 faselus。他说道：

> 如果想种 faselus，
> 那就等着牧羊星座把黑夜的
> 征兆传达给你，
> 你就开始播种，
> 继续耕作至一周期之中间。

　　没有什么能比这位深谙农事的诗人的告诫更清楚的了：必须在夕阳西下牧羊星座消失的时期，也就是说将近十月底开始播种 faselus，直到降霜中期才停止耕耘。

　　按这种说法，菜豆则与之无关：菜豆是一种弱不禁风的植物，稍一受冻就忍受不住了。冬季对它来说是要命的季节，即使是在意大利南方的气候条件下。而豌豆、蚕豆、山鹯豆和其他的豆科植物则不然，由于其发源地的关系，它们能够抵御寒冷，秋季播种，冬季长势旺盛，只要不是太冷就行。

　　那么，《农事诗》中的 faselus 这种把其名称传给拉丁语各种语言中的"菜豆"的有争议的豆子到底是何物呢？鉴于诗人在诗中曾用"鄙俗"一词来贬斥它，我不由得想起了应该是指鬃黑豆，也就是普罗旺斯农民不怎么欣赏的那种煤玉豆。

　　我正在做如是想，而且在寄居豆子的昆虫这唯一的证据几乎要澄清了时，突然，一份意想不到的资料替我把这个谜的谜底彻底揭开来了。又有一位诗人，也就是那位闻名遐迩的约瑟－玛利亚·德·埃雷迪亚①帮了博物学家一把。我的一位朋友，村里的小学老师，给了我一本小册子，他没料到这竟然帮了我的大忙。我在这本小册子里读到这位十四行诗的名家与一位询问他最喜欢的作品是哪一部的女记者的如下的一番对话：

诗人说："您让我怎么回答您呢？我很犯难的……我不知道自己偏爱的是哪一首十四行诗：我写所有的诗时都殚精竭虑，耗尽心血……您呢，您更喜欢哪一首呀？"

"亲爱的大师，件件珠宝都美不胜言，怎么可能从中进行挑选呢？您让珍珠、绿宝石、红宝石熠熠生辉，看得我目不暇接，我又怎么可能决定喜欢绿宝石而不喜欢珍珠呢？整条项链都让我爱不释手。"

"对！可我，有一件事却使我对它比对我所有的十四行诗都感到自豪，而且它比我的诗更让我享有荣誉。"

女记者瞪大了眼睛问道：

"是什么事？……"

大师狡黠地看了看女记者，然后，他眼睛充满了得意的亮光，脸上洋溢着青春的光芒，大声说道：

"我找到了'菜豆'一词的词源！"

女记者惊愕得都忘了哈哈大笑了。

"我跟您说的可是正经的事呀。"

"亲爱的大师，我早就知道您享有盛名，学识渊博，但我并未因此而联想到您会为找到'菜豆'这个词的词源而感到无比自豪。啊，

---

① 约瑟－玛利亚·德·埃雷迪亚（1842—1905）：法国著名诗人。

不，不，我未曾料到是这么回事！您能告诉我您是怎么发现的吗？"

"当然。是这样，我在研读埃尔南德斯的十六世纪的那本自然史佳作《新世纪植物史》时，找到了一些有关菜豆的资料。直到十七世纪以前，'菜豆'这个词在法国尚不为人所知。大家一直把它称为'蚕豆'或'菜豆属'，而墨西哥语中则有'阿雅科特'（ayaeot）一词。墨西哥在被征服之前，那儿就种植有三十种菜豆。今天，那儿的人仍然称这三十种菜豆，特别是那种带红斑或紫斑的红菜豆为阿雅科特。有一天，我在加斯东·帕里斯[①]家中遇上一位大学者。他一听见我的名字，便走上前来问我是不是找到了'菜豆'这个词的词源。他一点儿也不知道我也写过诗，还发表过《战利品》这部诗集……"

啊！把十四行诗这一块宝置于菜豆之下，这可真是绝妙！该我因阿雅科特一词而心花怒放了。我怀疑"菜豆"这个怪诞的词儿中有印第安语的成分该是多么在理呀！以自己的方式向我们证实这种珍贵的种子源自美洲大陆的昆虫真是言之有理！蒙特儒马[②]的蚕豆，阿兹特克人[③]的阿雅科特，在几乎保留着自己原始名称的同时，从墨西哥来到了我们的菜园子里。

但是，它没有由其消费者——昆虫陪伴着来到我们这里，而在它的故乡，肯定应该有一种专门征收这种丰产豆子的税的象虫科昆虫。我们土著的豆粒消费者不接受这个外来者；它们还没来得及与这个外来者熟悉起来，来不及评价其优点；它们谨慎小心地克制着，不去碰这个因其初来乍到而颇受怀疑的阿雅科特。因此，直到今天

[①] 加斯东·帕里斯（1839—1903）：法国著名作家，法兰西学院学士。

[②] 蒙特儒马：十五世纪的墨西哥国王。

[③] 阿特兹克人：美洲大陆印第安人中的一支。

以前,这种墨西哥蚕豆一直安然无恙,这与我们的其他豆子全然不同,其他豆子全都被象虫所侵害。

这种状况没能持续下去。如果说我们的田间地头没有喜爱这种豆子的昆虫,那么新大陆却有它的爱好者。通过商业交易,某一天总会有这么一两袋生虫的菜豆给我们把它带来的。这是不可避免的事。

根据我所掌握的资料,新近的这种入侵似乎不乏先例。三四年前,我从罗讷河口地区的马雅内弄到了我一直在我家附近徒劳地寻找的东西。我当时在寻找时曾问过家庭主妇和农民,他们对我所提的问题感到十分惊讶。他们谁都没有见过什么菜豆虫,也从来没有听说过有这种虫。我的一些朋友听说我在寻找这种虫子,给我从马雅内寄来了可以说是大大地满足了我的博物学者好奇心的东西。那是一斗受到严重蛀蚀的菜豆,千疮百孔,简直像是海绵状。这些豆子里蠕动着难以计数的一种象虫,小得就像小扁豆中的小象虫。

寄豆子来的那些朋友跟我谈到在马雅内所遭受的损失。他们说,这种可恶的虫子毁掉了大部分庄稼。真是一种从未见过的大灾害,把菜豆给毁得差不多了,几乎让主妇们没有菜豆可供煮食的了。至于这罪魁祸首的习性、活动情况,大家都不清楚。这得由我去进行实验,以便搞清是怎么个情况。

得赶快进行实验。环境和条件很适合做实验。现在是六月中旬,我的园子里有一块地上长着早熟菜豆,是比利时黑菜豆,种了自家吃的。即使损失了这宝贵的豆子,也得把这可怕的虫子放到这片绿色植物上去。根据我所看到的豌豆象的情况来判断,这些比利时黑菜豆已经成熟:花繁叶茂,豆荚也十分饱满,青翠欲滴,大小不一。

我在一只盘子里放了两三把马雅内菜豆,并把在太阳下蠕动着的一堆虫子放在比利时黑菜豆地边儿上。将要发生的情况,我觉得我已猜到了。获得自由的虫子和很快就被阳光刺激而解脱的虫子将会飞起来。它们将在附近寻找供养它们的植物，然后便停在上面，据为已有。我将看到它们探测豆荚和豆花；无须等得太久，我就会看到它们产下卵来。豌豆象在这样的条件下，也会这么做的。

可是，事情并非如此。我很困惑，为什么情况与我预料的会不一样。昆虫们在太阳下动来动去了几分钟的工夫，微微张开鞘翅，然后又闭合上，以利飞行机械的运行，然后便起飞了，一只又一只；它们飞向明晃晃的空中；它们慢慢飞远，不一会儿便不见了踪影。我一个劲儿地紧盯着，但一无所获，飞走的一只也没停在菜豆上。

获得自由的欢快满足了之后，它们今天晚上、明天、后天还会飞回来吗？没有，它们没有飞回来。整整一个星期，我都在最佳时刻检查一垄一垄的菜豆，一朵一朵的花，一个一个的豆荚，挨个儿地查了一遍，都没见着有菜豆象，也没发现有虫卵。可是，这正是产卵的有利时期，因为此刻被我囚于短颈大口瓶内的孕妇们正在把它们的卵大量地产在干菜豆上。

我们换个季节再试一试。我安排了两块地，种上了晚熟菜豆——红阿雅科特豆，有点是为居家食用的，但首先是为菜豆象准备的。这两块地相隔开来，弄成梯形，一块八月成熟，另一块九月或更晚些时间成熟。

我用红菜豆重新进行先前用黑菜豆所做的实验。我多次适时地把一窝一窝菜豆象放进绿叶丛里。它们是从总货仓——我的短颈大口瓶里取出来的。每次的结果都宣告失败。整个收获季节里，我几乎每天都在延长研究的时间，直到两次收获全部结束，全都以失败告终。我到最后也没能发现一只有虫子占据的豆荚，甚至连一只在植物上驻足的象虫都没看见。

但我并未中断监视。我还嘱咐我的家人尽心尽力地看管我为自己研究所专门种植的那几垄地，并要他们采摘时留意豆荚上可能会有卵。我自己则先用放大镜仔细查看之后再把豆荚交给妻子去剥豆。但这都是在白忙活，哪儿也未见菜豆象卵的踪迹。

我除了在露天地里做这些实验外，还在玻璃瓶子里做过一些实验。我用长形瓶子装了一些还挂在枝上的新鲜豆荚，有一些是青翠碧绿的，另有一些呈胭脂红色，里面的豆粒接近成熟。每只瓶子里都放了不少的菜豆象。这一回，我获得了一些菜豆象卵，但我对这些卵不太有信心：菜豆象妈妈把这些卵下在了玻璃瓶内壁上，而不是下在豆荚上。但不要紧，反正它们也在孵化。我看见孵出的幼虫游来荡去了几天，以同样的兴奋劲头儿探测豆荚和瓶子内壁。最后，它们一个个全都悲惨地死了，没有触动放在瓶内的那些食物。

这种结果是必然的：鲜嫩的菜豆并非它们之所爱。与豌豆象相反，菜豆象不愿把自己的孩子们托付给不是自然成熟和因干燥而变硬的豆荚；它不屑于在我的苗圃上停留，因为它在那儿找不到它所需要的食物。

那么它到底需要些什么呢？它需要老的、硬的、掉在地上像石头子儿似的嘭嘭响的豆子。我马上就满足它。我在我的玻璃瓶里放进一些熟透了的、硬邦邦的、经太阳长时间照射而晒干了的豆荚。这一回，菜豆象人丁旺盛，幼虫们在干干的豆荚壳上，触到了豆粒，在豆粒上进行钻探，这之后一切都如愿地在发展。

从观察到的情况看来，菜豆象就是如此这般地侵入农民们的谷仓的。收获时在田野里，留下了一些菜豆，让太阳把枝茎和豆荚晒得又干又透。这样一来脱起粒来就容易得多。也就是在这个时候，菜豆象找到了自己中意的东西，便在上面产下卵来。农民们稍后把豆子收回去时，顺带着也把其侵害者带回家中。

不过，菜豆象主要是吃我们存入谷仓的豆子。同专爱嚼咬粮仓中的麦粒而不喜欢田野里麦穗上的麦粒的象鼻虫一样，菜豆象也讨厌鲜嫩的谷粒而喜欢定居在谷堆上那又暗又静的环境之中。这虽说是农民的敌人，但更是储粮商的可怕的敌人。

这种侵害者一旦在我的宝贵的谷仓中安顿下来，它们的破坏劲儿可大着哩！我的小瓶子就充分地证明了这一点。光一粒菜豆上面就住了一大家子，常常有二十来个。而且还不只是一代，一年之中足有三四代安居其上。只要是豆皮下有可食物质，就有新消费者定居其上，直吃到菜豆粒只剩个空壳，惨不忍睹。豆粒表皮幼虫不屑去吃，最后成了一个满是窟窿眼儿的空袋子，而袋内的物质用指头一触，便立即成了一摊令人作呕的粉状物团团。菜豆被完全毁坏了。

豌豆象是一粒豌豆上只有一只，它只吃掉为自己挖掘狭小的孵化室所必须弄掉的物质，而其余部分则完好无损，因此豌豆粒仍可发芽，并且还仍可以食用，只要你不厌恶就行，再说，这也没什么可以觉得厌恶的。美洲的菜豆象则不会这么手下留情；它要把自己那颗豆子吃个干干净净，只剩下一堆连猪都不吃的垃圾。美洲在把它的昆虫灾害给我们带来时，可是来势凶猛的。美洲就曾给我们带来过根瘤蚜这种害人不浅的虱子，我们的葡萄种植者们一直在同这种害虫进行斗争；今天，美洲又给我们带来了菜豆象，这将给未来造成严重的威胁。我做了几次实验，可以看出其危害之严重。

将近三年以来，在我的昆虫实验室的桌子上，大大小小的瓶子排列了好几十只，全都是由纱罩罩住瓶口的，既可防止入侵者又可让空气保持流通。这些瓶子是我的野兽笼子。我在瓶子里培育菜豆象，并随意改变其饮食供应。我从这些瓶子中意外获知菜豆象对居所的

选择并非是专一的，除了几个罕见的例子以外，它们对我们的各种
豆子都很适应。

各种菜豆，无论白的和黑的，红的和杂色的，大的和小的，当
年收获的和好几年前收获的几乎煮都煮不烂的，都适合于菜豆象。
脱了粒的菜豆则更受青睐，因为容易侵入，但是如果脱了粒的不足时，
有豆荚保护着的豆粒也同样受到菜豆象的喜爱。刚孵化出来的幼虫
往往会钻透又皱又硬的豆荚触及豆粒。在田间地头菜豆象就是这样
侵害菜豆的。

长荚果扁豆的优良品质也得到菜豆象的认可。这种扁豆在我们
这里称作独眼菜豆，因为在豆荚的梗洼处有一黑点，好似带眼囊的
眼睛，因此而得名。我甚至在我的那些菜豆象寄宿者中间看出它们
对这种扁豆更加情有独钟。

直到这时之前，没有出现任何异常情况：菜豆象没有越出菜豆
属植物这一食物范围。但是，这之后，情况变得危险了，菜豆象向
我展示出它的意想不到的一面。它毫不犹豫地去吃干豌豆、蚕豆、
山藜豆、野豌豆、鹰嘴豆；它总是津津有味地从这一种吃到那一种；
它的孩子们同吃菜豆一样，吃这些豆类也吃得膘肥肉壮的。唯独小
扁豆不受欢迎，也许是因为小扁豆个头儿太小的缘故。这种美洲来
的象虫科昆虫真是个可怕的侵害者！

如果像我一开始所担心的那样，菜豆象总这么贪吃，从豆类吃到
谷物，那灾害就更加严重了。但并未严重到如此地步。居于我的短颈
大口瓶，与小麦、大麦、稻谷、玉米等在一起的菜豆象全都无一例外
地没留下后代便死去了。它同油性种子，如蓖麻、向日葵等在一起时
情况也是如此。除了豆类，再没有别的什么适合菜豆象的。尽管有此
局限，但它的胃口仍是一种大胃口，而且吃起来极其疯狂，祸害不浅。

它的卵是白色的，呈小圆柱形。产卵无序，对产卵地点也不做任何选择。菜豆象妈妈产卵时，或只产下一个，或产下一小堆，既产在短颈大口瓶的内壁上，也产在菜豆上。在粗心大意时，它甚至把卵产在玉米、咖啡、蓖麻和其他种子上，孩子们因在其上找不到合乎口味的食物而很快死去。在这里，妈妈的远见又有何用？卵只要是下在豆荚堆中的任何地方，都是合适的，因为新生儿自己会去寻觅并找到侵入点的。

卵顶多五天就孵化。刚孵出来时是个棕红脑袋的白色小家伙，是个勉强可以看得出来的一个小点点。幼虫上身鼓起，让自己的工具——大颚这个圆凿更加有力，因为它要利用这一工具在坚硬如木头似的种子上钻孔。树干上的矿工——吉丁和天牛的幼虫也是这么挺着上身的。小爬虫一出生便以一种我们不相信这么小小年纪就会有的积极劲头儿随意地闲逛着，它这是想着尽快地找到栖身之所和食物。

一到第二天，大部分幼虫都办好自己的事了。我看见它们在种子的坚硬表皮上钻孔；我观看着它们的执着劲头儿；我还偶然看到幼虫半个身子下到刚凿出一点的坑道的开口处，坑口边有白色粉末，那是钻孔时弄出的粉屑。它钻进洞中，钻到种子的中心部位。五个星期后，它长大成为成虫后再爬出洞来，因为它长得很快。

菜豆象的快速发育成长使它一年能有好几代。我就见过四代。另外，单单一对夫妇便给我提供了八十个孩子。我们就只按一半来统计，因为夫妇双方是两个人，我是按两个性别的等量加以计算的。那么，到了年底，这第一对夫妻所生之后代就将是四十的四次方，那么幼虫时期的菜豆象总数就是五百多万只。这么一个强大的军团要糟蹋掉多大一堆菜豆呀！

　　菜豆象的本领从各个方面来看都与我们所了解的豌豆象并驾齐驱。每只幼虫都在菜豆内为自个儿凿个小屋，但并不伤及菜豆的表皮这个保护屏障，待长成成虫要出去时，只需稍稍一顶，封盖便会脱落。到了蛹的末期，一个个的小屋宛如暗淡的星星似的在菜豆表面上闪现。最后，封盖脱落，幼虫爬出屋外，菜豆上留下一个个小洞，里面有多少幼虫就有多少个小洞。

　　尽管菜豆象成虫吃得很少，有点粉质碎屑就足够了，但在这大堆的食物上只要有可供利用的东西，它似乎就不想弃之而去。它们在菜豆堆中交尾；菜豆象妈妈随意地在菜豆上产卵；孩子们在菜豆中安顿下来，有的住在完好无损的豆粒里，有的则栖息于被钻了洞但并未被吃光耗尽的豆粒中；每隔五个星期，在美好的季节里，就有新的幼虫重新开始钻来钻去。最后，最晚的那一代，也就是九月或十月的那一代，便得在小屋中昏昏欲睡，等待热天的归来。

　　如果菜豆的毁坏者一旦变得过分的危险，对它们进行一场歼灭战并非难事。从它们的生活习性中我们得知应采取什么手段。它以收回来存在谷仓里的干燥豆类为食。在田间地头是很难对付它的，而且也是很难奏效的。它干坏事主要是在我们的谷仓里。这时候，敌人就待在我们家里，在我们力所能及的范围内。只需用农药喷洒，很容易就能将它们除尽。

金步甲的婚俗

　　金步甲们是属于"闪婚一族"，总是上演一见钟情。雌性昆虫在新婚后就会咬向自己的丈夫，雄性金步甲便成了已经对交尾感到满足的雌性伴侣的牺牲品。它究竟有着怎样独特的婚俗? 形成这种现象的原因是什么呢?

　　众所周知，金步甲是毛虫的天敌，所以无愧于它那园丁的称号。它是菜园和花坛的警惕的田野卫士。如果说我的研究在这方面不能为它那久负盛名的美誉增添点什么的话，那至少我可以从下面的介绍中向大家展示这种昆虫尚未为人所知的一面。它是个凶狠的捕食者，是所有力不及它的昆虫的恶魔，但它也会惨遭灭顶之灾。是谁把它吃掉的呢? 是它自己以及其他许多昆虫。

　　有一天，我在我家门前的梧桐树下看见一只金步甲慌慌张张地爬过。朝圣者是受人欢迎的，它将使笼中居民增强团结。我把它抓住后，发现它的鞘翅末端受到损伤。是争风吃醋留下的伤痕吗? 我看不出有任何这方面的迹象。要紧的是它可不能伤得很厉害。我仔细地查验一番，看不见什么伤残，可以大加利用，便把它放进玻璃屋中，与二十五只常住居民为伴。

第二天，我去查看这个新寄宿者。它死了。头天夜里，同室居民攻击了它，那残缺的鞘翅没能护好肚腹，被对方给掏空了。破腹手术干净利落，没有伤及一点肢体。爪子、脑袋、胸部，全部完好无损，只是肚子被大开了膛，内脏被掏个精光。我眼前所见的是一副金色贝壳架，由双鞘翅合拢护着。对照一下被掏空软体组织的牡蛎，也没有它这么干净。

这种结果颇令我惊诧，因为我一向很注意查看，不让笼子里缺少吃食。蜗牛、鳃角金龟、螳螂、蚯蚓、毛虫以及其他可口的菜肴，我是换着花样地放进笼中，菜量充足有余。我的那些金步甲把一个盔甲受损、容易攻击的同胞给吞吃掉，是无法以饥饿所致作为借口的。

它们中间是否约定俗成，伤者必须被结果，其要变质的内脏必须被掏空？昆虫之间是没有什么怜悯可言的。面对一个绝望挣扎的受伤者，同类中没有谁会驻足不前，没有谁会试图前去帮它一把。在食肉者之间事情可能变得更加悲惨。有时候，一些过往者会奔向伤残者。是为了安慰它吗？绝对不是，它们是为了去品尝它的味道，而且，如果它们觉得其味鲜美，则会把它吞吃掉，以彻底解除它的痛苦。

当时，有可能是那只鞘翅受损的金步甲暴露了它受伤的地方，同伴们受到了诱惑，视这个受伤的同胞为一只可以开膛破肚的猎物。但是，假如先前并没有谁受伤，那它们之间是否会相互尊重呢？从种种迹象来看，一开始，相互间的关系还是相安无事的。吃食时，金步甲们之间也从未开过战，顶多只不过是相互从嘴中夺食而已。在木板下躲着睡午觉，而且睡得很长，也没见有过打斗。我那二十五只金步甲把身子半埋在凉爽的土中，安静地在消食、打盹儿，彼此相距不远，各睡各的小坑。如果我把遮阴板拿掉，它们立刻惊醒，纷纷四下逃窜，不时地相互碰撞，但并不干仗。

平静祥和的气氛很浓，似乎会永远这么持续下去，可是，六月，天刚开始热，我查看时发现有一只金步甲死了。它没有被肢解，同金色贝壳一模一样，如同刚才被吞食的那只伤残者的样子，使人想到一只被掏干净的牡蛎。我仔细查看了残骸，除了腹部开了个大洞，其他地方完好无损。由此可见，当其他的金步甲在掏空它时，那只受伤的金步甲是处于正常的状态的。

不几天，又有一只金步甲被害，同先前死的一样，护甲全都完好无损。把死者腹部朝下放好，它似乎好好的；而让它背冲下的话，它便是一只空壳，壳内没有一点肉了。稍后不久，又发现一具残骸，然后是一只又一只，越来越多，以致笼中居民迅速减少。如果继续这么残杀下去的话，那我的笼子里很快就什么也没有了。

我的金步甲们是因年老体衰，自然死亡，幸存者们瓜分死者尸体呢，还是牺牲好端端的人以减少人口呢？想弄个水落石出并非易事，因为开膛破肚的事是在夜间进行的。但是，我因时刻警惕着，终于在大白天撞见过两次这种大开膛。

将近六月中旬，我亲眼看见一只雌金步甲在折腾一只雄金步甲。后者体形稍小，一看便知是只雄的。手术开始了。雌性攻击者微微掀起雄金步甲的鞘翅末端，从背后咬住受害者的肚腹末端。它拼命地又拽又咬。受害者精力充沛，但并不反抗，也不翻转身来。它只是尽力在往相反的方向挣扎，以摆脱攻击者那可怕的齿钩，只见它被攻击者拖得忽进忽退的，未见其他任何抵抗。搏斗持续了一刻钟。几只过路的金步甲突然而至，停下脚步，好像在想："马上该我上场了。"最后，那只雄金步甲使出浑身力气挣脱开来，逃之夭夭。可以肯定，如果它没能挣脱掉的话，那它肯定就被那只凶残的雌金步甲开了膛了。

几天过后，我又看到一个相似的场面，但结局是完满的。仍旧是一只雌性金步甲从背后咬一只雄性金步甲。被咬者没做什么抵抗，只是徒劳地在挣扎，以求摆脱。最后，皮开肉裂，伤口扩大，内脏被悍妇拽出吞食。那悍妇把头扎进其同伴的肚子里，把它掏成个空壳。可怜的受害者爪子一阵颤动，表明已小命休矣。刽子手并未因此心软，继续尽可能地往腹部深深掏挖。死者剩下的只是合抱成小吊篮状的鞘翅和仍旧连在一起的上半身，其他一无所剩。被掏得干干净净的空壳便被撇在原地。

金步甲们大概就是这样死去的，而且死的总是雄性，我在笼子里不时地看见它们的残骸。幸存者大概也是这般死法。从六月中旬到八月一日，开始时的二十五个居民骤减至五只雌性金步甲了。二十只雄性全都被开膛破肚，掏个干干净净。被谁杀死的？看样子是雌金步甲所为。

首先，我有幸亲眼所见，可以为证。我两次在大白天看见雌金步甲把雄的在鞘翅下开膛后吃掉，或至少试图开膛而未遂。至于其他的残杀，如果说我没有亲眼看见的话，我却有一个非常有力的证据。大家刚才全都看见了：被抓住的雄金步甲没有反抗，没有进行自卫，而只是拼命地挣扎、逃跑。

如果这只是日常所见的对手之间的寻常打斗，那么被攻击者显然会转过身来的，因为它完全有可能这么做。它只要身子一转，便可回敬攻击者，以牙还牙。它身强力壮，可以搏斗，定能占到上风，可这傻瓜却任凭对手肆无忌惮地咬自己的屁股。似乎是一种难以压制的厌恶在阻止它转守为攻，也去咬一咬正在咬自己的雌金步甲。这种宽厚令人想起朗格多克蝎，每当婚礼结束，雄蝎便任由其新娘吞食而不去动用自己的武器——那根能致伤其恶妇的毒螯针。这种宽容也让我回想起那个雌螳螂的情人，即使有时被咬剩一截了，仍不遗余力地在继续自己那未竟之业，终于被一口一口地吃掉而未做任何的反抗。这就是婚俗使然，雄性对此不得有任何怨言。

我喂养在笼子里的金步甲中的雄性，一个一个地被开膛破肚，一个不剩，这也是在告诉我们那同样的习性。它们是已经对交尾感到满足的雌性伴侣的牺牲品。从四月至八月的四个月里，每天都有雌雄配对，有时是浅尝即止，有的时候，而且比较经常的是有效的结合。对于这些火辣辣的性格来说，这绝对是没有终结的。

金步甲在情爱方面是快捷利索的。在众目睽睽之下，无须酝酿感情，一只过路的雄金步甲便向一眼见到的雌金步甲扑将上去。雌金步甲被紧紧搂住，微微昂起点头来，以示赞同，而在其上的雄金步甲便用触角尖端抽打对方的脖颈。迅即就交配完毕，双方立即分开，各自跑去吃蜗牛，然后又各自另觅新欢，重结良缘，只要有雄金步甲可资利用即可。对于金步甲来说，生活的真谛即在于此。

在我养的金步甲园地里，男女比例失调，五只雌的对二十只雄的。但这并不要紧，没有什么争风吃醋的拼搏。雄性平和地占用、滥交遇上的雌性。有了这种忍让精神，早一天晚一天，机会多的是，经过多次相遇相试，每个雄性都能泄掉自己的欲火。

我本想让雌雄比例趋于合理的，但纯属偶然而非有意才造成这种比例失调的。初春时节，我在附近石头下捕捉遇上的所有的金步甲，不问是公是母，而且仅从外部特征去看也挺难辨出雌与雄来。后来，在笼子里喂养之后，我知道了，雌性明显地要比雄性大一些。所以说，我那金步甲园地里的雌雄比例严重失调实属偶然所致。可以相信，在自然条件下，不会是雄性比雌性多这么多的。

再说，在自由状态之中，不会见到这么多金步甲聚在一块石头下面的。金步甲几乎是孤独生活着的，很少看见两三只聚在同一个住所里。我的笼子里一下子聚着这么多实属例外，而且还没有导致纷争。玻璃屋中场地挺大，足够它们爬来爬去，自由自在，优哉游哉。谁想独处就可以独处，谁想找伴儿马上就能找到伴儿。

再说，囚禁生活似乎并不怎么让它们感觉厌烦，从它们不停地大吃大嚼，每日一再地寻欢交尾就可以看得出来。在野地里倒是自由，却没这么受用，也许还不如在笼子里，因为野地里食物没有笼子里那么丰盛。在舒适方面，囚徒们也是处于正常状态，完全满足了它们的日常习俗。

只不过在这里同类相遇的机会比在野地里多。这也许对雌性来说是个绝妙的机会，它们可以迫害它们不再想要的雄性，可以咬雄性的屁股，掏光它们的内脏。这种猎杀自己的旧爱的情况因互相比邻而居而加剧了，但是肯定没有因此就花样翻新，因为这种习性并非是一时兴起所造就的。

交尾一完，在野外遇见一只雄性，雌金步甲便把对方当成猎物，将它嚼碎，以结束婚姻。我在野地里翻动过不少石头，可从未见到过这种场景，但这并没有关系，我笼子里的情况就足以让我对此深信不疑了。金步甲的世界是多么的残忍呀，一个悍妇一旦卵巢中有了孕无须情人时便把后者吃掉！生殖法规拿雄性当成什么，竟然如此这般地残害它们？

这类相爱之后同类相食现象是不是很普遍？目前来说，我已经知晓有三类昆虫是这么一种情况：螳螂、朗格多克蝎和金步甲。在飞蝗这个种族中，情况没有这么残忍，因为被吃掉的雄性是死了的而非活着的。白额雌螽斯很喜欢一点一点地嚼食已死的雄性的大腿。绿蚱蜢也是这种情况。

在一定程度上，这里面有个饮食习惯的问题：白额螽斯和绿蚱蜢首先都是食肉的。遇见一个同类尸体，雌虫总是多少要吃上几口的，不管它是不是其昨夜情郎。猎物就是猎物，没有什么情郎不情郎的。

可是素食者又是怎么回事呢？接近产卵期时，雌性距螽竟冲着它那尚活蹦乱跳的雄性伴侣下手，剖开后者的肚子，大吃一通，直至吃饱为止。一向温情可爱的雌性蟋蟀性格会突然变得暴戾，会把刚刚还给它弹奏动情的小夜曲的雄性蟋蟀打翻在地，撕扯其翅膀，打碎它的小提琴，甚至还对小提琴手咬上几口。因此，很有可能这种雌性在交尾之后对雄性大开杀戒的情况是很常见的，特别是在食肉昆虫中间。这种残忍的习性到底是什么原因促使的呢？如果条件允许的话，我一定要把它弄个一清二楚。

松树鳃角金龟

雄性松树鳃角金龟戴着漂亮的头饰，在短须尖上有七片重叠的大叶片，会根据情绪变化或张开或闭合。它们能够发出乐声，声音从其腹部尖端发出，想要让它发声，只需用手指捏住它。松树鳃角金龟还有哪些外部特征和生物习性呢？

在开始描述松树鳃角金龟时，我是存心在发表异端邪说。这种昆虫正式名称为"缩绒鳃角金龟"。我很清楚，关于术语分类法不必过于挑剔。你随便发出一种声音，再给它续上个拉丁文词尾，你就有了一个与昆虫学家标本盒上贴着的许多标签读音相近的词。如果这个粗俗的术语词指的是所标示的那种昆虫而非别的东西，那么这个词听起来不悦耳倒还罢了，但是，通常这个从希腊文或其他文种词根翻查出来的词都具有一些词义，初出茅庐者总希望从这里面找到一点启迪。

这样他就遭殃了。那个学术味的词告诉他的是一些不得要领且无甚意义的意思，所以他常常是被弄得糊里糊涂，把他引向一些与我们的观察所提供给我们的真实情况没什么关联的现象。这有时会造成极其明显的错误，有时会给你一些荒诞不经的暗喻。只要是名称叫着好听，找一些词源学无法分析的词语岂不很好！

如果说有些词不会让人立即想到其本义的话，那么"fullo"（缩绒）一词就属于此列。这个拉丁文词语意为"foulon"（缩绒工），即把呢绒浸湿，使之变得柔软，并对它进行加工处理的人。本篇所述之鳃角金龟与缩绒工在什么方面有些关系呢？我绞尽脑汁也不得其解，找不到一个可以接受的答案。

老博物学家普林尼在其著作中用"fullo"给一种昆虫命了名。在有一篇文章中，这位大博物学家谈到了一些治疗黄疸、发烧、水肿的药物。在他的古方中，奇异的药材几乎应有尽有：黑狗的大长牙，粉红色布包着的鼠嘴，从活绿蜥蜴身上取下来放在羊皮袋里的蜥蜴右眼，用左手掏出的一条蛇的心脏，用黑布包好的带着毒螫针的四条蝎尾（三天中不让病人看到此药以及制作此药的人）。除此之外，还有不少怪诞的玩意儿。我吓得连忙把这本书合上，为这种治疗方法的愚昧无知而骇然。

在这些假借医学为幌子的荒谬药方中就有缩绒。书中写道，将缩绒金龟子一分为二，一半贴于右臂，另一半贴在左臂。

那么这位古博物学家所说的缩绒金龟子是什么呢？我并不很清楚。在描述这种东西时还说身上带有白点，这与松树鳃角金龟的特征相符，后者也带有白点，但这并不足以说明这就是松树鳃角金龟。普林尼自己似乎也没有十分确定其最好的这种药物究竟是何物。在他那个时代，肉眼还不会观察这种昆虫，因为它太小，只是孩子们的玩物，他们用一根长线拴住它，抡圆了甩着玩，有教养的大人对它是不屑一顾的。

这个专有名词看起来像是出自农村的没有知识又爱瞎起名字的观察者。老博物学家接受了也许出自孩子们想象出来的这个乡野叫法，而且也未多加考证，就这么用上了。这个词古色古香，出现在我们面前，现代博物学家们接受了它。这就是我们最漂亮的昆虫之一的松树鳃角金龟成为缩绒工的由来。许多世纪以来就这么沿用了这个怪异的称谓。

尽管我对古老语言非常尊敬，但我还是不喜欢这么一个术语，因为它用在这儿是毫无道理的。常理应该战胜分类目录中的谬误。为什么不称它为松树鳃角金龟，以纪念它所喜欢的那种树？那可是它空中生活的那两三个星期的天堂呀！其实这是很简单的事，是顺理成章的事。

在找到光明普照的真理之前必须在荒谬的黑夜之中久久地徘徊。我们所有的科学都证明着这一点，甚至数字科学。你试试把一组数字用罗马数字相加，你肯定会被那些复杂的符号搞得晕头转向而放弃，而且你将会承认零的发明在计算上是多么大的革命。这就是哥伦布的那只蛋，实际上不算是一回事，但必须想到它。

在将来会把不合时宜的"缩绒工"这个词抛弃之前，我们先把它叫作松树鳃角金龟吧。用这个名称谁也不会搞错，因为我们的这个昆虫只光顾松树。

它仪表堂堂，可与葡萄根蛀犀金龟媲美。它的服装就算没有金步甲、吉丁、金匠花金龟的金属外衣那么豪华，那至少也是罕见的高雅。在一种黑色或栗色的底色上散布着一层厚厚的散花白绒点，既朴素又大方。

作为头饰，雄性松树鳃角金龟在短须尖上有七片重叠的大叶片，根据其情绪的变化或呈扇形张开，或闭合起来。人们一开始可能会把这漂亮的簇叶当作一个高灵敏度的感官，可以嗅到极微弱的气味，可以感知几乎听不见的声波，可以获知我们的感官都感觉不到的其他一些信息。雌性松树鳃角金龟却不如雄性的感官灵敏，虽然它作为母亲的职责要求它也必须像做父亲的一样要感觉灵敏。然而它的触须头饰很小，由六片小叶片组成。

雄性松树鳃角金龟那呈扇形张开的大头饰有什么用处？对于松树鳃角金龟来说，那个七叶器官犹如大孔雀蝶的颤动的长触角，犹如牛螳螂额上的全副甲胄,犹如鹿角锹甲大颚上的枝杈。到了寻偶求欢之时,它们全会以各自的方式挑逗异性,以求一逞。

漂亮的鳃角金龟在夏至将近时出现,与第一批蝉出现的时间差不多。由于它出现的时间很准确,所以在昆虫历中都标明了,而昆虫历并不比四季年历的精确性差。最长的白昼来到,天总不见黑,麦子一片金黄,这时,鳃角金龟总会准时爬到自己的树上去。村里的孩童为纪念太阳节,都要在村子里的街道上点起圣让节篝火,但这个节日都没有鳃角金龟出现的日子准确。

在这期间,每天日暮时分,如果天气晴好,鳃角金龟就会来到院子里的松树上。我仔细地观察着它们的一举一动。尤其是雄性鳃角金龟,在默默地、不乏激情地使劲儿,飞来转去,把自己那触须头饰张得大大的;它们向等着它们的雌性鳃角金龟所在的树杈飞去;它们飞过来飞过去,在最后一线光亮逐渐消失的苍茫天空中画出一道道黑线。它们歇了一会儿,又飞起来,重新开始繁忙的巡视。在这半个月左右的狂欢之夜,它们在树上都干些什么呢?

事情是明摆着的:它们在向美人儿们示爱,不断地献媚致意,直至夜色浓重。翌日清晨,雄的和雌的通常都占据着那些矮枝。它们单独地待在那儿,一动不动,对自己周围的一切无动于衷。用手去捉,它们也不逃走。大多数都在用后爪吊住身子,蚕食一根松针;它们咬着松针在悠悠地打盹儿。黄昏又来临时,它们又开始嬉戏调情。

想看它们如何在树的高处嬉戏不怎么可能。我们就试着把它们捉来观察吧。早晨,我捉了四对,放进一个放着一根松枝的大笼子里。我看到的情景并未符合我的期望,原因是它们失去了飞翔的自由。顶多是不时地可以看到一只雄性鳃角金龟向它心爱的雌性靠近;它展开自己的触角叶片,轻轻地抖动它们,也许是在探询对方是否接受它;

它把自己打扮成美男子，炫耀着自己那了不起的触角。但它未能遂愿，对方一动不动，仿佛对它的展示无动于衷。囚禁生活使之忧伤悲痛，难以克制。我未能继续观察下去。交尾似乎应该是在深夜进行，因此我错过了大好时机。

有一点使我尤为感兴趣。雄性鳃角金龟能够发出乐声，雌性亦然。雄性是否在用这种乐声作为逗引和召唤雌性的手段？雌性听到求爱者的乐声是否也用一种类似的乐曲回答对方呢？正常条件下，在树冠中发生这种情况是极有可能的，但我无法肯定这一点，因为我无论是在松树上还是在笼子里都没听见过类似的乐声。

这声音是从其腹部尖端发出的，腹尖轻轻地轮番抬起落下，尾部环节就会摩擦正保持静止状态的鞘翅后边缘。在摩擦面和被摩擦面都没有什么特殊的发音器。我用放大镜反复地观察来观察去，也没有发现有专门用来发声的细微条纹。两个面都是光滑的。那么声音是如何发出来的呢？

我们用湿手指在一块玻璃上或在一块窗玻璃上划过，就可以听见一种挺响的声音，与鳃角金龟所发出的声音有些相像。如果用一块橡皮在玻璃上摩擦，效果更佳，发出的声音更像鳃角金龟所发出的声音。如果注意音乐节拍，准能以假乱真，因为模仿得太像了。

鳃角金龟运动其腹部柔软部分时，就如同手指头上的肉质部分或那块橡皮，而玻璃片或窗玻璃就如同光滑的鞘翅，它极薄又很硬，而且极易震颤。因此，鳃角金龟的发声方法是非常简单的。如果想让它发出声音，只需用手指捏住它，并稍稍触动它一下即可。但它这并不是在歌唱，而是发出一种哀诉，是对自己不幸的命运的抗争。在它那奇特的世界中，歌声在表达痛苦，而沉默则是表示欢乐。

老 象 虫

法布尔通过对化石的研究，了解到了老象虫家族外部及内在的特点，以及内在的价值，向我们展示了原始的昆虫形态。老象虫虽然没有什么高超的才能，但是，它在长鞘翅的昆虫中，还是有着很重要的地位。这正是"麻雀虽小，五脏俱全"。

冬季，当昆虫蛰伏时，古币学的研究让我度过了一些美好的时光。我不无乐趣地反复琢磨古币那金属小圆块，那可是人们称之为历史灾难的档案。在普罗旺斯的这片土地上，希腊人栽种了油橄榄树，拉丁人制定了法律。农民们在这片土地上翻耕时，却发现了这些几乎散落得到处都是的金属小圆块。他们把这些金属小圆块拿来给我，问我它们价值几何，却从来不问我它们有多大的意义。

农民们发现的这些小圆块上的铭文跟他们有什么关系！人们从前受苦受难，今天仍在受苦受难，将来还是受苦受难，对他们来说，这就是对历史的概括，其余的全是瞎扯淡，纯粹是闲散无事的人的消遣而已。

我对过去的事物则无如此高的冷漠的达观态度。我用指甲尖刮擦小圆古币，小心翼翼地把上面的泥土弄干净，然后用放大镜仔细观察，试图解读上面的说明文字。当我读懂了这青铜古币或银质古币上的说明时，我可真是心花怒放，喜形于色啊。我刚刚读了一页有关人类的记载，但不是从书本那个令人生疑的叙述者那儿读到的，而是从与人物和事实同时代的几乎是活生生的档案中读到的。

这点银子被冲头冲压成扁平状，上面的说明文字标明 VOOC——VOCVNT，也就是维松，说明它是来自附近的那座小城维松的，博物学家普利尼有时就去那儿度假。在维松，著名的博物学编纂者普利尼也许在主人的饭桌上品尝过莺，那是古罗马美食家们赞不绝口的美味，就是在今天，在普罗旺斯的美食家眼里，它也是大名鼎鼎的，还被称作"后腱子肉"。非常令人恼火的是，我的这点银子没有记录这些情况，这可是比一次大的战役更值得记忆的。

这枚古币一面是头像，另一面是一匹奔马。整个古币非常粗糙，头像、奔马都刻得不像个样子。一个第一次用石块在墙壁新抹的灰浆上练习画画的孩子也不至于刻画得这么差劲儿。不，那帮勇猛剽悍的粗人肯定不是艺术家。

来自弗凯亚①的那些外国人要比他们花样多得多! 这是马萨里亚②人的一枚德拉克玛③，该钱币正面是以弗所④的黛安娜⑤的头像，双颊丰腴，圆胖，下唇厚突，额头扁塌，戴着一顶凤冠，头发浓密，披在颈后，如瀑布一般，耳垂上吊着耳坠，脖颈上戴着珍珠项链，肩头挎着一张弓。在叙利亚的女信众眼里，这个偶像就应该是这样一副装扮。

---

① 弗凯亚：小亚细亚古地区名。
② 马萨里亚：法国马赛的古名。
③ 德拉克玛：希腊货币单位及古希腊银币名。
④ 以弗所：古希腊小亚细亚西岸的重要经商口岸。
⑤ 戴安娜：希腊神话中的月神和狩猎女神。

其实，这并不美。如果说这样很豪华气派的话，倒还说得过去，不管怎么说，这总要比我们今天那帮风雅女子让驴子耳朵戴上什么玩意儿摆来荡去的要强得多。时尚真是一种奇怪异常的癖好，在丑化人和物方面真是花样繁多！商业神说道：做买卖就不顾什么美不美的，在美和利之间，做买卖讲的是个利字。

这枚德拉克玛的背面是一头爪抓地、口大吼的雄狮。这种用某种猛兽来象征强大的未开化的行径并非自今日始，它仿佛是在说恶是力量的最高表现。老鹰、雄狮以及其他一些强徒恶兽经常被雕刻于钱币的反面。光现实中的还不够，还要凭空臆造出一些凶恶的怪兽来，比如半人半马的怪兽、凶龙、半马半鹰的带翅异兽、独角兽、双头鹰等什么的。

这些怪兽饰物的创造者们比用熊掌、鹰翅、插在头发上的豹牙来表示其英勇善战的印第安人更高明吗？这颇令人怀疑。

我们最近投入使用的银币背面的图像比上述可怕的怪兽要让人喜爱千百倍！我们今天的银币背面有一位播种女神，她在旭日东升时用灵巧的手在犁沟里播撒思想的良种。这种图像虽简朴却崇高伟大，发人深省。

马赛的德拉克玛的长处就在于它那华美的浮雕。雕刻这枚古币头像轮廓的艺术家是位版画大师，但是他缺乏灵气。双颊丰腴的黛安娜像个既放荡又凶蛮的悍妇。

这是已沦为尼姆①殖民地的沃尔西人②的纳马萨特。奥古斯都③

---

① 尼姆：法国南方一城市名，在马赛的西边。
② 沃尔西人：古意大利民族。
③ 奥古斯都（前64—14）：古罗马第一代皇帝，一译渥大维。

与其朝臣阿格里帕的脸部侧面相对。奥古斯都眉毛硬挺，脑袋扁平，鹰钩鼻子，让我感觉不出其威名显赫，尽管敦厚的诗人维吉尔说他是"成功造就的神"。如果奥古斯都的罪恶计划没有成功的话，奥古斯都神明也就成了凶徒渥大维了。

他的朝臣阿格里帕倒让我更喜欢一些。他是一位伟大的摆弄石头的人，他以他那泥瓦工程、引水渠、修桥铺路的工程让粗野的沃尔西人稍稍开化了一点。离我们村子不远，一条宽阔的大道从埃格河岸边起，笔直地前伸，逐渐往上爬去，越过塞里昂丘陵。这条大道漫长而单调乏味，但在一座强大的古罗马要塞的保护之下，该要塞在很久之后变成了著名的古堡。

这是阿格里帕修筑的大道的一段，它把马赛和维恩连接起来。这条具有两千年历史的宽阔纽带始终车水马龙，来往繁忙。我们在那儿已看不见古罗马军团的那些身着褐色战袍的步兵了；我们今天在那儿看见的是那些赶着羊群和不听话的小猪崽前往市集的农民。在我看来，这样反倒更好。

让我们把这枚满是铜绿的苏翻转过来。我们可以看见它的背面有"尼姆的移民地"的字样。文字说明的旁边有一条锁在一棵棕榈树上的鳄鱼，棕榈树上挂着一顶王冠。这是埃及被移民地的"开国元勋"们征服的一个象征。尼罗河的鳄鱼在这棵棕榈树下咬牙切齿。它向我们讲述了酒色之徒安东尼[①]；跟我们叙述了克娄巴特拉[②]的故事，说如果她是塌鼻子的话，本来是会改变世界面貌的。这只背有

---

① 安东尼（前82—前30）：古罗马统帅，后成为克娄巴特拉的丈夫。

② 克娄巴特拉（前69—前30）：埃及艳后。先为恺撒情妇，后与安东尼结婚，后勾引奥古斯都未遂，自杀身亡。

鳞片的爬行动物——这条鳄鱼——引起的回忆，成为我们的一堂很绝妙的历史课。

这种金属古币学的高级课程多种多样而又不出我们村子附近一带，就这样长期延续着。但还另有一种古币学，更加高深却花费不多，它用它的那些纪念章——化石——向我们讲述生命的历史。这就是石头的古币学。

我的窗户边缘这个古老岁月的知己独自在同我谈论着一个消失了的世界。这是个地地道道的尸骨埋葬地，它的每一小块地方都留有逝去的生命的印迹。这堆石头已无生命。海胆的尖头、鱼类的牙齿和脊椎、贝类的残壳、石珊瑚的碎片在此形成了一个墓葬群。对我家宅子的砾石逐一观察研究，便知这座宅子是一只圣骨箱、一个古代活物的旧衣堆。

人们在这儿开采建筑材料的那个岩石层，用它那坚硬的甲壳覆盖附近这座高原的大部分。不知从多少个世纪之前开始，也许自从阿格里帕在此为奥朗日剧院的阶梯和面墙让人切割大青石的那个时期起，采石工就在那儿挖掘了。

铁镐每天都得从那儿挖出一些稀奇古怪的化石来。最引人注目的是一些牙齿，它们外表粗糙，里面光滑，简直棒极了，珐琅质像新牙一样光亮。除此之外，也可能见得到一些很不错的化石，呈三角形，边缘为轧齿状花边，几乎与手掌般大小。

瞧这张牙像耙子似的嘴，而且牙齿排成数列，一层一层的，直达喉咙，好大的一张嘴呀！这嘴里被利齿咬住，撕碎的是什么东西呀！你只要在脑子里复制一下这台可怕的杀人机器，就会浑身发颤的。这个全副武装的凶神恶煞属于角鲨族。古生物学称之为巨噬人鲨。看看今天那称之为海中霸王的鲨鱼，你就会有一个类似的概念了，正如看见侏儒你就知道巨人似的。

在这同一块石头中，还有不少其他的角鲨化石，全都是满嘴利齿。你可以看到利齿如尖刀的尖额鲨，下颚长着弯曲带齿的爪哇顶重器的半锯鳐，嘴里满是弯曲锐利、一面平一面凹的尖刀的鼠鲨，扁平牙齿上有发光锯齿的鳃鲨。

这座利齿武库是古代杀戮的有力证明，犹如尼姆的鳄鱼、马赛的黛安娜、维松的奔马一样有价值。这座武库以其屠杀武器向我讲述着这种屠杀是如何在各个时代消灭泛滥成灾的生命的。它还告诉我说："就在你对着一片石块思索的那个地方，从前曾是一湾海水，水中住满了凶狠的嗜血者和温驯平和的被吞食者。一个长长的海湾曾经一直占据着后来成为罗讷河谷的那个地方。就在离你家不远的地方，曾经是一番波涛汹涌的景象。"

这儿海岸的悬崖峭壁确实保存完好，以至于我在沉思默想时，会以为听见了隆隆的涛声。海胆、石蛏、海笋、住石蛤都在那儿的岩石上面留下了自己的印迹。这是一些半圆形的凹窝，可以放进一只拳头；这是一些洞口狭窄的圆形巢室，隐居者在其中接受不断更新且满载着食物的水流。有时候，有古代居民住在其中，已经矿化，甚至其条痕和小鳞片这样的脆弱的饰物都完整地保存着；而更经常的则是，其中的古代居民溶解了，不见了踪影，屋子里为已变硬了的细海泥钙核所填满。

在这个宁静的小海湾里，旋涡把形状各异、大小不等的贝壳冲积在一起，并将它们淹没在日后变成泥灰岩的淤泥中。这是以一些小丘作为坟冢的软体动物的坟场。我曾挖到过一些长约半米、重两三公斤的牡蛎。用铁锹在这坟堆里翻动，就会见到扇贝、芋螺、骨螺、锥螺、笔螺以及其他各种各样的海洋生物。看到这么一个偏僻角落，竟然藏有从前的激情充斥的生命所能提供的这么一大堆的圣物，真让人惊叹愕然。

　　长有贝壳的埋葬虫还向我们证实，时间这个事物秩序的有耐心的革新者，不仅毁灭了早生早灭的单个生物，而且还毁灭了整个的物种。今天，毗邻的大海——地中海几乎已不再有任何与消失的海湾中的居民相同的东西了。要想找到现在与往昔之间的一些相类似的容貌，可能得到那些热带海洋去寻找了。

　　气候已经变冷了；太阳在慢慢地熄灭，物种在灭绝。我家窗户边缘的石头古币学就是这么告诉我的。

　　我们不要离开我那极不起眼、极其狭小却极为丰富的观察场所，继续向石头讨教，但这一次是要讨教有关昆虫的问题。

　　在阿普特周围，一种奇特的岩石遍地皆是，它已风化得像书页了，类似于浅白色的硬纸板片。这种岩石用火点燃会冒出黑烟，有一股沥青味儿；它沉积在鳄鱼和巨龟经常出没的一些大湖的湖底。这些大湖人类从未亲眼见过，湖盆被山脊所替代；湖泥平静地沉积成一层层的薄地层，变成了又大又硬的礁石。

　　我们从这礁石上分离出一块石板来，然后再用刀尖把这块石板分成一些薄片，这工作十分容易，就像把重叠在一起的硬纸板一层层地剥开似的。我们这样做就像是在查阅从大山图书馆取出的一部书。我们在浏览一本配有精美插图的书。

　　这是一部大自然的手稿，比埃及那纸莎草纸手稿有趣得多。它几乎每一页都有一些插图，而且更妙的是，那是一些变成图像的现实。

　　在这一页上，展现的是随意聚集在一起的鱼类。你会以为那是用石油煎炸过的鱼。鱼刺、鱼鳍、脊椎架、鱼头小骨、已变成黑色小球的晶状眼球等全都印在上面，与生前的自然形态一模一样。唯一缺少的是鱼肉。

这无伤大雅，鱼这道菜让人大饱眼福，使人禁不住想要用指尖去刮擦刮擦，再尝上一口这种保存了数千年的鱼肉罐头。我们来发挥一下奇思异想，让我们放一点这种石油煎炸的矿物鱼在牙齿下面。

插图四周没有一点文字说明，思考代替了文字说明。思考在对我们说："这些鱼成群结队地在那平静的水里生活过。湖水突然猛涨，夹带着厚厚的淤泥的浪涛把它们掩埋，窒息而死。它们很快就被淤泥掩埋起来，因而逃过了暴风雨的毁灭性打击，从而穿越了时空，并将在裹尸布的庇护下永远地继续穿越这时空隧道。"

这突然暴涨的湖水还夹带来附近被雨水冲刷的泥土以及一大堆一大堆的植物或动物的残肢碎屑，因此这湖泊的沉积物也告诉了我们那些陆地生物的情况。这是当时的生命的总汇。

我们再翻过我们的石板或者说画册的一页。里面有长着翅膀的种子、有着褐色印迹的叶子。石头植物集与专业植物集在比试着植物的清晰度。

这石头植物集在向我们重述贝壳已经告诉过我们的情况：世界在变化着，太阳的烈焰在减弱。现在的普罗旺斯的植物并非从前的那些植物，现在的普罗旺斯的植物中不再有棕榈树、散发出樟脑味的月桂树、带羽饰的南洋杉以及其他的许许多多现已属于热带植物的树木和灌木。

我们继续往下翻阅。现在看到的是昆虫。最常见的是双翅目昆虫，个头儿很小，常常是一些不起眼的小飞虫。大角鲨牙齿的粗糙石灰质外表的中间却十分细滑，让我们看了非常惊讶。对这些嵌于泥灰岩圣骨箱中而完好无损的娇小飞虫又该说些什么呢？我们用手去抓必定会使之粉身碎骨的这种娇小生命竟然在群山峻岭的重压之下躺在里面没有变形！

那六只细爪张开在石头上，形状、姿态完全处于休息之中，稍稍一碰，爪子肯定会断。爪子很完整，包括指头上的双爪也都在。两个翅膀是展开来的，用放大镜对双翅的纤细脉网进行研究，同用大头针把这只昆虫固定住加以研究是异曲同工的。触角的羽饰丝毫未失其纤巧美丽；腹部的体节可以数清，有一排微粒围着，这些微粒也就是它的纤毛。

乳齿象的骨架在沙床上躺着，年深日久而不损毁，这就够让我们惊讶不已的了；一只娇弱小巧的飞虫竟然完好无损地保存于厚厚的岩石中，这简直令人瞠目结舌。

当然，蚊虫并非来自远方，不是由上涨的湖水卷带而来的。在大水到来之前，涓涓细流本来就会将它化为已极其接近的乌有状态的。它在湖边结束了生命。它被一个早晨的欢乐杀死了，因为一个早晨对于蚊虫来说就已算是长命百岁了。它从灯芯草顶端掉下来淹死了，而这个溺水者即刻便消失在淤泥坟地之中。

其他的那些虫子，那些粗短的，长着坚硬的凸状鞘翅的虫子，那些数量仅次于双翅目昆虫的虫子，它们是些什么样的虫子呢？看看它们延伸成喇叭状的狭小的脑袋，我们就一清二楚了。它们是长鼻鞘翅目昆虫，是有吻类昆虫，说得稍许文雅点，就是象虫。细小的、中等个儿的、大个头儿的全都有，与它们今天同类的大小一样。

它们在石灰质岩片上的姿态没有蚊虫的姿态端正。爪子乱伸，喙或藏在胸下，或向前伸出。它们当中，有的露出喙的侧面，更多的是通过颈部的一绺浓毛把喙歪在一边。

这些肢体残缺不全、身体扭曲着的象虫不是突然地、平静地被埋葬的。虽然有许多象虫是在湖边植物丛中了却一生的，但大部分其他象虫则是来自周围地区，被雨水冲带来的，在途中遇到细枝碎石，把肢体给弄得残缺不全。它们虽然身有铠甲，使身子完好无损，但肢爪上细小的关节却被弄弯弄残，而污泥这块裹尸布把它们按照途中形成的样子原样不动地裹起来。

这些外来的象虫也许来自远方，它们向我们提供了宝贵的资料。它们告诉我们，如果说湖边昆虫类的最主要代表是蚊子的话，那么树林中昆虫类的代表则是象虫。

除了吻管科昆虫外，我的那些岩石书页特别是在鞘翅目昆虫方面的确没再向我展示什么。那么，其他的那些陆地昆虫族，如步甲虫、食粪虫、圣金龟等被雨水不分彼此地把它们像象虫一样地带到湖中来的那些昆虫现在都在哪儿呢？这些今天繁荣昌盛的昆虫族类没有留下一点点蛛丝马迹。

水龟虫、豉虫、龙虱这些水中居民都在何处？关于这些湖泊昆虫，很可能在我们发现它们时，已在两块泥灰岩中间变成了木乃伊了。如果当时有这种昆虫存在的话，那它们就生活在湖泊中，而湖中的淤泥就很可能把这些带角的昆虫比小鱼，尤其是比双翅目昆虫更加完整地保存下来。喏，关于这些水生鞘翅目昆虫，也没有留下任何的踪迹。

这些地质圣骨箱中找不到的昆虫，它们究竟在哪里呢？荆棘丛中的、草丛中的、被虫蛀蚀的树干中的这些昆虫——会钻木的天牛、滚粪球的金龟子、对猎物开膛破肚的步甲虫，它们都在哪里呢？它们全都是处于正在变化中的未成形者。在当时还没有它们，未来在等待着它们。如果我相信我闲暇时查阅的那些简单的档案资料的话，象虫就可能是鞘翅目昆虫中的长者。

在其初始阶段，生命制造出一些可能与现今和谐状态中的情景相去甚远的奇特的东西。当生命创造蜥蜴类动物的时候，它一开始热衷于一些长达十五至二十米的怪兽。它让它们鼻子上、眼睛上长上角，让它们的背部披上鳞片，让它们脖颈凹成有刺的袋子，脑袋可以像是戴风帽似的缩到里面去。

生命甚至还试图让这些巨兽长上翅膀，却未能遂愿。经过这些可怕的事情之后，生殖的激情平静下来，于是便出现了我们藩篱上的可爱的绿色蜥蜴。

当生命创造鸟的时候，它让鸟喙上长有爬行动物的尖利的牙齿，让鸟的臀部拖着饰有羽毛的尾巴。这些未定型的、丑陋不堪的生物是红喉雀和鸽子的远祖。

所有这些原始动物，头都很小，智力很差。远古的野兽没有别的，只是一部捕捉猎物的机器，一只消化食物的胃。智力当时尚无关紧要，那是后来的事。

象虫就以自己的方式稍微在重复这类畸变。看看它小脑袋上的那个怪异的延伸部分。那上面这儿有又厚又短的吻，别处有很粗的圆形吻管或切削成四棱面的吻管。另外，这个延伸部分就像北美印第安人那奇模怪样的长烟袋，它极其纤细，长如身子，甚至超过身长。在这个奇特的工具末端口里，是上颚那把精巧的剪刀。其身体两侧为两根触角。

这个喙，这个嘴，这个怪模怪样的鼻子有什么用处呀？象虫是在哪儿找到这种器官的模型的？它哪儿也没找到过这种模型，它自己就是这种模型的创造者，它拥有这种模型的专利。除了它这一种族外，其他任何鞘翅目昆虫都没有这种奇形怪状的嘴。

我们还要注意它脑袋之狭小异常。那是在鼻子底部膨胀起来的一个球球。那球里面会有什么呢？一个可怜的神经工具，那是极其有限的本能的标志。在看到这些小脑袋的家伙干活儿之前，没人注意它们智力方面的事。它们被归入木讷迟钝、没有本领的昆虫之列。这种看法以后并未遭到否定。

虽然象虫科昆虫在才能方面没人恭维，但并不能因此就对它们不屑一顾。正如湖中岩片书页告诉我们的那样，它们是位居长鞘翅的昆虫之前列的。它们早就在预防突发事件方面领先于在孵育方面最为灵巧的昆虫。它们向我们展示了一些原始昆虫形态，有时是极其怪异的形态。它们在自己那小小的世界中就如同长着齿形大颚的猛禽和长着有角的眉毛的蜥蜴在它们那高级世界中的情况一样。

它们一直繁荣昌盛，繁衍至今，但特征未变。它们今天的形态就是它们在各大陆的古老年代的形态。这一点由石灰岩书页高度地证明了。我敢于把其属，有时甚至是其种的名称标注在岩片书页的那些图像下面。

本能的不变性应该是伴随着形态的恒久性的。通过查阅现代象虫科昆虫的资料，我们将就它们祖先的生物单方面写出与其实际情况较接近的一个章节。在它们祖先的那个时代，我们的普罗旺斯还有棕榈树在遮蔽着鳄鱼出没的辽阔的湖泊哩。讲述现代的历史将向我们叙述往昔的历史。

萤火虫

　　萤火虫是一种神奇而又美丽的昆虫，一只"小灯笼"挂在屁股上，无论是雌萤火虫还是雄萤火虫，从生下来到死去时都是发着光的，它们就是通过光来进行交流的。那么萤火虫是如何发光的呢？它又是以什么为生的呢？又是怎样捕食猎物呢的？

　　在我们这个地区，萤火虫可谓无人不知，无人不晓，没有什么昆虫像它那么家喻户晓的了。这个人见人爱的小东西，为了表达生活的欢乐，竟然在屁股上面挂了一只小小的灯笼。炎热的夏夜里，没有人没见过它的。古代希腊人把它称之为"朗皮里斯"，意为"屁股上挂灯笼者"；法语中则称它为"发光的蠕虫"。其实，萤火虫绝对不是什么蠕虫，即使是从外表上来看，它也不像蠕虫。它有六只短小的脚，而且十分明白如何使用自己的脚。它是可以用小碎步奔跑的昆虫。雄性萤火虫发育完全后，如同真正的甲虫一样，长着鞘翅。但雌性萤火虫却无此造化，享受不到飞翔的快乐，终生保持着幼虫的形态。不过，雄性萤火虫在尚未到达交尾期之前，形态也是不完全的。即使如此，称它为"蠕虫"也是不恰当的。法国有句通俗语，叫"像蠕虫一样一丝不挂"，用以形容身上未穿任何保护性的衣物。但是，萤火虫可是穿着衣服的，就是说它有略为坚韧的外皮，而且它还有斑斓的色彩，身体呈棕色，胸部呈粉红色，环形服饰的边缘还点缀着两个红红的小斑点。这哪儿会是蠕虫呢？

我们先来看看萤火虫以什么为生吧。萤火虫看上去既小又弱，像是与他人无害，可它却是个最小最小的食肉动物，是猎取野味的猎手，而且，捕猎时还相当狠毒。它的猎物通常是蜗牛。昆虫学家们早已知道萤火虫的这一习性。但是，我从他们书中的介绍中，总感到人们对这一点了解得很不充分，特别是对萤火虫的奇怪的攻击方法，几乎是一无所知。

萤火虫在啃食猎物之前，先对它施以麻醉，使之失去知觉。它的猎物通常是很小的蜗牛，个头儿还没有樱桃大，是处于变形状态的蜗牛。夏日里，这种蜗牛一大群一大群地聚集在稻子和麦子的茎秆上，或者其他植物的干枯的长茎上，在上面一动不动地要待上整整一个炎热的夏季。正是在这种时候，在猎物处于这种状态中，我不止一次地观察到萤火虫对猎物发动攻击，对之施以灵巧的外科麻醉手术，使猎物在颤动着的茎秆上昏死过去，然后，对之下口，美餐一顿。

萤火虫对猎物的其他藏身处所也了如指掌。它经常飞到沟渠旁边，因为那儿土地潮湿，杂草丛生，是蜗牛喜爱的栖身之所。在这种情况之下，萤火虫便在地上对蜗牛施以麻醉术。我在家中也饲养了一些萤火虫，它很容易被捕捉到，也很容易喂养，因此，我可以仔细地观察研究这位外科医生做手术的详细过程。

我在一个大玻璃瓶里放上一些草，把捉到的几只萤火虫和几只蜗牛也放了进去。蜗牛个头儿正合适，不大不小，正在等待变形，正符合萤火虫的口味。我寸步不离地监视着玻璃瓶中的情况，因为萤火虫攻击猎物是瞬间的事情，转瞬即逝，不高度集中精力，必然会错过观察的机会。

我终于发现是怎么个情况了。萤火虫稍微探了探捕猎对象。蜗牛通常是全身藏于壳内，只有外套膜的软肉露出一点点在壳的外面。萤火虫见状，便立刻打开它那极其简单、用放大镜才能看到的工具。这是两片呈钩状的颚，锋利无比，细若发丝。用显微镜观察，可见弯钩上有一道细细的小槽沟。这就是它的工具。它用它的这种外科手术器械不停地轻轻击打蜗牛的外膜，其动作不像是在施以手术，而像是在与猎物亲吻。用孩子们的话来说，它像是在与蜗牛"拉钩"。它在"拉钩"时，有条不紊，慢条斯理，不慌不忙，每拉一次，都要稍事休息片刻，似乎是在观察"拉钩"的效果如何。它"拉钩"的次数并不多，顶多五六次，就足以把猎物给制服，使之动弹不得。然后，它就要动嘴进食了，它很可能也是要用弯钩去啄，因为我几次都未观察清楚，所以对这一点我也说不太准。总之，萤火虫在施行麻醉手术时，动作麻利，立竿见影，快如闪电，不用问，它利用带细槽的弯钩已经把毒液注入蜗牛体内，使之昏死过去。

我检查了一下猎物。在萤火虫与蜗牛拉了四五下钩之后，我便立即从它口中夺下它的猎物，用针尖刺蜗牛的前部，亦即缩在壳内的蜗牛所暴露在外的身体。我没看到它有任何反应，仿佛是一具没了生气的尸体。

我还发现一个令我信服的例子。有一次，我幸运地看到一只蜗牛正在爬行，其足正在蠕动着，突然，萤火虫向它发动了袭击。蜗牛十分惊慌，乱动了几下，然后便一动不动了。它的脚不再爬行，身体的前部也失去了如同天鹅脖颈那种优美的弯曲状，触角软软地耷拉下来，如同一根折断了的手杖。它一直保持着这种状态。

蜗牛是否真的被蜇死了呢？没有，根本没有。我可以让这只表面上看似已死的蜗牛活过来。我把这位处于半死不活状态下的病人隔离开来，给它洗了个澡，尽管这对于取得实验的成功并非绝对必要。

两天过后，这只被萤火虫施以麻醉术的蜗牛终于复活了，它又能动弹了，又有了感觉。我用针尖刺它，它有反应，它开始蠕动，爬行，伸出触角，仿佛什么危险都没有发生过，像个没事人似的。那种昏昏沉沉、如死一般的全麻状态已经消失，它苏醒过来了。

对于蜗牛这样的一个与世无争、平和温顺的对手，萤火虫又何必要先要对之施以麻醉术呢？这使我想起了另一种昆虫，名叫德里尔虫，生活在阿尔及利亚。这种昆虫虽说不会发光，但其身体结构，尤其是在习性方面，与我国的萤火虫却颇为相似。德里尔虫以陆生软体动物为食，它所捕食的是一种圆口类的动物。这种动物有着美丽雅致的陀螺形外壳。一块结实的肌肉把一个石质封盖固定在这种圆口类动物身上。这个石质封盖把甲壳闭合得严严实实。这个封盖是个活动的门。居于甲壳内的隐居者只需缩回身子，封盖便立即盖上。当隐居者想要外出时，此门也很容易打开。德里尔虫被黏附器（我们下面将会看到萤火虫也具有这种同等器具）固定在蜗牛的甲壳表面，耐心地等待着、窥伺着，等着甲壳里面的蜗牛憋不住，露出身子，便立刻冲到门边，把门挡住，使其关闭不上，自己则进入门内，占领了这个城堡。我并没有经常见到这种德里尔虫，但我认为，它的进攻策略与我们的萤火虫颇为相似。它钻进甲壳内，身子扭动几下，里面的隐居者也就丧失了反抗的能力。

我们还是回过头来谈谈我们的萤火虫吧。如果蜗牛在地上爬行，甚至就龟缩在壳里，萤火虫袭击它是很容易的事，因为蜗牛的壳没有封盖，而且，蜗牛身体的前部暴露在壳外，因此它无法自卫，很容易被伤害。即使蜗牛待在高处，紧贴在一棵禾本植物的茎秆上，或者紧贴在一块光滑的石头上，袭击者无从下手，但是，只要是这个外界的封盖稍有缝隙，它仍然难逃厄运。

萤火虫施以麻醉术时，总是非常小心、轻手轻脚地对待它的猎物，不想引起对方的注意，免得它挣扎、乱动，从高处掉到地上。如果猎物掉到地上，萤火虫也就不会再想方设法地寻找它了，因为它只是依靠运气去捕捉落入口中的猎物，而不想费心劳神地去寻来找去。因此，萤火虫在发动袭击的时候，从不掉以轻心，总是小心谨慎地不让猎物感到疼痛，使其肌肉失去反应，否则猎物便会从高处掉下地来，到嘴的猎物便化为乌有了。由此不难看出，突然对猎物施以深度麻醉，一针见血，是它捕捉猎物的绝招。

萤火虫如何享用其猎物呢? 它是不是真的在吃它? 也就是说，它是不是把蜗牛切成细小的碎块，然后用自己的所谓的咀嚼器把它们嚼烂、咽到肚子里去? 我看并非如此。我所捕捉到的萤火虫，嘴上从未发现有固体食物的碎渣细末什么的。萤火虫的所谓"吃"，并不是真正意义上的那种吃，而是吮吸，如同蛆虫那样，把猎物化为汁液，然后吸入肚里。与双翅目昆虫爱吃肉的幼虫一样，萤火虫也是先把猎物变为流质，对之进行液化处理、加工，然后食之。我把我所见到的萤火虫"吃食"的过程介绍如下:

萤火虫对蜗牛施行了麻醉。它几乎总是单独操作，即使是遇到一只个头很大的蜗牛，它也不找助手。在它施行完麻醉手术后，总会有宾客不请自来，两三位，四五位，甚至更多。众宾客来到餐桌前，与食物的真正主人并无纷争，毫不客气地尽情享用，不分彼此。两天后，主人与食客都离去了，我便把蜗牛壳口冲下翻倒过来，只见壳里的东西如同锅口朝下倒浓汤似的，全流了出来。主客吃饱喝足了之后，不屑一顾地把残羹剩饭给撇下了。

事情很明显，我先前所说的"拉钩"之后，也就是萤火虫东一口西一口地轻轻拍击蜗牛之后，蜗牛昏死过去，然后，众宾客齐上阵，都在用特有的消化素对猎物进行加工，最后，蜗牛肉便变成了蜗牛肉粥了，接着，大家便一起尽情享用，尽兴而去。这样看来，萤火虫嘴上的那两只弯钩外表上看去并无保护层，是其进攻猎物的利器，刺入对方体内，注入麻醉药剂，并使对方的肉质液化，而这麻醉药剂很有可能就是萤火虫的体液。在放大镜下仔细地进行观察，可以很清楚地看到它的这种微型器械，可我认为它们却不像是钩子。它们的中心是空的，与蚁蛉的那对工具颇为相似；蚁蛉就依靠这种工具吸食猎物的肉，而并不把猎物肉切成小细块。不过，萤火虫又与蚁蛉的表现颇为不同：蚁蛉用餐完毕，会从沙地的漏斗状陷阱中抛出大量的丰盛食物；而萤火虫有液化装置，绝不糟蹋食物，或者说，几乎不糟蹋食物。两者掌握着类似的工具，但是，一个是用来吮吸猎物的血液，而另一个则采用液化设备，使食物变成流质，全部食之。

有时候，蜗牛所处的位置不太好，难以保持平衡，但是，萤火虫毕竟是动作敏捷，不以为意，干净利落地就处理完了。我透过喂养着萤火虫的那个大口玻璃瓶，清楚地看到了全过程。大口瓶上盖着一块玻璃，蜗牛沿着玻璃瓶内壁往上爬，一直爬到瓶口边沿，停了下来，用少许黏液把壳体粘挂在那儿。它只是在那做短暂的停留，所以舍不得用太多的软体组织所生产出来的胶黏剂。这样一来，只要稍微地震动一下瓶子，蜗牛壳口就会松脱，从粘黏的地方摔到瓶底上。

我看到瓶子里的那只萤火虫也在不断地往高处爬去，爬到蜗牛暂时停留的地方。它依靠某种攀缘器官在沿着瓶子内壁爬着，这种攀缘

①慢慢靠近

②突然袭击

③毒素注射完成

④蜗牛陷入静止

器官弥补了萤火虫足爪此刻的功能缺陷。萤火虫已经来到了蜗牛的身旁，找到了一处可以下手的缝隙，便轻轻地拍击了几下躲在缝隙内的蜗牛，使之昏死过去，随即开动其液化装置，使蜗牛肉变为蜗牛肉汤，美美地吮吸起来。

当萤火虫吃饱喝足之后，蜗牛就剩下一个空壳了，肉没有了，汤也没有了。但是，这只空壳虽然只用了少许黏液粘在玻璃上，却并未开胶，仍然牢牢地粘在那里，没有丝毫的移位。壳中的那个隐居者没有挣扎，没有反抗，一点一点地从固态变成了液态，全都从萤火虫开始发起攻击的那个点上流了出来，流得干干净净，只剩下一个空壳了。由此，我们不难看出，萤火虫的麻醉手术之高超、之快速，简直是迅雷不及掩耳，让对方防不胜防。而且，我们还可以看出，萤火虫吃蜗牛的手段之奇妙，让人叫绝，都没有让蜗牛空壳从极其光溜而又垂直的玻璃瓶内壁上掉落下来，甚至都没让只有些许胶粘着的空壳有丝毫的晃动、移位，这真的是不可思议。

萤火虫要在玻璃上或草茎上攀爬，它的又短又笨的爪子显然是无法承担这一重任的，必须拥有一种特殊的工具。这种特殊工具必须不怕光滑，能攀住无法抓住的物体。萤火虫确实拥有这种特殊工具。它的后腿末端有一个白色的点，用放大镜仔细观察，可以看到那上面约有十二个很短小的肉刺，它们有时收拢起来，缩成一团，有时却又伸展开来，好似玫瑰花瓣。这就是它的吸附并移动的器官。萤火虫想要把自己附着在某个地方，甚至是个极其光滑的表面上，比如固着在禾本植物的茎秆上，它就把这十二个短小的肉刺展开来，呈玫瑰花瓣状，就可以牢牢地铺展在所吸附的物体上了，用自己的身体的黏性，把自己紧紧地贴附在支撑物上。这个特殊器官通过抬高和放低，张开和闭合，帮助萤火虫行走。总而言之，萤火虫可以说是一个双腿残疾者，它在自己的后腿上放上一朵漂亮的白色玫瑰花，一种没有关节、可向四下里活动的有十二个趾肢节的爪子，而这种管状的趾肢节，并非抓住而是黏附着物体。这个器官还有一个用途，它可以当作海绵和刷子来使用。萤火虫在进餐之后，便用这把刷子刷头、背、尾及两侧。它之所以全身上下地刷来刷去，是因为它的脊椎很柔韧，可以弯来弯去，哪儿都能够得着。萤火虫在这儿进行全身擦拭时，非常仔细，一处不漏，足见它对这种运动颇感兴趣，乐此不疲。它这样做的目的究竟是什么呢？很显然，它这是要擦去沾在身上的灰土或者蜗牛肉的残渣剩汤。

如果萤火虫只会像亲吻似的轻拍蜗牛，对它施以麻醉术，而没有其他什么本领的话，那它也就不会这么出名，这么家喻户晓了。它真正名扬四海的原因，是它能在尾部亮起一盏灯。我们来特别仔细地观察一番雌性萤火虫吧。它在达到婚育年龄，在夏季酷热期间发出亮光的过程中，一直保持着幼虫状态。它的发光器是在腹部的最后三节处。其中的前两节的发光器呈宽带状，另外一个组群是最后一个体节的两个斑点。具有那两条宽带的只有发育成熟了的雌性萤火虫——未来的母亲用最绚丽的装束来打扮自己，这光亮灿灿的宽带锃亮，以庆贺自己的婚礼，而在这之前，自刚孵化的时候起，它只有尾部的那个发光斑点，这种绚丽的彩灯显示着雌性萤火虫那惯常的身体变态。身体的变态使之长出翅膀，能够飞翔，从而宣告其生理演变过程的结束。这盏亮灿灿的灯点亮时，还标志着其交尾期即将来临。这之后，雌性萤火虫就没有翅膀了，不能再飞翔，一直保持着这种幼虫的可怜的卑屈形态，但是，它的那盏明灯却始终点亮着。

雄性萤火虫则有所不同，它得到了充分的发育，改变了形态，拥有着鞘翅和翅膀。与雌性一样，从孵化时起，它的尾部就有这盏明灯。总之，萤火虫不管是雌性还是雄性，不管是处在发育时期的什么阶段，其尾部均可发光，这就是整个萤火虫大家族的一大特点。而且，这个发光点从背部或腹部都可以看见，但只有雌性萤火虫才有的那两条宽带，才在腹部下面发光。

我的手和眼仍然很听使唤，做起解剖来还算得心应手，因此，我便想解剖一下萤火虫的发光器官，以便彻底搞清楚其构造。我终于成功地把一根发光宽带的大部分给剥离开来。我在显微镜下仔细地观察了这条宽带，发现其上有一种白色涂料，由极其细腻的黏性物质构成。这白色涂料显然就是萤火虫的光化物质。紧靠着这白色涂料，有一根奇异的气管，主干很短却很粗，下面长了不少的细枝，延伸至发光层上，甚或深入到体内。

发光器受到呼吸气管的支配，发光是氧化所导致的。白色涂层提供可氧化的物质，而长有许多细枝的粗气管则把空气分送到这种物质上。现在，我很想搞清楚这个涂层的发光物质究竟为何物。起初，人们以为那是磷，还把它加以燃烧，以化验其元素，但这种办法并没获得理想的效果。显然，磷并非萤火虫发光的原因，尽管人们有时把磷光称为萤光。这个问题的答案肯定不在这里，而是另有原因。

萤火虫能够随意地散布它的光亮吗？它能否随意地增强、减弱、熄灭其亮光？它怎么做的呢？它有没有一个不透明的屏幕朝着光源，能够将光源或遮住或暴露出来呢？现在，我们对这个问题的答案已知道得很清楚，萤火虫并没有这样的器官。这样的器官对它来说是没有用的，它拥有更好的办法来控制它的明灯。若想增强光的亮度，遍布光化层的光管就会加大空气的流量；如果它把通气量减少甚至停止供气，亮度就变弱，甚至熄灭。总之，这个机理与油灯的机理一样，其亮度是通过控制空气进入灯芯的量来调节的。

遇到激动的情况，气管就运作起来，灯也就亮了。需要加以区别的是光带和尾灯这两种情况的不同。其一，发光的是那漂亮的宽带，亦即已到婚育年龄的雌性萤火虫的独特的饰物；其二，也就是那盏尾灯，萤火虫无论雌雄，无论长幼，都在其最后一个体节上点着一盏小灯。在后一种情况下，由于突然的刺激而引起萤火虫的情绪变化，变得惊恐不安，这盏尾灯会完全地或近乎完全地熄灭。我曾经在夜晚捕捉过萤火虫，眼见那盏尾灯在草上发着亮光，可是，只要我稍不留神，碰着了那棵草，草一晃动，灯立即就熄灭了，我想要捕捉的这只昆虫也就不见了踪影。但是，发育完全的雌性萤火虫身上的宽光带，即使受到惊吓，也毫无影响，照样亮着。

我捉了几只雌性萤火虫，把它们关进笼子里，放到屋外，笼子旁边放了一把枪。我放了一枪，但枪声并未产生效果，宽带依旧在发光，与没有放枪前一样明亮。然后，我又用喷雾器把水雾喷洒到它们身上，它们身上的光带依然光亮闪闪，没有一盏灯熄灭的，顶多也就是亮度有短暂的减弱而已，而且也只是个别的雌性萤火虫这样，并不是每只都如此。我猛抽了一口烟斗，把烟吹进笼子里，光带的亮度倒是更加弱了，甚至灭了一会儿，但时间非常短暂。很快，萤火虫便平静下来，恢复了常态，灯又亮了起来，而且比先前还要明亮。这之后，我又用指头抓住它，把它翻过来掉过去地折腾，又轻轻地摆弄它，只要是捏得不太重，它照旧在发光，亮度也保持不变。即将处于交尾期的萤火虫，对于自己的灯的光亮十分沾沾自喜，没有极其严重的情况发生，它们是不会把自己的灯完全熄灭掉的。

从各种实验的结果来看，极其明显的是，萤火虫是自己在控制着身上的发光器，它可以随意地使之或亮或灭。不过，在某种情况之下，有无萤火虫的调节都无关紧要。我从其光化层上弄下来一块表皮，把它放进玻璃管里，用湿棉花把管口堵住，免得表皮过快地蒸发干了。

只见这块表皮仍在发光，只不过其亮度不如在萤火虫身上那么强而已。在这种情况下，有无生命并不要紧。氧化物质，亦即发光层，是与其周围空气直接接触的，无须通过气管输入氧气，它就像是真正的化学磷一样，与空气接触就会发光。还应该指出的是，这层表皮在含有空气的水中所发出的亮光，与在空气中所发出的亮光的强弱一样。不过，如果把水煮开、沸腾，没了空气，那么，表皮的光就熄灭了。这就更加证明，萤火虫的发光是缓慢氧化的结果。

萤火虫发出来的光呈白色，很柔和，但这光虽然很亮，却不具有较强的照射能力。在黑暗处，我用一只萤火虫在一行印刷文字上移动，可以清楚地看出一个个字母，甚至可以看出一个不太长的词儿来，但是，在这小小的范围之外的一切东西，就看不见了。因此，夜晚，以萤火虫为灯看书，那是不可能的。

如果把一群萤火虫放在一起，彼此紧挨着，每只萤火虫都放着光，那么，它的光就会通过反射而可以照亮旁边的萤火虫，我们似乎也就能够看清一只只的萤火虫了。但是，事实又并非如此。这群萤火虫只是杂乱无章地聚集在一起，就算彼此离得很近很近，我们也无法看清萤火虫的模样来，因为这所有的亮光把萤火虫全都混在了一起，成了模模糊糊的一片。

我通过照相技术非常清楚地证实了这种情况。我用钟形金属网罩罩住二十来只充分发光的雌性萤火虫，把它们置于露天地里。罩子里，有一丛百里香插在中央，形成一片小林子。夜晚时分，那二十来只雌性萤火虫全都爬到罩子顶上去了，它们在竭力地朝着各个方向展示着它们那发光的服饰。因此，沿着百里香小枝形成了一串串的花序。我指望这一串串花序能够对相板和相纸产生作用，但是，我却未能遂愿，只得到了一些不成形的白色斑点，根据萤火虫群体的不同情况，有些地方浓些，有些地方浅些，而萤火虫的模拟斑点却一点也没有影现，连百里香丛的痕迹也没有显现出来。因缺乏充足的光照，美妙如画的光彩只显现出一团模糊不清的黑乎乎的水浆似的东西来。

由此看来，雌性萤火虫的灯光并不是用来照明的。那么，它到底是干什么用的呢？我想，它是用来召唤情郎的。但是，雌性萤火虫的灯是在其肚子下面冲着地面发光的，而雄性萤火虫则是在随意乱飞，它是在上面，在空中，有时是在老远的地方往下看的，应该说它是看不见雌性萤火虫的那盏灯的。但是这种不正常的情况却被巧妙地予以纠正了。雌性萤火虫自有其高明的调情手段。每天晚上，天完全黑下来的时候，被我拘于钟形罩里的囚徒们就去我用来作为监狱的百里香丛中。到了这个花丛中，它们便爬到显现得很清楚的细枝上，不像在灌木丛下时那样老老实实、安安生生地待着，而是在那儿做着激烈的体操运动，一个个把小屁股扭来扭去，一颠一颠地，朝这边扭一下，再朝那边扭一下，把灯光向各个方向打去。这么一来，寻偶求欢的雄性萤火虫从附近经过时，无论是在地上还是在空中，肯定都能看到这盏随时都在亮着的灯。这一招儿，有点像捕捉云雀的旋转镜子的运作方式。这面旋转小镜静止不动时，云雀对它并无什么反应，但是，它只要一旋转起来，把它的光弄成迅速闪动的碎裂的光亮，云雀见了就会激动起来。

雌性萤火虫自有其召唤求欢者的绝招，而雄性萤火虫也不甘示弱，它有着一种光学器具，能够老远就看到雌性萤火虫那盏灯所发出的最微弱的光。其护甲胀大成盾形，大大地超出了头部，像帽檐或灯罩似的伸向前去，它的作用就在于缩小视野，把目光集中于需识别的光点上去。而在其颅顶下面，长着两只大眼睛，非常鼓凸，呈球冠形，彼此接近，中间只有一条狭窄的槽沟，以便收放触须。它的这个复眼几乎占据了它的整个面孔，缩在大灯罩所形成的空洞里，真像库克普罗斯[①]的眼睛。

雌雄交配的时候，那盏灯的灯光会变弱，几近熄灭，只有尾部那盏小灯还亮着。春暖花开、暖意融融的时节，田野里，昆虫们都在求欢寻爱，低吟婚庆颂歌，陶醉于男欢女爱之中，萤火虫的这盏尾灯虽能通宵达旦地亮，也没有哪位去注意它的，不会发生任何的危险。待交配完毕，萤火虫便立刻产卵，它们并无夫妻感情，没有什么家庭观念，没有慈母之爱，它把白白的圆圆的卵产在——或者更确切地说是抛撒在——随便什么地方。

有一点却是非常奇怪的：萤火虫的卵，甚至还在其母的体内时，就是发光的。如果我在捕捉时，一不小心，捏破了雌性萤火虫那装满了卵的肚子，就会看到一道道汁液，闪闪发光地流在了我的指头上，好像我把一只装满着磷液的囊给捏破了似的。我用放大镜仔细地进行了观察，那确实是被挤出卵巢的虫卵所发出的光亮。此外，临产时，卵巢里的萤光已经显现出来了，雌性萤火虫肚皮表面已经透出一种柔和的乳白色的光。

卵产下不久就会孵化。萤火虫幼虫雌与雄的尾部都有一盏小灯。寒冬将至时节，幼虫欲到地下不太深的地方，顶多也就是三四寸深。我在大冬天里，从地下挖出过几只幼虫，发现它们的尾灯一直亮着。四月将要来临，天气转暖，幼虫便钻出地面，继续完成其演化过程。

总而言之，我通过观察研究得知，萤火虫自生下来起，一直到寿终正寝为止，都一直在发光。它的卵在发光，它的幼虫在发光，雌性萤火虫亮着的是华丽的灯，雄性萤火虫保留着幼年时期的那盏已有的

---

① 库克普罗斯：古希腊传说中的独眼巨人，掌管雷霆。

小灯。对于雌性萤火虫的光带的作用，我可以说是已经有所了解了，但是，它的尾灯又是干什么用的呢? 我很遗憾地说，尚不得而知。昆虫物理学要比我们书本上的物理学更加深奥，这个问题可能在很长的时间里，甚至在永远的将来，也都会是个不解之谜。

昆虫与蘑菇

你喜欢吃蘑菇吗？这些五颜六色的小雨伞不仅吃起来口感鲜美细嫩，而且营养价值非常高。昆虫，特别是幼虫状态的昆虫，是杰出的蘑菇开发者。哪些昆虫喜爱吃菌类？在食用时，怎样鉴别蘑菇是否有毒呢？

我对牛肝菌和珊瑚菌情有独钟，没少观察研究。但是，只谈菌类，不与昆虫联系起来，就不太合适了。

我们知道，很多菌种都可食用，而且受到了人们的青睐。但是，可别忘了，另有一些菌类却是可怕的毒菌。我们如何去区别是有毒的还是无毒的呢？根据人们普遍信奉的一条规律，凡是被昆虫及其幼虫和蠕虫所接受的菌类，就是无毒的，都是可以食用的。反之，连昆虫都不愿或不敢去触碰的菌类，可千万不能去吃，那肯定是有毒的。昆虫的健康食品也应该是我们的健康食品，而能毒害它们的食物自然也能毒害我们。

这是人们依照事物表面上所存在的逻辑关系做出的推理，殊不知不同的动物的胃，对不同的食物是具有不同的消化能力的。上述推理到底是否站得住脚？这正是我想研究的。

昆虫，尤其是处于幼虫状态的昆虫，是蘑菇的开采者。昆虫分为两种消费者：其中的一类是在真正地啃食蘑菇，是一点一点地蚕食、咀嚼、嚼烂了才咽下肚去；另一类昆虫则是先把食物变为流质，然后再吸食，如同食肉的蛆虫那样。前一类比较少，仅就我住处附近的情况而言，属于咀嚼食物类的昆虫有：四种鞘翅目昆虫和衣蛾的毛虫、软体动物、鼻涕虫（或者更确切地说，其棕色外套边缘有一条红色花边的小蛞蝓）。这类昆虫虽为数不多，却十分活跃，侵蚀力很强，尤其是衣蛾。

喜食蘑菇的鞘翅目昆虫中，当数隐翅虫列于首位。隐翅虫身着红、蓝、黑三色搭配的漂亮衣服。隐翅虫及其幼虫利用自己身后的一根"柱子"作为支撑来行走，它常常光顾杨树伞菌，而且专爱吃这一种食物。我经常在春天或秋天，见到它们待在杨树伞菌上。杨树伞菌是上等菌种中的一种，尽管白得让人生畏，外表常常出现裂痕，伞盖下面的褶皱周围附着红棕色的孢子，显得脏兮兮的，但它却不失为一种优质菌种。人不能貌相，植物也同此理，有些外观十分艳丽，惹人喜爱的蘑菇却偏偏是毒蘑菇，而其貌不扬，甚至难看的蘑菇却是上等品种的蘑菇。

还有两种喜食蘑菇的鞘翅目昆虫是特里普拉克斯虫和桂皮色的球蕈甲，它们个头儿都很小。特里普拉克斯虫的头部和前胸呈棕色，鞘翅为黑色，其幼虫爱吃带刺多孔菌。这种菌类又大又肥实，表面长着直毛，侧贴在老桑树的树干上，有时也长在胡桃树和榆树上。而桂皮色的球蕈甲，其幼虫专门生长在块菰中。最后，最让人感兴趣的喜食蘑菇的鞘翅目昆虫是包尔波赛虫，其叫声如小鸟啁啾，为了寻找其喜食的地下菌，不惜往地下钻洞，而且全都是垂直竖井似的洞穴。它也是块菰的偏好者。我曾从地下挖出过包尔波赛虫，看见它的足爪间夹着一块真真切切的块菰，如同榛子那么大。我尝试着喂养它，想了解它幼虫的情况。于是，我便把它放进一只装满着新换了沙子的罐子里，罐口用罩子罩住。因为一时找不到地下菌和块菰，我便以几种较硬的、有点像是块菰的蘑菇来喂它们，其中有马鞍菌、珊瑚菌、鸡油菌、盘菌等，但都遭到它们的拒食。

出于无奈，我转而用一种名为"里佐波贡"的植物喂它们，却得到了它们的首肯。这种植物通常生长在松林里的浅土层甚至地表上，样子挺像土豆，我放了一把在沙罐里。入夜后，我去查看时，多次发现包尔波赛虫已经爬出洞外，在沙地上寻找，欲寻觅一块容易抱动的食物，悄悄地带进洞穴中去。它把食物留在洞口，因为里佐波贡太大了，进不了家门，只好把它留在了洞口。第二天，我发现那块里佐波贡仍在原地，只是下方被包尔波赛虫啃咬掉了一些。

包尔波赛虫不喜欢在露天里进食，它必须待在地下室里独自一人用餐。在地下要是寻找不到食物的话，它就会爬出洞外来搜寻。找到合其口味的食物时，要是不太大，可以拉入洞内，它就把食物运到地下室去；如果食物太大，进不了洞内，它就只好把食物留在洞口，自己则藏在洞中，啃咬食物的底部。总之，包尔波赛虫就是不在公共场合用餐。

到目前为止，我只见过它们吃地下菌、块菰和里佐波贡。但这就说明，包尔波赛虫并不像巨须隐翅甲那样专吃一种食物，它会变换食谱，也许它会吃所有的地下菌，也未可知。

衣蛾的食物范围更广。衣蛾毛虫长五毫米多，身子洁白，头部黑亮，在大部分的菌类中都会发现它们的身影，而且其幼虫是大量地聚集在菌类食物上。幼虫喜食菌类的柄把儿，因为菌柄有着一种说不出来的味道。一般来说，它们都寄居于牛肝菌、珊瑚菌、乳菇和红菇上，除了个别菌科中的几种菌以外，它们可以说是什么菌都吃。这种弱小的幼虫是菌类最主要的开采者，并在被其糟蹋过的菌类下面编织一个小白丝蚕，然后由此而变成一只不起眼的蛾。

除了蛞蝓以外，其他贪食蘑菇的软体动物也值得书上一笔。它们什么蘑菇都吃，而且喜欢挑大个儿的吃。它们往往在蘑菇里建造一个宽敞的窝巢，优哉游哉地在里面进食。与其他的美食家们相比，它们的数量并不算多，通常，它们都喜欢离群索居。它们的颌像刨刀，十分锋利，能很快地把蘑菇掏出一个洞来，造成的破坏十分明显。

根据被啃啮的蘑菇上所留下的咬痕和掉下来的蛀屑，我们很容易地就能分辨得出残羹剩饭是哪一位食客所留下的。它们有的会在蘑菇里挖出洞壁清晰的隧道，有的则是无沟挖槽，有的则专门腐蚀食物内部又不在表面留任何的痕迹，有的是专门切割食物。另一类蘑菇食客是液化者，专门靠化学作用腐蚀蘑菇，溶解食物，而这都是双翅目昆虫的幼虫所为；这些幼虫属于蝇科的贱民，品种繁多。我们干脆就把它们统称为蛆虫吧。

我选用撒旦牛肝菌作为蛆虫们的开采物，看看它们到底是如何进行工作的。撒旦牛肝菌是最大的菌种中的一种，在我住处附近，可以说是俯拾皆是。这种菌类的菌盖呈白色，盖面上显得脏兮兮的；菌管口呈鲜艳的橘黄色，菌柄肥厚，有如鳞茎，并有美丽的胭脂红筋络。我取出一个长得很好的撒旦牛肝菌，切成均等的两半，放在两个并排放着的盘子里。其中的一半是作为参照物放在盘子里的，而另一半的菌管层上放了二十四条蛆虫，是从一个已完全烂掉的牛肝菌上弄到的。

当天，这个实验物就显示出了蛆虫的巨大的溶解作用。牛肝菌的表面先是变成了鲜红色，管状层变成了棕色，渗出来的液体像黑色钟乳石似的垂挂在斜面上。接着，菌肉也很快受到了侵蚀，没几天，就变成了如同沥青似的糊状物，像水似的可以流淌。蛆虫在这糊状物里蠕动着，屁股一拱一拱的，尾部的呼吸孔不时地要露到糊状物的表面上来。这与灰蝇和蓝蝇的蛆虫液化尸体的方法是同出一辙。

作为参照物的另一半，因为没有放进蛆虫，仍旧好好地放在那只盘子里，与开始一模一样，没有变质，只不过因蒸发作用，失去了水分，表面显得干燥而已。因此，可以说，液化是蛆虫的杰作，是它们的专利。

人们不禁会问，液化是不是一种简单的变化过程？我们一开始看到在蛆虫的作用下，固体很快就变成了液体，自然而然地便会作如是想。尤其是其中有几种菌，液化得很快，譬如担子菌，它会自发地发生液化，变成一种黑色液体，其中的一种名为"墨盒担子菌"的菌种，更是如此，能够自动地液化成墨水。

在某些情况下，液化确实很快。有一天，我从一个菌托上取下了一个长得很漂亮的担子菌，对它进行素描，但是，我尚未完工，这个刚采下来还不到两个小时的鲜蘑模型就已经不成其形，化为一摊墨汁，摊在了桌子上。

不过，不能以此类推，认为其他菌类的液化过程也很快。其实不然，尤其是牛肝菌，它绝不会转瞬即逝的，它是可以加以储存的。牛肝菌味道鲜美，颇受青睐。我便用可食用的牛肝菌来进行实验。我心里暗想，也许能够从这牛肝菌中提取一种可以用作调味品的李比希味素来吧。因此，我把食用牛肝菌切成了小块，一部分放在清水里煮，另一部分放在加了小苏打的水里去煮。加工过程费时两个钟头，但是，长时间地放在沸水中煮，甚至是放在加了小苏打的沸水中煮，都没有损毁食用牛肝菌。可是，双翅目昆虫的幼虫轻而易举地就迅速地使之变成了流质，如同肉蛆虫把蛋白变成液体一样。这两种液化过程都是悄悄地进行的，也许是依靠特殊的蛋白酶在起作用。不过，在这两种液化过程中，所使用的酶也许是不同的。肉食液化器使用的是一种蛋白酶，而牛肝菌液化器使用的是另一种蛋白酶。

现在，盘子里装满了一种黑乎乎的流质，稀得很，很像沥青。如果任由水分蒸发掉，这稀糊糊就结成硬块，而且一弄就碎，如同甘草提取物一样。幼虫和蛹嵌于这硬块中，无法脱身，悉数死去，化学剂给它们带来了死亡的命运。当侵蚀在地面上发生时，情况就大不相同了。滴在地上的液体被地面吸收，里面的蛆虫们自然而然地也就逃离了厄运，获得了自由。蛆虫在紫色牛肝菌和撒旦牛肝菌上的作用所产生的结果是相同的，也就是说，最终见到的是一种黑色稀糊糊。值得注意的是，这两种菌切割开之后，特别是把它们压碎之后，会变成蓝颜色，而食用牛肝菌切开之后肉色保持不变，仍是白颜色，但被蛆虫液化之后所形成的液汁则是浅褐色的。我又用毒蝇菌做了实验，结果变成了粥状物，像杏酱似的。通过对不同的菌类所做的实验，我发现了一条规律，即所有的菌类在蛆虫的液化之下，都会变成糊状物，只是稀稠度有所不同而已，而且颜色上也有所区别。

那两种长着红色菌管的牛肝菌——紫牛肝菌和撒旦牛肝菌，为什么会变成黑黑的稀糊糊呢？我好像知道了缘由。这两种菌都变成了蓝色并夹杂着绿色。第三种蓝色牛肝菌颜色的变化尤为明显，稍许受到点磕碰，碰破的地方立即起皱，开始时是纯白的，然后就变成了漂亮的蓝色。我曾把这种牛肝菌置于二氧化碳中，即使我把它弄破，压碎，碾挤成浆，蓝色也不会出现。然后，我把压碎的牛肝菌取出一些来放到空气中，漂亮的蓝色立刻就出现了。由此可见，这些菌中含有着一种在空气中易变的颜料，这可能就是牛肝菌被蛆虫液化后发黑的原因之所在。其他的一些菌类，如肉质呈白色的食用牛肝菌，被蛆虫液化后就不会变成沥青色。所有那些切开后变成蓝色的牛肝菌，恶名远扬，臭名昭著，用撒旦这个名字称之，听了就让我胆寒。但是，衣蛾与蛆虫却与人类持有不同的看法，它们偏偏十分喜爱令我们恐惧的那些菌类。令我不解的是，它们对那些撒旦牛肝菌情有独钟，但对人们认为极其美味的菌类都绝不食用。譬如最有名的食用红鹅膏菌，那可是古罗马帝国时期的罗马人、古代的美食家所津津乐道的，但它们对这些被称之为恺撒伞菌的美味嗤之以鼻。在我们所食用的菌中，这种伞菌是最漂亮的一种。当它欲破土而出时，它像是一个卵形小球，整个儿地被菌托包裹着，十分美丽。随后，这个卵形小球缓慢地裂开来，从星形的开口处可看见一部分漂亮的橘黄色球体，如同煮鸡蛋似的。剥去外壳，剩下的囊袋中的伞菌，宛如剥去蛋壳的蛋。初生的伞菌如同一个上端剥去了部分蛋白，露出一点点蛋黄的鸡蛋，因此而被通俗地称之为"卢胡塞迪鸟"，意为"蛋黄"。不久之后，伞盖完全张开，平展展的，手感柔软如丝绸，看着比金苹果还绚丽，在玫瑰色的欧石南丛中显得尤为美丽动人。

但是，蛆虫却偏偏不吃这种漂亮的恺撒伞菌。我没少在野外观察，却从未发现有被虫子咬过的红鹅膏菌。我还做了实验，把蛆虫关在大口瓶里，只向它们提供捣得如苹果酱似的红鹅膏菌，可是，它们宁可饿着，也绝不去吃。

尽管如此，这种幼虫害怕去吃的漂亮伞菌还是遭到了损坏，但并不是幼虫所为，而是被一种真菌——红色不完全菌所破坏。这种真菌使蘑菇身上出现紫红色斑点，随即腐烂。至于是否有别的什么昆虫在祸害这种红鹅膏菌，我可从未发现过。

还有一种红鹅膏菌，菌盖边缘有美丽的花纹，也是一种美味食物，几乎与红鹅膏菌齐名。我把这种菌称之为小灰菌，因为它通常呈灰色，无论是蛆虫还是更加胆大的衣蛾，都从不敢碰它。豹皮鹅膏菌、春鹅膏菌和柠檬黄鹅膏菌都是毒菌，也同样被蛆虫和衣蛾所拒绝。

总而言之，无论是有毒的还是无毒的鹅膏菌，所有蛆虫均一概排斥，顶多是蛞蝓偶尔咬上这么一口。为了符合蛆虫的胃口，是不是需要某种介于柔嫩的牛肝菌和坚硬的乳菇之间的中性物呢？我们不妨来看看橄榄树伞菌，这是一种漂亮的枣红色菌。这种菌在老橄榄树下十分常见，故此得名，但是，我在黄杨树下、圣栎树下、李子树下、柏树下、杏树下、绣球树下，也都采到过这种菌。因此，它似乎对赖以生长的树木的性质并无苛求，它与其他菌类的明显区别在于，它会发出磷光。这磷光是从它的底面发出来的，如同萤火虫尾部在发光一样。它之所以闪闪发光，是为了庆贺婚礼和撒播孢子。这与化学家所说的磷无关；这是一种缓慢的燃烧，是一种比正常状态下的呼吸更急促有力些的呼吸。这种光在不适于呼吸的氮气、二氧化碳中就会熄灭，而只有在流通的空气中它才会持续地放光。另外，这种所谓的光极其微弱，只有在很暗很暗的地方才能感觉得出来。夜晚时分，甚至是在白天，在黑暗的地窖里先待上一段时间，再去看这种伞菌，真的是非常好看，它所发出的光犹如皎洁的月色。

蛆虫对这种伞菌会是什么态度呢？它们会不会被这种伞菌的美丽的光所吸引呀？不，绝对不会。蛆虫、衣蛾和鼻涕虫从不去碰发光的蘑菇。看来，蛆虫们是否吃某种蘑菇，与蘑菇是否有毒，是否漂亮，并无关系。我想，我也没有必要继续去做实验了，再做实验，我也无法获得准确的答案。昆虫看来无法告诉我们什么蘑菇有毒，什么蘑菇无毒，哪种蘑菇好吃，哪种蘑菇危险。昆虫的胃并不等同于我们人的胃，我们认为有毒的蘑菇，它们可能认为是美味佳肴，而我们认为鲜美的蘑菇，它们则可能会认为是有毒的。我们经常会到林间去采蘑菇，那么，如何去区分哪种有毒哪种无毒呢？

其实，区分的方法也很简单。我在塞里昂住了三十年之久，这儿的人喜食蘑菇，常去林中采摘，可我还从未听到过有谁吃蘑菇中毒的。我有时还在树林中翻看邻居们采摘的蘑菇，经常会看到一些令真菌学家极其反感的蘑菇。有一天，我对一位采摘了紫牛肝菌的邻居指明了这种蘑菇的危险性。他竟然睁大了眼睛，惊讶不已地对我说："您说狼面包①有毒！算了吧，先生，这可是牛精髓呀，是货真价实的牛精髓呀。"他觉得我少见多怪，不以为然地走了。

另外，在有的人的采摘篮里，我还发现了环状伞菌，研究真菌的专家认为这种菌有剧毒。可是，我的邻居们却常常采摘环状伞菌去吃。这种伞菌生长茂盛，尤以桑树下为多。我还在这些采摘者们的篮子里发现过危险的诱惑者撒旦牛肝菌、如羊乳菌一般辛辣的带乳菌和光头鹅膏菌。光头鹅膏菌有一个从菌托中绽开的漂亮的菌盖，边缘镶着一些粉渣，如同蛋白片末似的，有着一股肥皂味，很不好闻，令人起疑。

村民们如此放心大胆地采摘，就一点也不害怕吗？那他们是如何防止中毒的呢？在我们的这个村子以及远处的一些村庄，村民们通常要把采摘回来的蘑菇漂一漂，也就是放入沸水中焯一下，水中放上一点盐。然后，把焯过的蘑菇浸入冷水中，清洗干净，就算完事了。经过这么热处理和冷处理，即使是毒蘑菇，其有害成分也被去除掉了，有毒变为无毒了。因此，我也仿效了他们。从自己的经验来看，这种农村土方法还是挺有效的，我们一家也喜食蘑菇，也经常食用那种被认为毒性很强的环状伞菌，经过沸水处理，用这种蘑菇做出来的菜肴，鲜美至极。另外，经如此处理而制作成菜的光头鹅膏菌，也经常出现在我家的餐桌上。如果不做如此处理，那要是吃了这种蘑菇，就会有

---

① 狼面包：当地人把牛肝菌称为"狼面包"。

危险了。我还尝试过被那位采蘑菇的邻人称之为牛精髓的蓝色牛肝菌，特别是紫色牛肝菌和撒旦牛肝菌。此外，豹皮鹅膏菌我也尝试过，书中把这种菌说得糟糕透顶，绝不可食用，但我尝试过后，并无不良反应，我的一位学医的朋友听我介绍了这种加工方法之后，也做了尝试，他选用了与豹皮鹅膏菌同样恶名在外的西特里那鹅膏菌。他一点问题也没有，安然无恙。我还有一位盲人朋友，他也按照我所说的方法，加工了橄榄伞菌，那可是人人谈之色变的一种菌类，但他吃了也没遇到任何问题。从以上的一些事实可以看出，先用沸水把蘑菇焯一下，是防止食用蘑菇中毒的非常管用的方法。但是，有人也许会对这种土方法嗤之以鼻，把它斥之为"野蛮烹调法"。

他们会说，把蘑菇放进沸水中，岂不把它煮烂了，都成酱了？起码，经沸水这么一煮，蘑菇的鲜味就全没有了。这种看法荒谬至极，因为蘑菇很耐煮。我曾说过，我想从牛肝菌中提取溶液，却无法使之溶化，即使长时间地浸在水中煮，还在水里加了小苏打，都未能遂愿，一无所得。另外的一些个头儿很大，很适合做菜的蘑菇也同样是非常耐煮。

关于蘑菇的鲜味问题，我敢保证，一点儿也不会丢失，其香味也没少一丁点儿，而且，煮过的蘑菇更加好消化，对于一种难以消化的菜来说，这一点至关重要。因此，在我们家里，已经习惯于先把采摘来的蘑菇放在水里煮一煮，即使是无毒的鹅膏菌也被我们做了如此的处理。

我并不讳言，我是个外行，是个野蛮人，不太容易受到美味食物的诱惑。但是，我所关注的并不是美食家，而是普通的人，尤其是农村田间的劳动者，我希望这样简单的烹调方法能得到普及，当普通人学会了这种鉴别蘑菇是否有毒的简单方法，也就是处理有毒蘑菇的简单方法，我想我会因为我的研究得到了运用而倍感欣慰的。

意大利蟋蟀

意大利蟋蟀和其他品种的蟋蟀在外形上有何差异性？它们有哪些特殊的技艺？小小的蟋蟀，为何成了作者眼中"生命的伴侣"？我们一起来了解吧。

我们这儿见不着面包铺和乡间灶屋间常见的那种家蟋蟀。不过，如果说在我们村子里壁炉石板下面的缝隙里没有蟋蟀的叫声的话，那么作为补偿，夏夜的田野里却响着美妙的歌声，那是北方所听不到的。春季里，阳光灿烂时，田间地头的蟋蟀便唱起交响曲；夏日里，在夜阑人静时，则有树蟋蟀或称意大利蟋蟀鸣唱。一个是昼间蟋蟀，一个是夜间蟋蟀，它们平分那美妙的季节。在前者停止歌唱期间，后者便开始唱起小夜曲来。

意大利蟋蟀没有黑色外套，而且体形也无

一般蟋蟀那种粗笨的特点。恰恰相反，它细长、瘦弱、苍白，几乎全白，正适合夜间活动的习惯要求。你捏在手里都生怕把它捏碎。它在各种小灌木上，在高高的草丛中，跳来蹦去，很少待在地上生活。从七月一直到十月，它们日落时分开始歌唱，一直唱到大半夜，这是一场悦耳动听的音乐会。

这儿的人们都非常熟悉这种歌声，因为无论多小的荆棘丛中都有这种交响乐的演唱者。它们甚至还在粮仓里歌唱，那是因为运草料时把它们夹带了来，使它们迷了路，无法回返。这种苍白的蟋蟀习俗神秘，所以谁也不能确切地知晓是什么蟋蟀可以唱出这么好听的小夜曲的，人们误以为是普通的蟋蟀唱的，可是这个季节普通蟋蟀尚小，还不会歌唱。

意大利蟋蟀的歌声是"格里—依—依""格里—依—依"这种缓慢而柔和的声音，唱起来还微微发颤，使歌声更加悦耳动听。你一听就会猜想到它的振动膜是极其细薄而宽大的。如果它待在叶丛中无人惊扰的话，它的声音就不会变化，但稍有动静，这位歌手便立即改用腹部发声。你刚才听见它一直在你面前歌唱，可突然间，你听见的是它在那边二十步开外的地方继续鸣唱，但音量减弱了，你还以为是距离使然。

你跑过去，但什么也没发现，声音仍旧是从原来的地方发出来的。还不仅仅如此。这一次声音是从左边传来的，也许是从右边或者是从后面传来。你完全给弄糊涂了，无法凭借自己的听觉去辨别蟋蟀到底是在何处鸣叫的。你必须提着提灯，而且要极有耐心，还得小心翼翼，不发出任何声响，才能在灯光的帮助下捉到这个歌唱家。我就如此这般地捉到了几只，放进笼中，从而多少了解了一点点迷惑我们听觉的演唱家的情况。

两片鞘翅都是由一片宽大的半透明干膜构成，薄如白色洋葱片，能够整个儿地震颤。鞘翅状如圆的一端，上端略小。圆的这一端按一条粗重纵翅脉折成直角，再以鞘翅凸边沿体侧往下，在蟋蟀休息时，包住其身体。

右鞘翅覆盖在左鞘翅上。右鞘翅内侧靠翅根处有一块胼胝，辐射出五条翅脉，两条冲上，两条往下，而第五条几乎呈横向，略微泛红，是基本部件，也就是琴弓，这从其上横向的细锯齿一看便知。鞘翅的其他地方还有几条不太粗的翅脉，功用在于绷紧薄膜，但不是摩擦器的组成部件。

左鞘翅，或者说下鞘翅，结构与右鞘翅相同，但区别在于琴弓、胼胝以及由胼胝辐射出去的翅脉位于上部表面。此外，我们还可以看

运用白描的手法，科学细致地描写蟋蟀的发声器官的生理结构，又运用比喻等手法，使文本内容更生动形象，给读者留下更深刻的印象，突出了《昆虫记》的科普性，也体现法布尔观察的细致认真。

先运用科学术语白描叙述，再运用比喻的手法，将

到左右两把琴弓呈斜向交叉。

当蟋蟀放声歌唱时，左右鞘翅高高地竖起，宛如一张薄纱船帆，只是内边缘相互接触。这时候的左右两把琴弓是彼此斜着咬合着的，它们相互摩擦便使得绷得紧紧的薄膜产生强烈的震颤。

根据每把琴弓是在另一个鞘翅的胼胝（其本身也是粗糙的）上还是在四条光滑的辐射翅脉中的一条上摩擦，蟋蟀发出的声音则有所不同。这也许部分地解释了为什么胆小的蟋蟀怀疑遇到危险时会用声音迷惑我们，让人觉得声音发自前后左右，难以捉摸。

声音的强弱、响亮、沉闷变化，使人产生距离上的错觉，这是蟋蟀这个腹语者的高超艺术手段，而这种错觉的产生还有另一个原因，这是很容易发现的。声音响亮时，鞘翅是完全竖起的；声音沉闷时，鞘翅则多少有点下垂。当鞘翅处于下垂状态时，其外侧边缘不同程度地压在蟋蟀柔软的侧部，从而随之减少了振动部分的面积，声音也就随之变小。

用手指触摸敲响的玻璃杯，它便声音发闷，仿佛是从远处传来。灰白色蟋蟀深谙这个声学奥秘。当有人去捉它时，它便把振动片的边缘压在柔软的肚腹上，使人不知它身在何处。我们的乐器有制振器、消音器，意大利蟋蟀的制

蟋蟀的发声器官鞘翅比作小提琴的琴弓，使语言更生动的同时也不失其科普性与专业性。

振器、消音器可与之媲美，而且结构简单、功效奇佳，胜我们一筹。

田间地头的蟋蟀及其同类昆虫也使用这种消音办法，把鞘翅边缘压在肚腹或高或低处，以减轻振动，但是它们中没有谁能像意大利蟋蟀的本事那么大，能产生如此神奇的效果。

我们的脚步声一靠近，哪怕是极轻极轻的，蟋蟀就会用这种办法对付我们，使我们产生错觉。除此以外，它的声音还非常纯正，带有柔和的颤音。仲夏夜，万籁俱寂时，还有哪种昆虫的鸣叫胜过意大利蟋蟀的？那么优美，那么清脆。我不知有多少次，席地躺在迷迭香花丛中，偷听那美妙迷人的音乐演唱会啊！

我的花园里夜间歌唱的蟋蟀非常多。每一簇红花岩蔷薇都有其合唱队员，每一束薰衣草中也都有自己的乐队。那枝繁叶茂的野草莓树丛，那笃耨香树丛，都成了蟋蟀们的演唱场地。这个小天地中的小生物们在以自己那优美清亮的声音彼此探问，相互应答，或者可以说是对别的歌手无动于衷，只是自顾自地在抒发自己的情怀。

高处，我头顶上方，天鹅星座在银河中伸长它那巨大的十字架；下方，就在我的四周，蟋蟀在演唱交响曲，此起彼伏，抑扬顿挫。唱出自己欢乐心声的这些小小的生命使我忘记了群星璀璨。天空中的那些眼睛平静冷漠地眨巴着，在看着我们，可我们对它们却一无所知。

科学告诉我们它们离我们有多远，它们的速度有多快，它们的体积有多大，它们的质量有多重，还告诉我们它们不计其数，令我惊愕不已，但是这并未使我们有一丁点儿的激动。为什么？因为科学缺少了那个巨大的秘密，即生命的秘密。天上有什么？太阳在温暖着什么？理性告诉我们说，有一些类似于我们的世界，有一些生命在其间进行无穷变化的大地。这种宇宙观可谓宏大无比，却是一种观念而已，并没有确凿的根据。确凿的事实才是至高无上的，是看得见摸得着的。所谓"可能"，甚至"极其可能"，都不是"明显"，并不是显而易见，无懈可击的。

可我的蟋蟀们却是我的伴侣，它们使我感到了生命的颤动，而生命正是我们的灵魂。正因为如此，我才身子倚着迷迭香树篱，只是心不在焉地随意向天鹅座瞥上一眼，我的全部心思都集中在你们那小夜曲上了。

一小块注入了生命的能感受苦与乐的蛋白质，远远超过庞大的无生命的原料的价值。

将当时科学研究只是冷冰冰的解剖昆虫探究生理结构与自己饲养昆虫研究生活习性的观察方法进行对比，批判当时科学公认的研究方法"缺乏生命的秘密"，是死板而无味的，表达自己对该方式的强烈不满，抒发自己的对于生命的尊重敬畏和对于昆虫的热爱之情，体现一种"万物平等，生命都是值得尊重的"科学观念。

田野地头的蟋蟀

蟋蟀喜欢栖息在土壤稍为湿润的山坡、田野、乱石堆和草丛之中。它们以善鸣好斗著称，雄性蟋蟀相互打斗是为了争夺食物、巩固自己的领地或求爱；它们鸣叫时，不同的音调、频率能表达不同的意思。在作者持之以恒的耐心观察之下，小小的蟋蟀，也有了充满趣味性的、温情的一面。

要是谁想观看蟋蟀产卵都用不着做什么准备工作，只要有点耐心就行。布封[①]说，耐心是一种天赋，我却谦虚地称之为观察者的优秀品质。四月份，最迟五月份，我们给它们配对，单独放在花盆里，放一层土，压实。食物只是一片莴苣叶，要常常换上新鲜的。花盆上盖上一块玻璃，以防它们跳出来跑掉。

这种装置简单有效，必要时还可以加一个金属网罩，那就更加高级了，这样我们就可以获得一些极其有趣的资料了。我们以后再谈这些。眼下，我们要盯着看它产卵，必须时刻警惕着，不让有利

---

① 布封（1707—1788）：法国博物学家、作家、进化思想的先驱，著有《自然史》。

时机溜掉。

我持之以恒的观察有了初步满意的结果是在六月的第一个星期。我突然发现母蟋蟀一动不动，输卵管垂直地插入土层里。它并不在意我这个冒失的观察者，久久地待在那同一个点上。最后，它拔出输卵管，漫不经心地把那小孔洞的痕迹给抹掉，歇息片刻，溜达了一会儿，随即便在其花盆内它的地界儿里继续产卵。它像白额螽斯一样重复干着，但动作要慢得多。二十四小时之后，产卵似乎结束了。为了保险起见，我又继续观察了两天。

于是，我翻动花盆的土。卵呈淡黄色，两端圆圆的，长约三毫米。卵一个一个地垂直排列于土里，每次产卵的数目不等，有多有少，相互紧靠在一起。我在整个花盆的两厘米深的土里都发现有卵。我用放大镜勉为其难地尽量数清土里的卵，我估计一只母蟋蟀一次产卵有五六百个。这么多的卵肯定不久就会被大量地淘汰的。

蟋蟀卵真像是个绝妙的小机械。孵出后，卵壳似一只不透明的白筒子，顶端有一个十分规则的圆孔，圆孔边缘是一个圆帽，作为孔盖用。圆帽并非由新生儿随意顶开或钻破的，而是中间有一条特别线条，闭合不紧，可自动启开。看卵孵出会挺有趣的。

卵产下之后大约半个月，前端出现两个又大又圆的黑黄点，那是蟋蟀的眼睛。在这两个圆点稍高处，在圆筒子的顶端，出现一条细小的环状肉。卵壳将从这儿裂开。很快，半透明的卵就能让我们看到婴儿那孵化中的小样儿。这时候就必须倍加小心，增加观察次数，尤其是早晨。

幸运垂青耐心的人，我的孜孜不倦终于有了回报。稍稍隆起的肉在不停地变化着，出现了一拱就破的一条细线。卵的顶端被其中婴儿的额头顶着，顺着那条细肉线抻着，像小香水瓶一样微微启开，分落两旁。蟋蟀便像小魔鬼似的从这个魔盒中钻出来了。

小魔鬼出来之后，壳儿还鼓胀着，光滑而完整，呈纯白色，圆帽挂在孔口。鸟蛋是由雏鸟喙上专门长着的一个硬肉瘤撞破的；蟋蟀的卵则是一个高级小机械，犹如一只象牙盒子似的自动启开。小蟋蟀额头一顶，铰链就启动，壳就张开了。

小蟋蟀一脱掉身上的那件精细外套，浑身发灰，几近白色，立刻便与上面压着的土搏斗开来。它用大颚拱土；它蹬踢着，把松软的碍事的土扒拉到身后去。它终于钻出土层，沐浴着灿烂的阳光，但它如此瘦小，不比一只跳蚤大，在弱肉强食的世界上经历风险。二十四个小时，它体色变化，成了一个漂亮的小黑蟋蟀，乌黑的颜色可与成年蟋蟀一争高下。原先的灰白色只剩下一条白带围着胸前，宛如牵着婴孩学步的背带。

它十分敏捷，用它那颤动着的长触须在探查周围空间；它奔跑、蹦跳，开心得很，以后体态发胖就不会这么欢蹦乱跳的了。它年幼胃嫩，该给它吃些什么呢？我全然不知。我像喂成年蟋蟀一样，拿嫩莴苣叶喂它。它不屑吃它，或者也许是吃了点而我没看出来，因为它咬的印迹不明显。

不几天工夫，我的十对蟋蟀大家庭成了我的一大负担。一下子就是五六千只小蟋蟀，当然是一群漂亮的小家伙，可它们都需要如何照料我却一无所知，这叫我如何是好。

啊，我可爱的小家伙们，我将给予你们充分的自由，我将把你们托付给大自然这个至高无上的教育者。

我就这么办了。我找到花园里最好的一些地方，把它们这儿那儿地放生一些。如果它们一个个都活得很好，明年我的门前会有多么美妙动听的音乐会呀！但是，这美景并未出现，可能不会有什么美妙动听的音乐会了，因为母蟋蟀虽然大量产仔，但随之而来的是凶残的杀戮。幸存下来的很可能只有几对蟋蟀。

首先奔来抢掠这天赐美味、大开杀戒的是小灰壁虎和蚂蚁。尤其是蚂蚁这个可恶的强徒恐怕不会在我的花园里给我留下一只蟋蟀的。它抓住可怜的小家伙们，咬破它们的肚皮，疯狂地大嚼一通。

啊！该死的恶虫！可我们一直把它视为第一流的昆虫呢！书本上在赞扬，对它赞不绝口；博物学家们把它们捧上了天，每天都在为它们锦上添花；动物界同人类一样，让自己名声远扬的办法有千万种，但最可靠的办法则是损人利己，这是千真万确的道理。

谁都不了解弥足珍贵的清洁工食粪虫和埋葬虫，可吸血的蚊虫、长毒刺的凶狠好斗的黄蜂以及专干坏事的蚂蚁却无人不知无人不晓。在南方的村子里，蚂蚁毁坏房屋椽子的热情如同它们掏空一棵无花果树一样。我无须赘述，每个人都能从人类的档案馆中找到类似的例证：好人无人知晓，恶人声名远扬。

由于蚂蚁以及别的一些杀戮者的屠杀之无情，我花园中开始时数量极多的蟋蟀日渐稀少，使我的研究难以为继。我只好跑到花园以外的地方去进行观察了。

八月里，在尚未被三伏天的烈日烤干的草地上一小块绿洲的落叶中，我发现了已经长大了的小蟋蟀，与成年蟋蟀一样全身墨黑，初生时的白带子已经全褪去了。它居无定所，一片枯叶、一片砖瓦足可以遮风避雨，犹如不考虑何处歇足的流浪民族随身携带的帐篷一样。

直到十月末，初寒来临，它才开始筑巢做窝。据我对囚于钟形罩中的蟋蟀的观察，这个活儿非常简单。蟋蟀从不在其中的一个裸露地点筑巢，而总是在吃剩的莴苣叶遮盖着的地方做窝，莴苣叶代替了草丛作为隐藏时不可或缺的遮掩物。

　　蟋蟀工兵用前爪挖掘，利用其颚钳挖掉大沙砾。我看见它用它那有两排锯齿的有力的后腿在蹬踢，把挖出的土踹到身后，呈一斜面。这就是它筑巢做窝的全部工艺。

　　一开始活儿干得挺快。在我的囚室的松软土层里，两个小时的工夫，挖掘者便消失在地下了。它还不时地边后退边扫土地回到洞口。如果干累了，它便在尚未完工的屋门口停下来，头伸在外面，触须微微地颤动着。休息片刻之后，它又返回去，边挖边扫地又继续干起来。不一会儿，它又干干歇歇，歇息的时间也越来越长，我观察的劲头儿也随之消减了。

　　最紧迫的活计完成了。洞深两寸，目前已够用了，余下的活计费时费力，得抽空去做，每天干点。天气日渐转凉，自己的身体在渐渐长大，巢穴得逐渐加深加宽。即使到了大冬天，只要天气暖和，洞口有太阳，也能常常看见蟋蟀在往外弄土，说明它在修整扩建巢穴。到了春光明媚时，巢穴仍在继续维修，不停地修复，直至屋主去世为止。

　　四月过完，蟋蟀开始歌唱，先是一只两只，羞答答地在独鸣，不久便响起交响乐来，每个草窠窠里都有一只在歌唱。我很喜欢把蟋蟀列为万象更新时的歌唱家之首。在我家乡的灌木丛中，在百里香和薰衣草盛开之时，蟋蟀不乏其应和者：百灵鸟飞向蓝天，一展歌喉，从云端把其美妙的歌声传到人间。地上的蟋蟀虽歌声单调，缺乏艺术修养，但其淳朴的声音与万象更新的质朴欢快又是多么和谐呀！那是万物复苏的赞歌，是萌芽的种子和嫩绿的小草能听懂的歌。在这二重唱中，优胜奖将授予谁？我将把它授予蟋蟀。它以歌手之多和歌声不断占了上风。当田野里青蓝色的薰衣草如同散发青烟的香炉，在迎风摇曳时，百灵鸟就不再歌唱了，人们只能听见蟋蟀仍在继续低声地唱着，仍在庄重地歌颂着。

现在，解剖家跑来啰唆了，粗暴地对蟋蟀说："把你那唱歌的玩意儿让我们瞧瞧。"它的乐器极其简单，如同真正有价值的一切东西一样；它与螽斯的乐器原理相同：带齿条的琴弓和振动膜。

蟋蟀的右鞘翅除了裹住侧面的皱襞以外，几乎全部覆盖在左鞘翅上。这与我们所见到的绿蚱蜢、螽斯、距螽以及它们的近亲完全相反。蟋蟀是右撇子，而其他的则是左撇子。

两个鞘翅结构完全一样，知道一个也就了解了另一个。我们来看看右鞘翅吧。它几乎平贴在背上，但在侧面突呈直角斜下，以翼端紧裹着身体，翼上有一些斜向平行细脉。背脊上有一些粗壮的翅脉，呈深黑色，整体构成一幅复杂而奇特的图画，形同阿拉伯文似的天书。

鞘翅透明，呈淡淡的棕红色，只是两个连接处不是如此：一个连接处大些，三角形，位于前部；另一个小些，椭圆形，位于后部。这两个连接处都由一条粗翅脉围着，并有一些细小的皱纹。第一处还有四五条加固的人字形条纹，后一处只是一条弓形的曲线。这两处就是这类昆虫的镜膜，构成其发声部位。其皮膜的确比别处的细薄，是透明的，尽管略呈黑色。

那确实是精巧的乐器，比螽斯的要高级得多。弓上的一百五十个三棱柱齿与左鞘翅的梯级互相啮合，使四个扬琴同时振动，下方的两个扬琴靠直接摩擦发音，上方的两个则由摩擦工具振动发声。所以，它发出的声音是多么雄浑有力啊！螽斯只有一个不起眼的镜膜，声音只能传到几步远的地方，而蟋蟀有四个振动器，歌声可以传到数百米以外。

蟋蟀音高可与蝉匹敌，而且还不像蝉的叫声那么沙哑，令人讨厌。

更妙的是，蟋蟀的叫声抑扬顿挫。我们说过，蟋蟀的鞘翅各自在体侧伸出，形成一个阔边，这就是制振器；阔边多少往下一点，即可改变声音的强弱，使之根据与腹部软体部分接触的面积大小，时而是轻声低吟，时而是歌声嘹亮。

只要不爆发交尾期间本能的争斗，蟋蟀们便会在一起和平相处。但在求欢者们之间，打斗是家常便饭，而且互不相让，但结局倒并不严重。两个情敌相互头顶着头，互相咬脑袋，但它们的脑壳是一顶坚硬的头盔，能够顶住对方铁钳的夹掐，只见它俩你顶我拱，扭在一起，然后复又挺立，随即各自离去。战败者逃之夭夭；得胜者放开歌喉羞辱对方，然后转而柔声低吟，围着情人轻唱求欢。

求欢者很会搔首弄姿。它手指一勾，把一根触须拽回到大颚下面，把它蜷曲起来，用其唾液作为美发霜在其上涂抹。它那尖钩、镶着红饰带的长长的后腿，焦急地跺着，向空中蹬踢着。它因激动而唱不出声来。它的鞘翅在急速地颤动着，却不再发出声响，或者只是发出一阵零乱的摩擦声。

求爱无果。母蟋蟀跑到一片生菜叶下躲藏起来。但是，它还是微微撩起门帘在偷看，而且也想被那只公蟋蟀看见。

　　它向柳树丛中逃生，
　　却在偷窥着求欢者。

两千年前的一首牧歌就是这么温情地唱颂的。情人间的打情骂俏到处都一个样儿！

朗格多克蝎的家庭

朗格多克蝎的家庭有哪些成员呢？蝎宝宝是如何孵出的呢？法布尔向我们介绍了朗格多克蝎的生殖与繁衍。母蝎用自己独有的、有些残忍的方式"教育"小蝎，不过它也有充满母爱的一面。

在解决生活中的问题时求助于科学书籍收获是不大的；这时候，应孜孜不倦地对事实进行探讨，这比藏书丰富的书橱有用得多。在许多情况下，无知反倒更好，脑子可以自由思考，无先入为主之见，不致陷入只依靠书本的绝境。我刚刚再一次体会到了这一点。

一篇解剖学论文，而且还出自大师之手，告诉我说，朗格多克蝎九月份有家庭之累。唉！我要是没翻阅这篇论文该多好！至少在我们地区的气候条件下，朗格多克蝎的繁殖期要大大地早于论文中所说的月份。不过，好在我没太受这篇论文的影响，要不然我傻等到九月份，那就什么也看不到了。我苦苦地观察了三年，简直等得人困马乏，心灰意冷，但还是没有看到我预想会是非常有意思的那个场景。环境并无异常，可我却莫名其妙地错失良机，白白地浪费了一年时间，而且还差点儿放弃对这个问题的研究。

没错儿，无知可能有益；抛开老路，可以发现新东西。我们的著名大师之一从前曾这么教导过我，他就不怎么相信已知的课本知识。有一天，巴斯德①未事先通知，突然按响我家的门铃，就是那位很快就将闻名遐迩的巴斯德本人。我当时已深知其名了。我早就拜读过这位学者的有关酒石酸不对称结构的大作了，我也怀有浓厚的兴趣一直关注着他对纤毛虫纲生殖问题的研究。

每个时代都有其科学的奇思妙想。我们今天有进化论，而那个时代却有自生论。巴斯德凭借自己人为决定其有菌无菌的烧瓶，按照自己那严谨而简单的绝妙实验，把一个无理的谬论给彻底推翻了，依据这一谬论，腐败物内部的一种冲突性化学反应可以激发出生命来。

我知道那个被巴斯德成功地澄清了的有争论的问题，所以我极其热情地欢迎了这位著名的来访者。他跑来找我最主要的是想请教我几个问题。我能享有这份实不敢当的荣幸，应归功于我乃物理和化学上的同行身份。唉！我只不过是他的一个小小的、默默无闻的同行罢了！

巴斯德巡视阿维尼翁地区的目的是了解养蚕业。几年来，各个养蚕场一片惶恐，被一些搞不清的灾害弄得凋敝不堪。蚕宝宝们无缘无故地就发生溃烂，继而变硬，成了一些石灰膏壳的蚕仁硬皮豆了。蚕农们手足无措，眼看着自己的一项主要收成化为乌有，付出这么多心血和钱财，落得个把一屋一屋的蚕扔进肥料堆里去的结果。

我们就猖獗的灾害进行了一番交谈。谈话内容开门见山：

"我想看看蚕茧，"来访者说，"我还从来没见过蚕茧，只是知道其名而已。您能帮我弄一些来看看吗？"

"这很好办。我的房东就是经营蚕茧生意的，我们门对门。请您

---

① 巴斯德（1822—1895）：法国著名的化学家、微生物学家。

稍等片刻，我去给您弄一些来。"

我三步两步地就跑到邻居家里。我衣服口袋里装满了蚕茧后回来了，把蚕茧拿出来给大学者看。他拿起一个，在手指间翻来覆去地观看，那份好奇劲儿，犹如在看一件来自天涯海角的奇异物品似的。他在耳边摇了摇。

"还响哩，"他极为惊讶地说，"里面有东西。"

"当然有。"

"什么东西呀？"

"蚕蛹。"

"什么，蚕蛹？"

"是一种木乃伊似的东西，幼虫在里面逐渐变化，最后变成蝴蝶。"

"在所有的蚕茧里面都有这个东西吗？"

"当然，蚕吐丝结茧就是要保护蛹的。"

"啊！"

他没再说什么，就把蚕茧装进衣兜里去了，大概留待空闲时去探究蚕蛹这个重大的新生事物。他的这种胸有成竹的非凡自信令我惊叹。巴斯德不了解蚕、茧、蛹变形的知识，却前来为蚕谋求新生。古代的体育教师们出场表演时是一丝不挂的。我们的这位与养蚕业灾害做斗争的神奇勇士同他们一样，奔向角斗场时也是赤身裸体的，也就是说他对欲救其出灾难的那种昆虫连最起码的常识都没有。我为之惊讶不已，而且远胜于此，我感到为之叹服。

对下面的问题我就不怎么惊奇了。巴斯德当时还关心一个问题，就是通过加温提高酒的质量的问题。他突然转换话题说道：

"带我看看您的酒窖。"

带他看我的酒窖？我那寒酸的酒窖？凭我那当教师的微薄薪水，我连喝点酒都喝不起，所以我常常抓把红糖和苹果丝放进一只坛子里发酵，为自己弄点酸不溜丢的劣质苹果酒喝喝! 我的酒窖! 要看我的酒窖! 何不看看我的一桶桶陈年佳酿呀! 我的酒窖! 那还能叫酒窖吗? !

我感到狼狈不堪，一再地支吾躲闪，试图转换话题。但是他却不肯罢休，说道：

"请您带我看看您的酒窖。"

他这么一个劲儿地坚持，我也就没法拒绝了。我用手指指厨房角落里的一把没有椅垫的椅子，上面放着一只容量有十二升左右的大肚坛子。

"我的酒窖，那就是，先生。"

"这就是您的酒窖?"

"我没别的酒窖了。"

"都在这儿了?"

"唉! 是的，都在这儿了。"

"啊!"

他没再说什么。学者没有发表任何看法。看得出来，巴斯德并不了解这种平民百姓称之为"疯奶牛"的口味重的菜肴。如果说我的酒窖——那把旧椅子和拍着空空响的大肚坛子——没就利用加热来抑制发酵的问题发表看法的话，那它却雄辩地谈到了我那位赫赫有名的来访者似乎并不懂得的另一件事情。一种微生物逃过了他的眼睛，而且是最可怕的微生物中的一种：扼杀坚强意志的厄运这种微生物。

尽管出现了酒窖这令人扫兴的插曲，但我仍对他那镇定自若的自信深为叹服。他一点儿也不了解昆虫的蜕变；他这是生平头一次看到一只蚕茧，并获知这只茧里有点东西，那是未来蝴蝶的雏形。我们南方农村小学一年级的小学生都知道的事他却全然不知。然而，这个问了一些莫名其妙的问题的大专家，不久即将让养蚕场的卫生状况发生翻天覆地的变化；同样，他也将使医药和公共卫生产生革命性的变化。

他的武器就是思想，不拘泥于细枝末节而凌驾于全局之上的思想。对他来说，变形、幼虫、若虫、蚕茧、蛹壳、蛹虫以及昆虫学的数千种小秘密有什么要紧的！在他思考的问题中，不知道这一切也许更好一些。这样，他的思绪就能更好地保持其独立见解，能够大胆地腾飞；其行动摆脱了已知的东西的羁绊，将会更加自由。

受到巴斯德摇动蚕茧细听后的惊讶神态这绝佳范例的鼓励，我便立下了一个信条，把无知这种方法运用在我对昆虫本能的研究上。我很少看书。与其用翻阅书本这种我力所不能及的费时耗力的办法，与其向别人讨教，倒不如自己坚持不懈地与我的研究对象亲密地接触，直到让它们开口说话为止。我什么都不清楚。这样反倒更好，我的探询也就更加自由，可以根据已获知的启迪，今天从这个方面去探究，明天则进行反向思维。如果我偶尔翻开一本书，我便有心地在自己的思绪中留下一个向怀疑大大敞开的空间，因为我所开垦的土地上长满了蒿草和荆棘。

因为未曾这么去做，我已浪费了差不多一年的时间。当时因过于相信书本，我在九月之前，没想过朗格多克蝎的家庭的出现，可我却在七月里无意之中发现了这个家庭。实际日期与预见的日期之间的这段差距，我把它归之于气候差异造成的：我今天是在普罗旺斯进行观察，而曾为我提供信息的雷翁·迪弗尔则是在西班牙进行观察的。尽管这位大师是个大权威，我还是应该多存个疑问的。但我没有这么做，以致差点儿错失良机，幸好，那普通的黑蝎子以前并不是这么告诉我有关它家庭的信息的。啊！巴斯德不知蚕蛹是怎么回事真是太好了！

普通黑蝎子比朗格多克蝎个头儿小，且比后者安静，我一直把它们养在一些小的大口瓶中，放在我工作室的桌子上，用作参照的蝎子。这些普通的瓶子不占地方，也便于观察，所以我每天都要看看它们。每天早晨，在开始往记录本上记录情况之前，我总要掀起点为它们藏身用的硬纸板，看看头天夜里有什么状况。天天这么观察在大玻璃笼子里就难以办到，因为大玻璃笼子里有许多的小格间，必须费尽周折，大动干戈才能逐一地进行检查，而且检查完之后再恢复原状也不容易。而用小的大口瓶装黑蝎，检查起来就易如反掌了。

有一天，我眼前一亮，突然看到母蝎背着一群小蝎。那是七月二十二日早晨六点钟光景的事。我在掀开硬纸板遮盖物时，竟然发现一只黑蝎妈妈背上背着一群小蝎，仿佛背脊上披着一件白色短披风。我顿时感受到了一种温馨、甜蜜、满足的情绪，而这种时刻是观察者隔好久好久才能遇上的。我生平头一次亲眼看见黑蝎妈妈背着自己小宝宝们的弥足珍贵的场面。黑蝎妈妈是刚分娩的，大概是头天夜里的事，因为头一天它身上还是光溜溜的。

接二连三的好事在等待着我：第二天，又有一只黑蝎妈妈披上了一件白色短披风；第三天，又有两只黑蝎妈妈同时披上白色短披风。总共是四只。这比我所期望的要多。有四个黑蝎家庭做伴，再加上几天的安静日子，我可以说是颇觉生活之甜蜜了。

特别是好运接踵而至。当我一发现小的大口瓶中有了重大收获之后，我便立刻想到大玻璃笼子：朗格多克蝎是否会像黑蝎一样早熟？我顿生感悟，赶紧跑去查看。

笼中的二十五片瓦都翻开来了。大获丰收！我都一副老骨头了，但此刻立即觉得硬化的血管里有二十岁的年轻人的热流在涌动。在其中的三块下面，我发现了有蝎妈妈带着自己全家。有一只的孩子们已经长大了，大约一个星期大了，这是我后来连续观察才弄明白的；另外两只是刚分娩不久，就在头一天的夜里，这从蝎妈妈的大肚子下面还精心保留着的一些残留物就可以看得出来。我们一会儿将要看一看这些残留物是怎么一回事。

七月逝去，八月、九月也过去了，我再没有收获到什么。因此，两种蝎子的生育期都在七月下旬。七月份过去之后，一切都结束了。然而，大玻璃笼子里面养的那些蝎子中，还有一些母蝎同已经生过蝎宝宝的母蝎一样，肚子大大的。我原指望它们能给我添人进口，因为种种迹象都让我这么期盼着。冬天来了，它们中谁也没有满足我的愿望。看上去马上就要实现的事情却拖到了来年：这再次说明妊娠期很漫长，特别是在低等生物中，这种情况十分罕见。

我把每只母蝎及其蝎宝宝移到能够仔细观察的狭小的容器里。早晨我去查看时，发现头一天夜里分娩的那些蝎妈妈肚子下面又藏着一部分小宝宝。我用一根草尖把蝎妈妈拨开来，在那堆尚未爬上母亲脊背的小宝宝中我发现了一些东西，把我从书本上学到的有关这一问题的那一点点知识彻底地打翻了。据说，蝎子属于胎生，这种说法虽颇有学问，但缺乏准确性。实际上蝎子宝宝并非一生下来就是我们所熟知的那个样子。

而这一点是讲得通的。如果小宝宝伸着钳子，张开爪子，蜷起尾巴，你让它怎么能够进入母蝎的通道呢？这种碍手碍脚的小宝宝永远也通不过母亲那狭窄的通道的。所以它出生时必须紧裹着，少占空间才行。

母蝎腹下发现的残留物确实是一些卵，一些与解剖妊娠很长时间的卵巢所见到的卵一模一样。小宝宝紧缩成米粒状，以节省空间，尾巴贴在肚皮上，双钳回收胸前，足爪紧紧地贴于腰侧，这样一来，这椭圆形的小宝宝就可以顺顺当当地滑出来了。它额头上有墨黑的点，那是它的眼睛。小宝宝悬浮于一滴透明的液体中，此刻那液体就是它的天地，它的大气层，外面由一层精巧的薄膜包裹着。

那些残留物确实是一些卵。分娩刚结束时，朗格多克蝎有三四十个卵，而黑蝎的卵则要稍许少一些。我去查看时已经太晚了，只赶上个结尾。但是，所剩无几的卵也足以坚定我的看法。蝎子实际上是卵生的，只不过卵孵化得非常之快，母蝎刚一产下卵来，小宝宝便破卵而出了。

那么，小宝宝是如何孵出的呢？我有得天独厚的特权亲眼看见这个过程。我看见蝎妈妈用大颚尖小心翼翼地挑起卵的薄膜，把它撕破、扯下，然后把薄膜吞下。在给小宝宝剥胎衣时蝎妈妈倍加小心，犹如温柔慈爱地舔食胎衣的母羊和母猫。尽管工具很粗糙，但宝宝那细皮嫩肉上没有任何伤痕，也没伤筋动骨。

我简直惊呆了：蝎子是最先把近乎于我们人类的母爱传给自己的孩子的。远在植物区系那远古时代，第一只蝎子出现时，生儿育女的那份爱心就已经在酝酿之中了。如同休眠状态的种子的卵，如同当时爬行动物和鱼类已经拥有的、而不久之后又将为鸟类和几乎全部的昆虫所拥有的卵，已经是一种极其微妙的有机体的等同体了，已成为高等动物胎生现象的前兆了。生命的孵化已不在各种事物的危险重重的外部或内部进行，而是在母体的腰间腹下完成了。

生命的进化并非循序渐进的，并非从低级到高级，再从高级往最高级。进化是跳跃式的，有的时候是在进步，有的时候却是在倒退。大海有潮起潮落。生命也是一种大海，比水的大海更加高深莫测，它也有过潮起潮落。它还将会有潮起潮落吗？谁能说它有？谁又能说它没有？

如果母羊不想法用嘴唇把胎衣剥下并吞食掉，羊羔就永远无法从胎盘中出来。同样，蝎宝宝也要母亲的帮助。我就看见过一些蝎宝宝被黏膜粘住，在已经撕破了的卵囊中拼命地扭来扭去，怎么也挣脱不出来。必须有母亲的那一下牙咬才能让宝宝彻底解放。认为宝宝自己在解放的过程中也起着作用，那也是错误的。宝宝软弱无力，虽然它的出生袋子像洋葱片内壁的皮膜一样细薄，但它就是挣脱不开这层细薄的皮膜。

雏鸡喙尖上有一个临时的硬茧，是供它破壳而出时啄壳用的。而蝎宝宝为了节省空间，是蜷缩成米粒状的，它死死地等待着外援。一切都得由蝎妈妈去完成。蝎妈妈努力地完成着自己的工作，分娩时附带排出的东西也全部被它清理掉，甚至包括那些随之而出的未受孕的卵也被清理干净了。一点碎衣破片都见不着了；全都回到蝎妈妈的胃里去了，而产卵时占用的那块地方也都干干净净的。

蝎宝宝现在一个个被收拾得干干净净、欢蹦乱跳的。它们通体雪白。从头至尾，朗格多克蝎长九毫米，黑蝎长四毫米。随着产后清洗完毕，蝎宝宝们一个一个地往蝎妈妈背脊上爬去。它们沿着妈妈的双钳缓缓地往上爬。蝎妈妈把双钳贴地，以利于宝宝们攀登。宝宝们一个个紧紧挨挤着聚在一起，并无队形，却在妈妈背上留下了一条覆盖层。它们凭借自己的小细爪子牢牢地攀附在上面。我用毛笔尖把它们扫下来而又不想碰伤这些细皮嫩肉的小家伙，还颇费了些工夫哩。蝎妈妈背着小宝宝们时，双方都一动不动，这正是进行实验的好时机。

身披蝎宝宝们组成的白色短披风的蝎妈妈是值得关注的一景。蝎妈妈一动不动，尾巴高高地翘卷起来。如果我把一根麦秸移近蝎子一家，蝎妈妈立即恶狠狠地竖起双钳，这种凶相只有在自卫时才显现出来。它竖起双臂作拳击状，钳子大张着，随时准备还击。它的尾巴翘着，挥动着，这在平时是难得一见的；尾巴不能突然放平，否则会带动背脊，也许会把背上的小宝宝们甩下一些来。拳头竖起就足以威胁敌人的了，那架势既勇猛，又突然，又威武。

我对此并不觉得好奇。我拨弄下来一个小宝宝，把它移至其母面前，离开有一指宽的距离。蝎妈妈好像并不在意这个事故；它原先一动不动，现在仍纹丝不动。掉下去几个小家伙有什么可大惊小怪的？小家伙会自己想法儿摆脱困境的。掉下去的小蝎子举手蹬腿，紧张焦急，然后，突然发现妈妈的一只钳子就在自己面前，于是，便迅速爬上去，回到了兄弟姐妹们的中间。它就又爬到妈妈身上，但动作笨拙得要死，与狼蛛的孩子们相去甚远，后者一个个都是高空杂技的好手。

实验又开始了，规模更大。这一次我拨弄下来一部分小蝎子，小家伙们散落一地，但相距并不太远。它们迟疑了挺长一会儿。正当它们不知如何是好，在转来转去的时候，蝎妈妈终于害怕会有不测了。它用我称之为胳膊的两只钳式触角合抱成半圆，搂住自己面前的沙子，把迷途的孩子们搂到自己的面前来。它干这种活儿时笨手笨脚，做得很粗糙鲁莽，根本没考虑会不会把宝宝们压碎。母鸡轻轻一声召唤，跑开了的鸡雏们就立即回到自己的怀前膝下；母蝎却是用耙子一耙，把孩子们给耙回面前来的。但是，掉下去的小蝎子们全都安然无恙。它们一回到妈妈面前，便立即往它身上爬去，又聚集在妈妈的脊背上了。

即使并非自己的孩子，蝎妈妈也会像是对待自己亲生子女似的接纳它们。如果我用毛笔尖把一只蝎妈妈背上的蝎宝宝全部或部分地扫下来，弄到另一只蝎妈妈伸手可及的地方，后者也会把它们耙到自己面前，如同对待自己的亲生儿女似的，而且心甘情愿地让这些新来的小宝宝爬到自己的背上去。它好像把它们"收养"下来了，如果"收养"一词不算过分野心勃勃的话。"收养"谈不上。那是狼蛛的事，因为它分不清自己的孩子和别人家的孩子，所以凡是在自己爪子前面爬动的小狼蛛它全部都接受下来。

我经常看到在地中海一带的常绿灌木丛中有母狼蛛背驮着小狼蛛们在散步，我也一直期盼着看到母蝎也这样驮着小蝎子们溜达。然而，母蝎并不了解这种消遣方法。一旦当了妈妈，母蝎有一段时间就不再外出了，即使到了晚上，其他人都外出嬉耍了，它也不出门。它把自己禁锢在自己的小屋里，不吃不喝，一心想着扶养子女。

小宝宝们也确实弱不禁风，可以说它们必须经历第二次出生。它们正一动不动地在准备着第二次诞生，它们对此已经熟悉，就像由幼虫蜕变为成虫一样。尽管小蝎与成年蝎外貌挺相像，但轮廓线条却不够清晰，仿佛是透过雾气看到的似的。我怀疑它们得脱去身上的衣服才能变得矫健，变得威武。

它们这第二次出生必须一动不动地待在母蝎背上一个星期。这时，"弃皮"（我不敢称之为"蜕皮"）完成了。这之所以称之为"弃皮"，是因为这与真正的蜕皮有所不同，真正的蜕皮以后还要经历许多次的。真正意义上的那几次蜕皮，是在胸廓上裂开一道缝，成虫从这唯一的一道裂缝中脱颖而出，把原先的空壳旧衣裳扔掉。这空壳的形状与刚从中爬出来的蝎子一模一样，两者惟妙惟肖，难分伯仲。

我们现在所看到的则完全是另一码事。我在一块玻璃片上放上几只正在弃皮的小蝎子。它们一动不动地待着，好像颇受煎熬，几乎支持不住了。外皮破裂，无特殊的破裂线，是在左右前后同时破裂的；足爪从护腿套中抽出，双钳抛开护手甲，尾巴抽出尾鞘。浑身的碎皮纷纷落下，像一堆破衣烂衫。这是一种杂乱无章的斑驳脱落。这之后，小蝎才有了蝎子的正常外貌。此外，它们的行动也敏捷灵活了。尽管仍旧呈苍白色，但它们已活动自如，急忙下地，跑到蝎妈妈跟前跑动、玩耍。最让人惊讶的进步是它们突然间长大了。朗格多克蝎的小蝎子通常身长九毫米，可它们现在有十四毫米长了。黑蝎的小蝎身长从四毫米长到六七毫米。身长增加了半倍，体积增加了将近两倍。

在对这种突然的增长感到惊讶之余，我就在寻思这种突然增长的原因何在，因为小蝎子尚未吃过任何食物。体重却并未增长，反而下降了，因为扔掉了一层外皮。体积增大，但质量未增。因此，这是产生了一种一定程度的膨胀，与热处理的毛坯物体的膨胀相仿。体内产生了一种变化，把生命分子聚集成空间更大的结构体，所以虽无新的物质加入，体积却增大了。我想，谁如果有极大的耐心并配备有一套合适的器械，就能够观察到这种结构的急速变化，从而获得某些有价值的材料。我才疏学浅，无此能耐，我把这道难题留给他人吧。

小蝎弃掉的外皮是一些白色条状物，一些上了光似的碎布片，它们并不掉落地上，而是紧贴在蝎妈妈的背部，特别是附着在足爪根部附近，缠成一块柔软的毯子，刚弃皮的小蝎子就栖息其上。坐骑现在已披上马衣，骑手们坐在马上无须害怕身体摇晃。这层破衣烂衫做成的结实鞍辔为骑手们提供了把手足镫，任由它们上上下下，动作敏捷灵活。

当我用毛笔轻轻一拨，小蝎子们便纷纷落马，好玩的是它们又非常迅速地纵身上马，稳坐其上。它们抓住马衣垂条，尾巴做杆，纵身一跃，上得马来。这种奇异的马衣是真正的攀登绳梯，方便了小蝎们迅速上马。它很结实，不会破裂，差不多可以使用一个星期，也就是说用到小蝎脱离蝎妈妈的保护为止。

这时，小蝎体色显现：肚腹和尾巴染上了金黄，钳子呈半透明的晶莹的琥珀色。青春使一切变得美丽。小朗格多克蝎确确实实非常美丽动人。如果它们一直像现在这种样子的话，如果它们不很快就配备上咄咄逼人的毒刺的话，它们就会是稀罕宠物，大家都会乐意喂养它们的。它们心中很快便升起了摆脱母亲监护的强烈愿望。它们很乐意爬下母亲的脊背，在附近疯玩乱耍。如果它们跑得太远，蝎妈妈便要呵斥它们，用双臂耙在沙土上划拉，把它们聚拢起来。

在小憩之时，蝎妈妈与宝宝们的那副架势犹如母鸡带着鸡雏们憩息一样。大多数小蝎子都在地上，紧挨着蝎妈妈；有几只待在白马衣那舒适的坐垫上。有的小蝎子在蝎妈妈尾巴上爬高，攀上螺旋峰的高处，像是在饶有兴趣地居高临下地观看脚下的小蝎子群。突然间，又有新的杂技演员登场，把它们赶下高峰，取而代之。每个小蝎子都想看看这观景台到底是怎么回事。

大部分家庭成员都围在蝎妈妈的身边；一个个不停地拱动着，钻在妈妈肚子底下，蜷缩着，额头露在外面，两只小黑眼睛闪烁着。最爱动弹的小家伙则喜欢妈妈的足爪，那是它们的体育器材，在上面做高空杂技训练。然后，歇下来时，大家便又往妈妈背脊上爬去，找好位置，坐定下来，不再动弹，妈妈及孩子们全都不动了。

小蝎子成熟和准备离开妈妈的监护的这个时期会持续一个星期，正好是不进食体积扩大两倍的奇特增长期的时间。一窝小蝎子待在蝎妈妈背上半个来月。母狼蛛驮着自己的小宝宝们长达六七个月，而小宝宝们虽然不吃不喝，却精神头儿十足，动弹个不停。蝎妈妈的小宝宝们在获得新生与灵活的蜕变之后，至少要吃点什么吧？蝎妈妈是否会邀请它们与它一道用餐？它是不是给它们留着自己的美食中更软嫩的佳肴？蝎妈妈谁也不邀请，它什么也没留着。

我给蝎妈妈放进一只蚱蜢，是我从我觉得适合小蝎子们稚嫩的胃的小野味中挑选出来的。当母蝎毫不关心自己的孩子们，自己独个儿地在细嚼慢咽那只蚱蜢时，一只小蝎子从其背上爬下来，伸出头去往下探看，想弄明白妈妈在干什么。它用爪尖触及妈妈的下颌；突然，它吓得连忙后退。它走开了，这是明智之举。正在津津有味地咀嚼的妈妈根本不会给它留下一口的，也许反倒会一把抓住它，毫不心疼地把它吞食掉。

蝎妈妈在吃蚱蜢脑袋，又一只小蝎子已经吊在了蚱蜢的尾部。小蝎子在轻咬轻拽蚱蜢，想吃上一点。最后，它未能如愿，因为这个部位太硬了。

我也见过一些这样的情景：如果蝎妈妈稍加关心，给小宝宝们一点吃的，那小宝宝们会很高兴享受一下的，特别是给的食物很适合它们那稚嫩的胃的话。然而，蝎妈妈只顾自个儿吃，其他的一概不管。

啊，我那让我度过美妙时刻的漂亮的小宝宝们呀，你们可怎么办呢？你们是想离家出走，去远处寻觅一些很不起眼的小虫子。我从你们焦急乱窜的动作中便看出这一点来了。你们要逃离自己的母亲，而它也不再认你们了。你们已长得很健壮，是该各奔东西了。

如果我十分了解你们适合吃什么样的小活食，如果我时间充裕，可以为你们去寻找，我会很高兴地继续喂养你们的。但不是把你们继续养在你们出生的玻璃笼子里的瓦片下，跟大人们混在一起。我了解那些老家伙，它们容不下别人。那些老妖怪会把你们吃掉的，我的小宝宝们。甚至你们的母亲们也不会放过你们的。在你们母亲们的眼里，从今往后，你们就被视作陌路人了。来年，婚俗季节，你们嫉妒成性的母亲们在干完好事之后，就会把你们吃掉的。该离去了，小宝宝们，三十六计走为上。

否则，我让你们住在哪儿？怎么喂养你们？我们最好还是分手吧！尽管我心中不免有点儿惆怅。过几天，我把你们送到你们的领地放出去，就是那个多石的山坡，那里太阳可暖和啦。你们在那儿会找到一些伴儿的，它们同你们一样刚刚开始成长，但它们已经在自己的小石块下独立生活了，那些小石块有时只有指甲盖儿那么点大。在那里，你们比在我家里更能学会如何为生存进行艰难的抗争。

朗格多克蝎

朗格多克蝎生活在地中海沿岸地区。它们的毒液极具杀伤力，它的尾端有一个六节体，表面光滑，呈泡状，是制作并储存毒汁的小葫芦。这种节肢动物的习性充满神秘的色彩。朗格多克蝎交配时也十分奇特、有趣。它们有着怎样与众不同的行为呢？

这种蝎子沉默不语，其习性蒙着神秘色彩，与之接触无趣味可言，因此除了通过解剖所得到的一些资料以外，我们对它的历史几乎一无所知。老师们的解剖刀向我揭示了它的机体结构，但是，据我所知，还没有任何一位观察者打定主意要持之以恒地研究它的隐秘习性。用酒精浸泡后开膛破肚的朗格多克蝎已清楚地为人所知，但是它在其本能范围内的活动情况却鲜为人知。在节肢动物中，就生物学方面没有谁比它更应当被详加介绍的了。世世代代以来，它都让平民百姓浮想联翩，竟至成为黄道十二宫标志中的一个。卢克莱修①曾说："恐惧造就神明。"蝎子通过恐惧让人们给神化了，被尊为天上的一个星座，而

---

① 卢克莱修（约前98—前55）：古罗马哲理诗人和抒情诗人。

且成为历书上十月的象征。我们试试让蝎子开口讲话。

在安排蝎子的住宿问题之前，我们先给它们做一个简单的体貌特征的描述。普通的黑蝎在南欧许多地方都有，大家都很熟悉。它经常出没于我们住处附近的阴暗角落。一到秋天阴天下雨的日子，它便钻进我们家中，有时候还钻进我们的被子里来。这可恶的昆虫给我们造成的不仅是疼痛，更是恐惧。尽管我现在的住宅中就有不少的黑蝎，但我观察时倒并没有受到什么意外伤害。这种恶名昭著但又很可悲的昆虫更多的是让人厌恶而非危险。

朗格多克蝎生活在地中海沿岸各省，人们对它害怕有余而了解不足。它们并不骚扰我们的住处，而是躲得远远的，藏于荒僻地区。与黑蝎相比，朗格多克蝎可谓一个巨人，发育完全时，身长可达八九厘米。其色泽呈干麦秸的那种金黄色。

它的尾巴——实际上就是它的肚腹——系五节相连的状如酒桶的棱柱体，相互间由桶底板连接，形成粗细相同、错落有致的棱状条条，好似一串珍珠。这同样的纹络还遮盖着那举着大钳的大小臂膀，并把臂膀分割成一些条形磨面。还有一些纹络弯弯曲曲地分布在脊背上，好似其护胸甲结合部的绳边，而且是轧花绳边。这些凸出的小颗粒透出了盔甲那粗野厚重的架势，那也是朗格多克蝎的性格特征。就好像这个昆虫是用闪闪刀光砍削出来似的。

尾端还有一个第六节体，表面光滑，呈泡状，是制作并存储毒汁的小葫芦。蝎毒外表看上去好似水一般，但毒性极强。毒腔终端是一个弯弯的螯针，色暗、尖利。针尖不远处有一细小的孔，用放大镜方能隐约瞥见，毒汁从这细孔流出，渗进被尖头刺破的对方伤口。螯针既硬又尖，我用指头捏住螯针，扎一张硬纸片，就像缝衣针扎衣服那样容易。

螯针弯曲度很大，当尾巴平放伸直时，针尖是冲下的。要使用这件兵器时，蝎子就必须把它抬起来，反转过来，从下往上刺出去。这其实是它一成不变的攻击术。蝎尾反卷在背部，突然伸直，攻击被钳子夹住的对手。另外，蝎子平时几乎总是这种姿态，无论是在走动还是在歇息，尾巴都卷贴在背上。尾巴平拖在地上的情况十分罕见。

蝎钳从口中伸出，宛如螯针的大钳子，既是战斗的武器，又是获取信息的器官。蝎子往前爬时，便将钳子前伸，钳上的双指张开着，以了解和对付所遇到的东西。如果必须刺杀对手的话，双钳便先镇住对方，让对方吓得动弹不了，然后螯针从背部伸出来攻击。最后，如果需要长时间地撕咬猎物的话，那对钳子便被当作手来使用，把猎物抓送到嘴里。它们从未被当作行走、固定或挖掘的工具使用过。

双钳等于是起着真正的爪子的作用。它们好像是被突然截断的指头，指尖生出几只可以活动的弯爪尖，对面还竖着一根细而短的爪尖尖，几乎可以起到拇指的作用。那张小脸上长着一圈粗糙的睫毛。身体各部件组合而成一个绝妙的攀缘器，这就充分说明蝎子为什么能够在我的钟形罩网纱上爬来爬去，能够仰着身子长时间地停在罩顶上，能够拖着沉重而笨拙的身子沿着垂直的罩壁攀上爬下。

蝎子身下，紧随爪子之后的是一个像梳子似的东西，那是奇特的器官，是蝎子独有的采邑。梳子的名称源自其结构。它们是一长排的小薄片，相互紧密地排列着，犹如我们日常所用的梳子的排齿。解剖学者们怀疑它们是一部齿轮机，旨在雌雄交尾时双方紧连在一起。为了仔细观察它们亲热时的习俗，我把提到的朗格多克蝎关在有玻璃壁板的大笼子里，并放进一些大陶片块，让它们作为藏身之用。一共是十二对。

四月里，当燕子飞来，布谷鸟初鸣时，我的那些此前一直平静地生活着的蝎子掀起了一场革命。在我的花园露天地安置着的昆虫小镇子里，不少的蝎子跑出去做夜间朝圣了，而且一去不返。

更加严重的是，在同一块砖头下面，我多次发现两只蝎子待在里面，一只在吞吃另一只。这是不是同类间打家劫舍的案子？美好季节开始了，生性好游荡的蝎子们冒失地闯进邻居家中，因为体弱而被对方吞食，丢了性命？几乎很像是这么个原因，因为闯入者被慢慢地吃了一整天，就像是被捉住的一个猎物似的。

那么，这就值得警惕了。被吃掉的，无一例外，全是中等个头儿的蝎子。它们体色更加金黄，肚腹稍小，证明是雄蝎，而且被吃的总是雄性。其他的那些蝎子体形比它们要大，肚子滚圆，稍有点带暗色，它们的死并没这么惨。那么，这儿发生的可能并不是邻里之间的斗殴，不是因为太喜欢独居而对任何来访者怀有敌意，随即把它吃掉，以此作为对任何冒失鬼的彻底的解决办法，而是婚俗的成规使然，在交尾之后由女方残忍地把男方干掉完事。

春回大地，我已事先准备好了一个宽敞的玻璃笼子，放了二十五只蝎子，每只蝎子一片瓦。一月到四月中旬，每天晚上，夜幕降临之后，七点至九点之间，玻璃宫中便闹腾开来。白天似乎像是荒漠，此刻却变成了欢乐的景象。刚一吃完晚饭，我们全家便奔向玻璃笼子。我们把一盏提灯挂在笼子前面，便可看见事件的全过程了。

我们经过一天的忙碌之后，现在有好的消遣了。眼前的是一场好戏。在这出由天真的演员表演的戏中，一招一式都极其有趣，以致刚把提灯点亮，我们全家老少就全都在池座就座了，连爱犬汤姆也前来观看。不过，汤姆对蝎子的事并不关心，坦然地躺在我们面前打盹儿，但只是一只眼睛闭着，另一只眼睛始终睁着，盯住它的朋友——我的孩子们。

让我想办法给读者们描述一下所发生的事情。靠近玻璃壁板的提灯照得不太亮的那个区域，很快便聚集起不少的蝎子来。其他所有的地方，这儿那儿地游荡着一些孤独者，它们被亮光吸引，离开暗处，奔向光明的欢乐处。夜蛾子扑向灯火的激动也不如它们那么兴冲冲。后来者混入先前的那些蝎子中去了，而另一些因懒于争抢，退到暗处，歇息片刻，然后激情满怀地重新回到舞台上去。

这个纷乱狂热的可怕场面犹如一场狂欢舞会，颇为引人入胜。有一些从老远跑来，它们端庄严肃地从暗处爬出来，突然像滑行似的迅疾而轻快地冲向明亮处的蝎子群。它们的灵活劲儿犹如碎步疾走的小耗子。蝎子们在相互寻找着，但指尖稍一接触便像是彼此都被烫着了似的赶紧逃走。另有一些与同伴稍稍抱滚在一起，又赶紧分开，茫然不知所措，跑到暗处稳一稳神儿，又卷土重来。

不时地会有一阵激烈的喧闹：爪子相互缠绕，钳子又抓又夹，尾巴你钩我击，不知是威吓还是爱抚，谁也弄不清楚。在混乱之中，找到一个合适的亮度，就可以发现一对对的小亮点，像红宝石似的在闪烁。你会以为那是闪闪发光的眼睛，实际上那是两个小棱面，像反光镜似的光亮，长在蝎子的头上。蝎子们无论大小胖瘦全都参加了混战，那就像是一场你死我活的战斗，一场大屠杀，然而那却是一场疯狂的嬉戏。那就像是小猫咪们扭缠在一起一样。不一会儿，大家四散开来，每一只蝎子都在向自己的住处蹿去，没有丝毫的伤痕，没有一点伤筋动骨。

现在，四散而去的逃跑者们又重新聚集到灯光前面来。它们爬过来荡过去，离开了又回来，常常是头撞头脸碰脸的。最性急的常常从别人的背上爬过去，后者只是动动屁股算是在抗议。现在还没到大打出手的时候，顶多只是两人相遇，扇个小耳光罢了，也就是说用尾巴拍打一下而已。在蝎子群中，这种不使用毒针的敲敲打打是它们常见的拳击方式。

还有比爪子相缠、尾巴互击更精彩的；有的时候，会有一种极其新颖别致的打斗架势。两强相遇，头顶头，双钳回收，后身竖起，来个大倒立，以致胸脯上的八个呼吸小气囊全部展现。这时，它俩垂直竖立的尾巴相互磨蹭，上下滑动，而两个尾梢相互微微钩住，并多次反复地钩住、解开，解开、钩住。突然间，这友谊的金字塔坍塌了，双方便没有任何寒暄地急匆匆溜掉。

这两位摆出新颖别致的姿势意欲何为？是不是两个情敌在肉搏？看来不是，因为二人相遇时并非怒目而视。我从随后的观察中得知，它俩这是在眉目传情，私订终身。蝎子倒立起来是在倾吐自己的热情爱恋。

如果继续像我刚开始的那样，逐日观察并把逐日积累的材料汇集在一起，是会有益处的，而且叙述起来也比较快。但是，这么一来，那各有特色且难以融会贯通的一幕幕细节就省略掉了，叙述的趣味性也就丧失了。在介绍如此奇特而且又鲜为人知的昆虫习性时，什么都不应该忽略不提。最好是参照编年法，并把观察到的新情况分段叙述出来，尽管这样做有重复累赘之嫌。从这种无序必然产生有序，因为每天晚上的那些引人入胜的情况都能提供一种联系，对先前的情况予以验证与补充。我现在就进行抽样叙述。

一九〇四年四月二十五日

啊！那是怎么了？我还从未曾见过。我一直没放松警惕，但这还是头一回让我亲眼看到了这番情景。两只蝎子面对面，钳子伸出，钳指互夹。这是友好的握手，而非搏杀的前奏，因为双方都以最平和友善的态度对待对方。这是一雌一雄的两只蝎子。一个肚子大，颜色发暗，是雌蝎；另一只相对瘦小，色泽苍白，是雄蝎。它俩都把长尾卷成漂亮的螺旋花形，有板有眼地在沿着玻璃墙边踱着步。雄蝎在前倒退着走，步伐平稳，根本不像是拖不动对方的样子。雌蝎被抓住爪尖，与雄蝎面对面，驯服地跟着走。

它们走走停停，但始终这么绞在一起。它们歇歇停停，然后又走动起来，忽而从这儿走，忽而从那儿走，从围墙的一头转到另一头。看不出它们到底要走到哪里去。它们闲逛着，开始发情，眉来眼去的。此情此景让我想到在我们村镇，每个星期日晚祷之后，年轻人一对一对地手挽手、肩搂肩地沿着藩篱散步。

它们常常掉转回头。总是雄蝎在决定往哪个方向走。雄蝎没有松开对方的手，亲切地转个半圆，与雌蝎肩并着肩。这时候，雄蝎展开尾巴轻轻抚摩雌蝎片刻。雌蝎一动不动，声色不露。

我一直兴趣不减地观察着这没完没了的来去往返，足足有一个钟头。家中有人帮我一起观察这番奇情妙景，世上还没有人见过这种场面，至少是没有以善于观察的目光看过这种表演。尽管天色已晚，而我们又是习惯早睡的，但是我们始终注意力高度集中，一点重要情节都没有逃过我们的眼睛。

最后，十点钟光景，这种往返的行为要有结果了。雄蝎爬到一片它觉得合适的瓦片上，松开雌蝎的一只手，只松了一只手，而另一只手却仍旧紧攥着不放，用松开的一只手扒一扒，用尾巴扫一扫。一个洞口张开来了。雄蝎钻了进去，然后，一点一点地，轻而又轻地把耐心等待着的雌蝎拉进洞内。不一会儿，它们便不见了踪影。一块沙土垫子把洞门封上了。这对情侣入了洞房。

打扰它俩的好事是愚蠢的；我如果想要马上看到洞内所发生的情况的话，那就可能操之过急，不合时宜。耳鬓厮磨，准备入港也许就要持续个大半夜，而我已年近八旬，熬长夜已开始让我力不能支。双腿酸痛，眼睛发涩，先去睡上一觉再说吧。

我整整一宿都梦见蝎子。我梦见它们钻进被窝，爬到我脸上，但我并没太惊恐不安，因为我脑子里满是蝎子的奇情异事。第二天天一亮，我便去揭开那块瓦片。只有雌蝎独自待在那儿。雄蝎没了踪影，那个洞里没有，附近也没见。这是我的第一个失望，后面的失望大概会一个接一个的。

五月十日

已是将近晚上七点钟的时候，天上乌云翻滚，大雨将至。在玻璃笼子的一块瓦片下面，有一对蝎子正脸朝脸，手指钩住手指，一动不动地待着。我小心翼翼地揭开瓦片，让这对居民暴露出来，我好随意观察它俩这种脸对脸后的一举一动。天渐渐地黑下来，我觉得不会有什么去搅扰没了屋顶的住所的安宁的。倾盆大雨哗哗泻下，我只好抽身回屋避雨。蝎子们有玻璃笼子防护，无惧雨之袭击。它们的凹室被揭去华盖，就这么被弃于那儿干其好事，那它们将如何进行呢？

一小时过后，大雨停了，我又回到蝎子笼前。它俩走了。它俩选了旁边的一所有瓦顶的屋子住下了。雌蝎在外面等待着，而雄蝎则在里面布置新房，但指头仍旧钩着。家中人每十分钟替换一次，免得错过我觉得随时都会进行的交尾。但这么紧张一点儿用也没有。将近八点钟时，天已经完全黑透了，这对蝎子由于不满意所选的新房，开始踏上朝圣之路，仍旧是手钩着手，往别处寻觅去。雄蝎倒退着引导方向，选择自己合意的住所；雌蝎则跟随着，温驯服帖。这和我四月二十五日所看到的一模一样。

终于找到了它俩都中意的瓦屋。雄蝎先闯进去，但这一次它两只手一会儿都没有松开自己的情侣。它用尾巴这么三扫两划拉，新房便准备停当。雌蝎被雄蝎轻柔和缓地拉着，随其向导之后也进了洞房。

两个钟头过去了，我满以为已经给了它俩足够的时间完成其准备，干成好事，便前去查看。我揭开瓦片。它俩就在里面，仍旧原先的姿势，脸对脸，手拉手。今天看上去是没再多的花样儿可看的了。

第二天，依然未见新鲜玩意儿。一个面对另一个，都若有所思的样子，爪子全都没有动弹，手指仍旧钩住，在瓦顶下继续那没完没了的脉脉含情。日影西斜，暮色已近，经过这么二十四个钟头的你我紧密相连之后，这对情侣总算分手了。雄蝎离开了瓦屋，雌蝎仍留在其中，好事未见一丝进展。

这场戏中有两个情况必须记住。其一，一对情侣相亲相爱地散步之后，必须有一个隐蔽而安静的住所。在露天地里，在熙熙攘攘的环境中，在众目睽睽之下，这等好事是永远也做不成的。屋瓦揭去，无论白天还是黑夜，无论如何小心谨慎，情侣们似乎思考良久，还是离开原地，另觅新居。其二，在瓦屋中停留的时间是很长很长的，我们刚才已经看到，都等了二十四个小时了，但仍未见到决定的一幕。

五月十二日

今晚这一幕将告诉我们些什么？天气闷热、无风，很适合于夜间的幽会发情。两只蝎子已经成双配对，但我并未看见它俩是怎么勾搭上的。这一次，雄蝎体形比肚大腰圆的雌蝎要小得多。但雄蝎却是雄风不减。像约定俗成似的，雄蝎倒退着，尾巴卷成喇叭状，领着胖雌蝎在玻璃墙边悠然散步。它们转了一圈又一圈，忽而是向同一方向转圈，忽而回过去转圈。

它们常常停下歇息。停下时，二人头碰头，一个稍偏左，另一个稍偏右，仿佛是在交头接耳，窃窃私语。前头的小爪子磨蹭着，像在轻抚对方。它俩在说些什么？那无言的海誓山盟怎么才能翻译出来？

我们全家都跑过来看这种奇特的勾搭景象，而且，我们的在场丝毫没有影响它们。那景象让人看着颇有情趣，这么说毫不夸张。在提灯的光亮下，它俩好像嵌在一块黄色琥珀之中的半透明的、光亮的物体。它们长臂前伸，长尾卷成可爱的螺旋形，动作轻柔，一步一步地开始长途跋涉了。

什么也没有打扰它们。如果有这么一个流浪汉晚间纳凉，正像它俩一样沿着墙边漫步，与它俩途中相遇，知道它俩是准备干风流勾当，便会闪在一边，让它俩过去。最后，一处瓦片隐蔽所收留了它俩，于是，不言而喻，雄蝎首先倒退着走进去。时间已是晚上九点钟了。

随着这晚间的田园诗之后的是夜间的惨不忍睹的悲剧。第二天早晨，雌蝎仍在头一天晚上的那片瓦屋内，而瘦小的雄蝎就在其身旁，但已被雌蝎吞食了一部分。它的头、一只钳子、一对爪子没有了。我把这具残尸放在瓦屋门口。整整一个白天，隐居的雌蝎没有动过它。夜色重又浓重时，雌蝎出来了，在门口遇上死者，把死者拖至远处，以便隆重安排葬礼，也就是说把死者吃个干净。

这个同类相食的情况与去年我在昆虫小镇上所看到的情景完全一致。当时，我随时都能发现一只胖乎乎的雌蝎在石块下面津津有味地像吃大餐似的把自己的夜间伴侣给吃掉。当时我就在猜想，雄蝎一旦干完好事之后不及时抽身的话，必定被雌蝎或全部地或部分地吃掉，这要看雌蝎当时的食欲如何。现在，事实就摆在我的面前，我的猜想完全正确。昨天我看见这对情侣在散步中充分准备之后双双入了洞房，可今天早晨，我跑去看时，在同一块瓦片下面，新娘正在啃食自己的新郎哩。

毫无疑问，那不幸的雄蝎已经一命呜呼了。但是，由于种族的繁衍之需要，雌蝎不会把雄蝎全吃掉的。昨晚的这对情侣处事干净利落，可我还看见其他的一些情侣，时针都转了两圈了，它们仍在耳鬓厮磨，卿卿我我的。一些无法确定的环境因素，诸如气压、气温、个体激情的差异等，会大大地加速或延缓交尾高潮的到来。而这也正是巨大困难之所在，使得一心想要了解至今仍未能为人所知的爪梳的作用的观察者，难以准确无误地捕捉时机。

五月十四日

肯定不是饥饿使得每天晚上的蝎子们都激动不已的。它们每晚狂欢劲舞与寻找食物毫无关系。我刚往那些忙忙碌碌的蝎群扔进花色繁多的食物，都是从看起来很对其胃口的食物中挑选的，其中有幼蝗虫的嫩肉段，有比一般蝗虫肉厚肥美的小飞蝗，有截去翅膀的尺蛾。天渐渐暖和时，我还捉一些蜻蜓来喂它们，那是蝎子极爱吃的食物，我还把同样受它们欢迎的蚁蛉也捉来喂它们，以前我曾在蝎子窝里发现过蚁蛉的残渣和翅膀。

对这么多高级野味蝎子却不为所动，谁都不屑一顾。在混乱的笼子里，小飞蝗在蹦跳，尺蛾以残翅拍打地面，蜻蜓在瑟瑟发抖，但蝎子们从这些野味身旁走过时却并不注意它们。蝎子们踩踏它们，撞倒它们，用尾巴把它们扒拉开，总而言之，蝎子们不需要它们，绝对不需要。它们有别的事情要去忙。

几乎所有的蝎子都在沿着玻璃墙行走。有一些固执者试着往高处爬，它们用尾巴支撑身子，一滑便倒下来，然后又在别处试着往上爬。它们伸出拳头击打玻璃墙；它们拼死拼活地非要抢在前头。不过，这个玻璃公园挺宽敞的，人人都有地方待着；小径一条又一条，足可供大家久久地散步。这它们不管，它们要往远处去游荡。如果它们获得自由，它们会散布到四面八方。去年，也是这个季节，笼中的蝎子离开了昆虫小镇，我也就再没有见到过它们。

春天交配期要求它们出游。此前一直形单影只地生活着的它们现在要抛开自己的囚牢，去完成爱情朝圣，它们不在乎吃喝，一心只想着去寻找自己的同胞。在它们领地的砖石堆里，大概也会有一些可以幽会、可以聚集的优选之地。如果我不担心夜间在聚会的乱石岗上摔折腿的话，我还真想去看看它们在自由的温馨甜蜜之中的男欢女爱哩。它们在光秃的山坡上干些什么？看上去与在玻璃笼内干的没什么不同。雄蝎选好一位新娘之后，便手牵手地领着新娘穿行于薰衣草丛中，悠然漫步。如果说它们在那儿享受不到我昏暗小灯的暗光的话，却有月光那无可比拟的提灯为之照亮。

五月二十日

并不是每天晚上都能看到雄蝎邀请雌蝎散步的开头情景的。许多蝎子从各自的瓦屋下出来时都已经成双成对的了。它们就这么手牵着手地度过整个的白昼，一动不动，面面相对，沉思默想。夜晚来临，它们仍不分开，沿着玻璃笼边重又开始头天晚上，甚至更早时就开始的散步。我不知道它们是何时以及怎样结合在一起的。有一些是在偏僻小道上偶然相遇的，而我们又很难观察到这一点。当我发现它们时，为时已晚，它们已结伴而行了。

今天，我的运气来了。在我的眼前，提灯照得最亮的地方，一对情侣已结合成了。一只喜形于色、生龙活虎的雄蝎在蝎群中横冲直撞，一下子便同一个它中意的过路雌蝎面对面了。后者没有拒绝，好事也就成了。

它俩头碰头，钳子撑着地，尾巴在大幅度地摆动着，然后，尾巴竖直，尾梢相互钩住，温柔亲切地相互抚摸。这对情侣在拿大顶，其方法我们前面已经叙述过了。不一会儿，竖起的尾巴架拆散了；它们的钳指仍旧钩着，没表演其他花样，就这么上路了。金字塔形姿势完全是双双出行的前奏曲。说实在的这种姿势并非罕见，两只同性蝎子相遇也会如此，但同性间的这种姿势没有异性间的正规，特别是不那么郑重其事。同性搭建金字塔时动作急躁，并非友爱的撩拨，其两尾是在互相击打而非彼此抚爱。

我们稍稍跟踪一番那只雄蝎。它在急匆匆地往后退，因为征服了对方而扬扬得意。它遇到其他的一些雌蝎，它们都好奇地，也许是嫉妒地列于两旁，看着这对情侣走过。其中有一只雌蝎猛地扑向被牵拉着的新娘，用爪子箍紧它，想竭力地拆散这对鸳鸯。那雄蝎拼命地抵抗那个进攻者的巨大拖拽力，它使劲儿地摇晃，拼命地拉拽，但都未能奏效。它终于放弃了，对这个意外事件并不感到遗憾。旁边就有一只雌蝎等着。这一次，它随便商谈几句，三下五除二地就把事情办妥了，它拉住这个新雌蝎的手，邀它一同散步。后者不干，挣脱开来，逃之夭夭。

那队雌蝎中，又有一只被这只雄蝎相中了，于是它又采取了同样的开门见山的方法。这只雌蝎答应了，但是这并不能说明半路上它就不会逃离这个雄性勾引者。对于年轻的雄蝎来说这有什么大不了的！走了一个，还有许多其他的在等着。那它到底要什么样的呢？要第一个投入怀抱的。

这第一个投入怀抱者，它找到了，它正领着它的被征服者散步哩。雄蝎走到了明亮区域。如果对方拒绝往前走，它就拼命地又摇又拉；如果对方温驯服帖，它就温文尔雅。它常常停下歇息，有时候歇息得还挺长。

这时，雄性在进行一些奇怪的操练。它把双钳——更好地说是双臂——收回，然后又直伸出去，强迫雌蝎也交替地做这种动作。它俩变成了一个节肢拉杆机械，形成不断启合的状态。这种灵活性训练结束之后，机械拉杆便静止不动，僵持住了。

现在，它俩额头相触，两张嘴相互贴在一起，耳鬓厮磨。这种抚摸亲昵就像是我们的接吻和拥抱。只是我不敢这么说而已，因为它们没有头、脸、嘴唇、面颊。仿佛被截肢剪一刀剪去了似的，蝎子甚至都没有鼻子尖。在应该是面庞的部位，它们长的却都是一些丑陋的颌骨平板。

但此时此刻却是蝎子最美好的时刻！它用自己那比其他爪子更敏感、更娇嫩的前爪轻拍着雌蝎的丑脸，可在雄蝎眼里，那可是最美丽最甜润的面庞。它心痒难熬地轻轻咬着，用下颌搔弄对方那同样奇丑无比的嘴。这是温情与天真的最高境界。据说鸽子发明了亲吻，可我却知道早于鸽子的发明者：蝎子。

雌蝎任凭雄蝎轻薄，它完全是被动的，心里暗藏着伺机逃跑的计划。可是如何才能溜掉呢？这很简单。雌蝎以尾做棒，朝着忘乎所以的雄蝎腕子猛然一击，后者立即松开了手。于是，两蝎分开。第二天，气消之后，好事又会开始的。

五月二十五日

这猛然一棒告诉我们，最初观察所见的温驯的雌蝎伴侣有自己的小性子，会固执地拒绝对方，说翻脸就翻脸。我们来举一个例子。

这天晚上，一对俊男美女，即雌雄二蝎正在散步。它俩发现一片瓦甚为合意。雄蝎于是便松开一只钳子，仅松开一只，以便活动自如点。它开始用爪子和尾巴扫清入口。然后，它钻了进去。随着洞穴逐渐加宽加深，雌蝎便也跟着钻了进去，看上去是自觉自愿的。

不一会儿，也许是住宅和时间不合其意，雌蝎出现在洞口，半截身子退至洞外。它在努力挣脱雄蝎。后者身在洞内，拼命地在往里拉拽雌蝎。争斗十分激烈，一个在里面拼命拽，另一个在外面使劲儿挣。双方有进有退，不分胜负。最后，雌蝎猛一用力，反把雄蝎给拽了出来。

这两蝎没有分开，但已到了室外，又开始散起步来。足足有一个钟头，它俩沿着玻璃笼墙根走过来走过去，最后又回到了刚才那片瓦前。穴道本已开通，雄蝎立即钻了进去，然后便疯狂地拉拽雌蝎。后者身在洞外，奋力地抗争着。它挺直足爪，踩住地面，拱起尾巴，顶住屋门，就是不肯进去。我觉得它的反抗并不让人扫兴。如果没有前奏曲进行铺垫，那交尾还有什么劲儿呢？

这时，瓦片内的雄蝎勾引者一再坚持，要尽花招，雌蝎终于顺从了，进入洞内。钟刚敲十点。我哪怕熬上一整夜，也非要看到剧终不可。我将在合适的时机揭开瓦片，看看下面发生了什么。好机会十分罕见。现在机会来了，我不敢怠慢。我会看到什么呢？

什么也没看到。刚过不到半个钟头，雌蝎反抗成功，挣脱束缚，爬出洞外，落荒而逃。雄蝎随即从瓦片深处追了出来，到了门口，左顾右盼。美人儿逃出了它的手心。它只好灰溜溜地回到瓦片下。它上当受骗了。我同它一样也被骗了。

六月开始到来。由于担心光线太强会引起蝎子的惶恐不安，我此前一直都是把提灯挂在玻璃笼子外面，与之保持一定的距离。由于光线不足，我无法看清在散步的蝎子情侣你牵我拽的某些细节。它们彼此手拉手时是否十分主动积极？它们的钳指是否相互咬合着？或者只有一个采取主动？那么是哪一个呢？这一点很重要，必须弄清楚。

我把提灯放在玻璃笼子的正中间。笼子内四处都照得亮堂堂的。蝎子们非但不害怕亮光，而且还乐在其中。它们围着提灯跑来转去，有的甚至还试图爬上提灯好离光源更近一些。它们借助玻璃灯罩倒是爬上去了。它们抓住铁片的边缘，坚忍不拔，不怕滑落，终于爬到了顶上。它们待在上面一动不动，肚子部分贴在玻璃罩上，部分贴在金属框架上，整个夜晚都在看个没完，为这灯的辉煌而叹服。它们让我想起了以前的那些大孔雀蝶在灯罩上得意忘形的劲儿来。

在灯下的一片光亮处，一对情侣正抓紧在拿大顶。它俩用尾巴温情地撩拨一番，然后便往前走去。只有雄蝎在采取主动。它用每把钳子的双指夹住雌蝎与之相对应的双指。只有雄蝎在努力，在夹紧；只有雄蝎想解套就解套，双钳一松，套就解开了。雌蝎则无法这样；雌蝎是俘虏，勾引者已经为它戴上了拇指铐。

在一些较为罕见的情况中，我们还可以看得更清楚一些。我曾偶然发现过雄蝎抓住其美人儿的两只前臂往前拉拽。我还见过雄蝎抓住雌蝎的尾巴和一只后爪生拉硬扯。雌蝎先是拼命推开雄蝎伸出的爪子，而毫不惜力的雄蝎猛地把美人儿掀翻，顺势伸爪抓住对方。事情是明摆着的：这是货真价实的劫持，是暴力拐带，如同罗慕鲁斯王的部下抢掠萨宾妇女一样①。

---

① 根据传说，罗慕鲁斯是罗马城的创建者，第一位古罗马国王。萨宾人则是意大利境内的古代民族。

名著知识

《昆虫记》又称《昆虫世界》《昆虫物语》《昆虫学札记》或《昆虫的故事》。它是法国著名昆虫学家法布尔耗费毕生心血著成的一部昆虫学巨著。法布尔怀着对生命的尊重与热爱，用大量翔实的第一手资料将纷繁复杂的昆虫世界呈现在人们的面前。《昆虫记》不仅是一部研究昆虫的科学巨著，同时也是一部讴歌生命的宏伟诗篇。

◆走近作者

让-亨利·卡西米尔·法布尔于1823年在法国南部普罗旺斯的圣莱昂的一户农家出生。他儿时因家境贫困，被送到祖父家寄养。在那里，年幼的他被乡间可爱的昆虫所吸引，美丽的蝴蝶、可爱的蝈蝈，都是他的追逐对象。这也为他后来写下《昆虫记》奠定了基础。当他从阿维尼翁师范学院毕业，成为了一位中学教师，他在教学之余日复一日地进行研究与写作，最终写就了伟大的十册《昆虫记》。

◆昆虫世界

《昆虫记》是一本讲述昆虫生活的书，全书涉及蟋蟀、蚂蚁、西绪福斯虫等100多种昆虫。在这个世界上，人类现在已知的昆虫种类约100万种，占所有已经知晓的动物种类的六分之五；并且仍有几百万的未知晓的昆虫有待人类去发现和认识。

《昆虫记》有十卷，每一卷分17~25不等的章节，每个章节详细、深刻地描绘一种或几种昆虫的生活，同时收入了作者的一些讲述自我经历、回忆往事的传记性文章。在该书中，作者依据其毕生从事昆虫研究的经历和成果，以人性观照虫性，以虫性反映社会人生。其重点介绍了他所观察和研究的昆虫的外部形态、生物习性，真实地记录了几种常见昆虫的本能、习性、劳动、死亡等，描述了小小的昆虫恪守自然规则，为了生存和繁衍进行着不懈的努力。

除了真实记录昆虫的生活与知识，《昆虫记》还透过昆虫世界折射出社会、人生。全书充满了对生命的关爱之情，对自然万物的赞美之情。

◆主题探究

《昆虫记》以其瑰丽丰富的内涵，唤起人们对万物，对人类和对科普的深刻省思。作者将昆虫的多彩生活与自己的人生感悟融为一体，用人性去看待昆虫。通过详细、深刻地描绘各种昆虫的外部形态和生物习性，记录各种昆虫的生活和为生活以及繁衍种族所进行的斗争，既表达了作者对生命和自然的热爱和尊重，又传播了科学知识，体现了作者观察细致入微、孜孜不倦的科学探索精神。

◆名家评赏

法布尔是我最崇拜的法国人之一。他在观察昆虫上体现出来的天才及充满激情的韧劲，给我带来的愉悦不亚于任何艺术杰作。

——罗曼·罗兰 法国思想家、文学家、音乐评论家

《昆虫记》不愧为"昆虫的史诗"，法布尔不愧为"昆虫界的荷马"。

——维克多·雨果 法国作家、文艺评论家

《昆虫记》熔作者毕生的研究成果和人生感悟于一炉，将昆虫世界化作供人类获得知识、趣味、美感和思想的美文。

——巴金 中国作家、翻译家

他以人性观照虫性，并以虫性反观社会人生，看《昆虫记》比看那些无聊的小说戏剧更有趣味，更有意义。

——周作人 中国作家、翻译家、文学理论家

◆走入中国

在我国，最早介绍法布尔《昆虫记》的是周作人，他认为青少年都是喜爱生物的。1923年，他在《晨报副刊》上发表了《法布尔<昆虫记>》一文，介绍了法布尔和《昆虫记》，他希望中国的青少年和儿童也能读到这本书。

这篇文章引发了20世纪三四十年代我国第一轮翻译《昆虫记》的热潮，当时这本书出版了几个转引自日译本或英译本的节译本或改写本。

昆虫名称	生活习性
蝉	①无休止地歌唱，并不是为了召唤伙伴、求偶。②从卵长成幼虫需要四年之久，却只有五个星期的生命。 寓言中的蝉是懒惰者的象征，是备受人们嘲讽的对象；蚂蚁是勤劳者的象征，是人们赞美的对象。而在真实中，蝉才是勤劳者，它是甘愿与受苦者分享甘露的能工巧匠；毫不客气地抢劫的求食者是蚂蚁。作者称蝉为"你"，视蝉为朋友，亲切可爱，通过人称的变化，赞美之情溢于言表。
大孔雀蝶	①欧洲最大的蝴蝶，穿着栗色天鹅绒外衣，翅膀色彩斑斓，美丽好看。②婚配时间在每年5月份，喜欢夜间活动，不喜欢在亮光处求欢。③雄性大孔雀蝶可以从很远的地方找到雌性大孔雀蝶，但发情期的雄性大孔雀蝶寻找雌性所接收信息的器官到底是什么，至今还没被破译。 法布尔为了寻找答案，分别从光线、声音、气味等进行了多方面的研究。作者虽然进行多次实验，但并没有找到结果。
象态橡栗象	①长相滑稽，长着一个像烟斗一样的怪鼻子，主要功用是钻探。②象态橡栗象会精心挑选适合自己产卵的橡栗，工作认真细心，有耐心，对待自己的幼虫有一颗慈母心。 在观察橡栗象的实验研究中，作者尊重科学自然的本真面貌，最终破解象态橡栗象生存之谜。
蟋蟀	①喜欢夜晚活动。振动膜细薄而宽大。②会挑选那些排水优良、阳光充足而温暖的地方作为自己的住所，而且住所由自己亲自挖掘而成。③它的乐器是一张琴弓，右弓覆盖左弓时能发出缓慢柔和、高低抑扬、距离不定的幻声。④幻声主要用来迷惑敌人。 法布尔详细解释了蟋蟀是如何利用自己的生理特点来发出变幻莫测的声音，令人对大自然的神奇叹为观止，表达了法布尔对意大利蟋蟀的喜爱和赞美。

圣甲虫	①一身墨黑,长长的爪子,棕红色的小触角,头部边缘有一个像帽子一样半圆的叉耙,是食粪虫中个头最大又最有名气的一种。②主要工作是从土面收集污物,搓卷成圆球,然后滚到它希望到达的地方,并把污物变成自己的食物。③具有合作精神,运送粪球时会有同伴相助,但有时会碰到居心不良、劫掠别人劳动成果的家伙。 作者连用三个章节对圣甲虫进行详细的介绍,不但纠正了圣甲虫的粪球是梨形的,推翻了圣甲虫的粪球是浑圆的荒谬的传统说法,而且对圣甲虫的造型术进行了高度的赞美。
隧蜂	①隧蜂肚腹背面腹尖上最后一道腹环上有一道光滑明亮的滑动槽沟。②隧蜂比较愚蠢,对抢占自己巢中食物的小飞蝇宽宏大量,经常走错门。③隧蜂门卫由隧蜂外婆担当,隧蜂外婆用自己的大脑袋当作门,忠于职守,为这个家尽绵薄之力,直至死去。④隧蜂一年可以产卵两次。第二代的隧蜂出生日期为 7 月份,避免了隧蜂的灭种。
朗格多克蝎	①朗格多克蝎可谓一个巨人,发育完全时,身长可达八九厘米。②蝎子外表令人恐惧,但蝎子妈妈内心却温柔、慈爱。③婚俗的成规使然,在交尾之后由雌性残忍地把雄性干掉。 法布尔认为"生命的进化并非循序渐进的,并非从低级到高级,再从高级往最高级。进化是跳跃式的,有的时候是在进步,有的时候却是在倒退"。这是他在观察蝎子时得出的结论,体现了法布尔对生命的敬畏,也体现了大自然的神秘莫测。

（浙江省杭州市保俶塔实验学校语文教师 刘慧芬 编写）

中考真题

一、2019 年各地中考判断题（正确的打 √，错误的打 ×）（12 分）

1.（重庆市）《昆虫记》一书中，法布尔用生动活泼、轻松诙谐的笔调，让笔下的虫子充满了盎然的情趣，体现了作者对自然的热爱与尊重。（   ）

2.（重庆市）《昆虫记》中法布尔没采用解剖法，而是采用观察与实验的方法，实地记录昆虫的生活现象、本能和习性，带给我们不一样的昆虫世界。（   ）

3.（黑龙江省齐齐哈尔市）《昆虫记》中，法布尔不但仔细观察食粪虫劳动的过程，而且称它们为清道夫。（   ）

4.（黑龙江省绥化市）《昆虫记》被鲁迅认为是科学著作注入了灵魂和生气，使之成为"一部很有趣，也很有益的书"。（   ）

5.（湖北省孝感市）法布尔的《昆虫记》为我们展示了许多昆虫的另一面：勤劳的蚂蚁竟然是残暴的掠夺者；看似笨拙的圣甲虫，竟是个能工巧匠；看似恶毒的朗格多克蝎，却对自己的孩子关爱有加……（   ）

6.（内蒙古赤峰市）《昆虫记》是法国昆虫学家法布尔写的一部科普巨著，揭示了昆虫世界一个又一个的生活奥秘。该书行文活泼，仿佛把读者带入了一场探索与发现之旅，读来情趣盎然。（   ）

二、2018 年黑龙江省龙东地区中考题

走近名著（2分）

阅读下面的文字，回答问题。

一个人耗尽一生的光阴来观察、研究昆虫，已经算是奇迹了；一个人一生专为昆虫写出十卷大部头的书，更不能不说是奇迹。这些奇迹的创造者就是法布尔，他的《昆虫记》被誉为"_____"。在这本书中，_____在地下"潜伏"四年；_____在编织"罗网"方面独具才能；_____善

于利用"心理战术"制服敌人。

三、2019 年江西省中考题

综合性学习（6分）

班级拟开展"走进名著，与作者对话"综合性学习活动，请从下面"专题探究"中选择一个专题，以"一位忠实的读者"的名义，给作者写一封信，交流你的探究成果。字数 200 左右。

【专题探究】

专题一：孙悟空的"不变"（《西游记》）

专题二：跟法布尔学观察（《昆虫记》）

专题三：探讨诗歌的意象（《艾青诗选》）

_____

_____

_____

_____

_____

_____

_____

_____

四、2019 年湖北省宜昌市中考题

《昆虫记》既是富于科学性的昆虫学著作，又是可读性很强的优美散文。它为我们打开了一扇自然之窗，也为我们开启了一扇理想之门。愿你在名著的阅读中越飞越高！

名著选读（10分）

神秘池塘

法布尔

①这个停滞不动的池塘，虽然它的直径不超过几尺，可是在阳光的孕育下，它却犹如一个辽阔神秘而又丰富多彩的世界。不知道会有多少忙碌的小生命生生不息。它多能打动和引发一个孩子的好奇心啊！让我来告诉你，我记忆中的第一个池塘怎样深深地吸引了我并激发起我的好奇心。

②小时候，家里养了一群小鸭，我是放鸭的牧童。

③小鸭们一到池塘就飞奔过去寻找食物，吃饱喝足后，就到水里去洗澡，它们常常把身体倒竖起来，尾巴指向空中，仿佛在跳水中芭蕾。我美滋滋地欣赏着小鸭们优美的动作，看累了，就看看水中别的景物。

④那是什么？在泥土上，我看到有几段互相缠绕着的绳子又粗又松，黑沉沉的，像积满了烟灰，我走过去，想拾一段放到手掌里仔细观察，没想到这玩意儿又黏又滑，一下子就从我的手指缝里滑走了。我花费了好大的劲，才认出它们是蝌蚪。

⑤接着我的注意力又被别的东西吸引住了。我看着泉水流到小潭，汇成小溪，突发奇想，如果把溪水看作一个小小的瀑布，定能去推动一个水磨。于是，我用稻草做成轴，用两个小石块支着它，成功地做了个磨子，可惜只有几只小鸭来欣赏我的杰作。

⑥接着，我在石头的窟窿里发现了一些灿烂而美丽的东西。它使我想起神龙传奇的故事。难道它们就是神龙赐给我的珍宝吗？要给我数不清的金子吗？为了纪念我发现的"宝藏"，再加上好奇心的驱使，我把石头装进口袋里，塞得满满的。

⑦ 在回去的路上，我尽情地想着我的蓝衣甲虫——像蜗牛一样的甲虫，还有那些神龙所赐的宝物，可是一踏进家门，父母的反应令我一下子大失所望。

⑧"赶紧把这些东西扔出去！"父亲冲着我吼道。

⑨"小鬼，准是什么东西把你迷住了！"

⑩可怜的母亲，她说得不错，的确有一种东西把我迷住了——那是大自然的魔力。多年后，我知道了那个池塘边的"钻石"，其实就是岩石的

晶体：所谓的"金粒"，也不过是云母而已，它们并不是什么神龙赐给我的宝物。尽管如此，对于我，那个池塘始终保持着它的诱感力，因为它充满了神秘，那些东西在我看来，其魅力远胜于钻石和黄金。

1. 法布尔记忆中的第一个池塘里，有哪些具体的事物激发了他的好奇心？（2分）

_____

_____

2. 仔细揣摩文中的关键词句，说说法布尔具有哪些优良的学习品质。（2分）

_____

_____

3. 从法布尔后来的成就看，"那些东西"的魅力为什么远胜于"钻石和黄金"？（2分）

_____

_____

4. 请准确列举出法布尔《昆虫记》目录中出现过的四种昆虫名称。（2分）

_____

_____

5. 积累链接：请默写出宋代诗人杨万里《小池》中的后两句。（2分）

_____

_____

五、2016年四川省内江市中考题

名著阅读（4分）

联合国于1995年正式确定每年4月23日为"世界读书日"。捧起精美的图书，我们常常会被它精美的腰封所吸引。腰封是包裹在图书封面中部的一条纸带，属于外部装饰物。腰封上一般会印与该图书相关的宣传与推介性文字。例如阎连科《我与父辈》的腰封推荐词为："讲述两代人的爱恨，折射一个时代的变迁，让世界震撼的中国作家阎连科，锥心泣血的文字，千万读者为之动容，万人签名联合推荐，2009年最感人的大书。"

请你在《昆虫记》《朝花夕拾》《水浒传》《傅雷家书》四部作品中任选一部，为其写一段腰封推荐词。

选择作品：＿＿＿＿＿＿＿＿＿＿＿＿＿＿＿＿＿＿＿＿＿

你的推荐词：＿＿＿＿＿＿＿＿＿＿＿＿＿＿＿＿＿＿＿

＿＿＿＿＿＿＿＿＿＿＿＿＿＿＿＿＿＿＿＿＿＿＿＿＿＿＿

＿＿＿＿＿＿＿＿＿＿＿＿＿＿＿＿＿＿＿＿＿＿＿＿＿＿＿

六、2019年江苏省连云港市中考题

阅读《昆虫记》节选，完成13~16题。（11分）

①蝉是非常喜欢唱歌的。它翼后的空腔里带有一种像钹一样的乐器。它还不满足，还要在胸部安置一种响板，以增加声音的强度。因为有这种巨大的响板，使得生命器官都无处安置，只得把它们压紧到身体最小的角落里。当然了，要热心委身于音乐，那么只有缩小内部的器官，来安置乐器了。

②但是不幸得很，它这样喜欢的音乐，对于别人，却完全不能引起兴趣。就是我也还没有发现它唱歌的目的。通常的猜想以为它是在叫喊同伴，然而事实明显，这个意见是错误的。

③蝉与我比邻相守，到现在已有十五年了，每个夏天差不多有两个月之久，它们总不离我的视线，而歌声也不离我的耳畔。我通常都看见它们在梧桐树的柔枝上，排成一列，歌唱者和它的伴侣比肩而坐。吸管插到树

皮里，动也不动地狂饮，夕阳西下，它们就沿着树枝用慢而且稳的脚步，寻找温暖的地方。无论在饮水或行动时，它们从未停止过歌唱。

④所以这样看起来，它们并不是叫喊同伴，你想想看，如果你的同伴在你面前，你大概不会费掉整月的工夫叫喊他们吧!

⑤其实，照我想，便是蝉自己也听不见所唱的歌曲。不过是想用这种强硬的方法，强迫他人去听而已。

⑥它有非常清晰的视觉，只要看到有谁跑来，它会立刻停止歌唱，悄然飞去。然而喧哗却不足以惊扰它。你尽管站在它的背后讲话，吹哨子、拍手、撞石子，这镇静的蝉却仍然继续发声，好像没事儿人一样。

⑦有一回，我借来两支乡下人办喜事用的土铳，里面装满火药，将它放在门外的梧桐树下，我们很小心地把窗打开，以防玻璃被震破。

⑧我们六个人等在下面，热心倾听头顶上的乐队会受到什么影响。"嘭!"枪放出去，声如霹雷。

⑨一点儿没有受到影响，它仍然继续歌唱。它既没有表现出一点儿惊慌扰乱之状，声音的质与量也没有一点轻微的改变。第二枪和第一枪一样，也没有发生影响。

⑩我想，经过这次实验，我们可以确定，蝉是听不见的，好像一个极聋的聋子，它对自己所发的声音是一点也感觉不到的!

1.蝉的歌唱源于它怎样的身体构造? （2分）

_____

_____

2.第③段画线句子语言有什么特色，请略作分析。（2分）

_____

_____

3.第⑦至⑩自然段，写了什么事? 从中可以看出作者具有怎样的治学态度? （3分）

4.“垂绥饮清露，流响出疏桐。居高声自远，非是藉秋风。”虞世南的《蝉》和法布尔的《蝉》都写了蝉鸣，其用意有何不同？（4分）

参考答案

一、2019 年各地中考判断题（正确的打√，错误的打×）

    1. √

    2. √

    3. √

    4. √

    5. √

    6. √

二、2018 年黑龙江省龙东地区中考题

    答案：昆虫的史诗 蝉 蜘蛛 螳螂

三、2019 年江西省中考题

    示例：

    尊敬的法布尔先生：

    您好，我是您的一位忠实读者，最近拜读了您的作品《昆虫记》，收获良多！您以对整个自然界生命的无比热爱之情，以对昆虫世界的细致入微的观察，向我们讲述了昆虫的出生、蜕变、筑巢、觅食、求偶、繁殖，为世人揭开了一幅自然界最渺小的昆虫世界的丰富多彩的画卷。

    阅读完《昆虫记》后，不仅让我了解到了昆虫的奇妙世界，更是让我懂得了"处处留心皆美景"的道理，让我体会到了用心观察、仔细观察、严谨观察的重要性。感谢您让我领略到了昆虫世界的丰富多彩。

    此致

    敬礼

一位忠实的读者
2019 年 6 月 17 日

四、2019 年湖北省宜昌市中考题

1. 小鸭、蝌蚪、小溪、岩石的晶体、云母等。

2. 观察力、想象力、好奇心、创造力等。

3. 那些东西虽然不是什么真正的"宝藏"，但它却激发了幼年法布尔心中的求知欲和创造力，是法布尔未来科学事业的起点和萌芽。所以，在他看来，那些东西的魅力远胜于钻石和黄金。

4. 参阅《昆虫记》目录。

5. 小荷才露尖尖角，早有蜻蜓立上头。

五、2016 年四川省内江市中考题

示例 :《昆虫记》

这里充满对生命的关爱，对万物的赞美。这是一部昆虫的史诗，一部优秀的科普著作，一部公认的文学经典。它行文生动活泼，语调轻松诙谐，字里行间情趣盎然。它记录着昆虫的生活，也折射出人生的思考。

六、江苏省连云港市 2019 年中考题

1. 它翼后的空腔里带有一种像钹一样的乐器；胸部安置一种响板，以增加声音的强度。

2. 行文生动活泼,语调轻松诙谐。用人格化的手法（拟人的修辞手法），通过比肩而坐、狂饮树汁、慢步行走等动作（细节），生动地描写了蝉的生活习性。

3. 作者用土铳的枪声对蝉的听觉进行测试，结果证明蝉是没有听觉的。作者勇于实践和探究，具有严谨的治学态度。

4. 虞世南的《蝉》，以蝉喻人，旨在借蝉抒怀 :品格高洁者，不需借助外力，自能声名远播。法布尔的《蝉》旨在探究科学奥秘 :观察探究蝉

的身体构造和歌唱的特点，通过实验证明蝉是感受不到声音的。

（浙江省杭州市保俶塔实验学校语文教师 刘慧芬 编写）